Francisco Casesnoves

Introducción a la teoría del apelotonamiento Primera parte

Francisco Casesnoves

Introducción a la teoría del apelotonamiento Primera parte

Editorial Redactum

Cover image: www.ingimage.com

Publisher:
Éditions universitaires européennes
is a trademark of
International Book Market Service Ltd., member of OmniScriptum Publishing Group
17 Meldrum Street, Beau Bassin 71504, Mauritius

Printed at: see last page
ISBN: 978-620-2-48527-2

INTRODUCCION A LA TEORIA DEL APELOTONAMIENTO (PRIMERA PARTE)

Francisco Casesnoves

" Los seres humanos, por naturaleza, tienden a la aglomeración en todos los ordenes. Luego al disfrute y extasis colectivo, y al final a la agresividad de unos contra otros. La cuestion esta en intervenir para separarlos en el momento adecuado"

FOREWORD

Francisco Casesnoves is not a Professional Author. He works as Computational Bioengineering Researcher, and wrote this book to disconnect from the heavy tasks, have a reflexional-look about his past and present lifetime (as many people do), and compare both of them and their respective evolutions.
This work has nothing to do with Politics, Social Paradigms, Sublime Thoughts with Innovative Ideas, or Magic Human Solutions. Instead, I wrote it for the reader to get some fun

and relax, after a murky and dull winter afternoon, accompanied with the usual row with the boss, and a tea or coffee at the sofa. There is no intention to teach, instruct, patronize, or set any kind of examples or principles. Anyone can make better paragraphs and tell more amusing histories than those written here. A big part of the Wisdom, as the Human History has proven extensively along the Centuries, is into the minds and brains of the people who walk along the streets, and make our world go around and great. The Intelligence, in my view, does not belong only to sumptuous and rancid Academic or Educational Institutions. Common persons who fight from the morning till the afternoon to get a salary and do their month and life something better, keep a significant part of the Human Cleverness. I only believe in the Freedom, which gives the right to decide his life to anyone, with independence of race, religion, sex, social class, defamation, country of origin, shoes colour, income, or any other kind of imaginable discrimination. And that is perhaps the unique common denominator of these small and simple chapters.

Spanish Translation,

Francisco Casesnoves (MSc (Physics) MD), es Investigador en Computational Bioengineering, pero no Escritor Profesional (ni ha aprendido el background en Letras suficiente para ello).

Este libro no tiene nada de ostentoreo ni pretende sentar ejemplo sobre cualquier tema, y mucho menos en Politica, Ideas Sociales, Sublimes Experiencias, o Recetas Mágicas para resolver nuestro mundo. Lo escribi para desconectar después del trabajo, y probablemente cualquiera es capaz de hacer un texto mejor y mas entretenido.

De las pocas ideas que tengo, una corresponde a la Libertad para que cada uno decida su vida con independencia de cualquier tipo de discriminación por raza, sexo, riqueza, color de zapatos, estatus social, o algún otro motivo de marginación social imaginable. Este es tal vez, el único Principio Básico que se desarrolla a lo largo de estos pequeños capitulos. Una gran parte de la inteligencia reside, en mi opinión, en las mentes de la gente normal de la calle, que va a su trabajo diariamente sin protestar. Las eminentes, 'auto-innovativas', y sublimes Instituciones Academicas y Educacionales, suelen precisamente obtener gran parte de su conocimiento de estos individuos que se levantan todos los dias a trabajar para intentar resolver el mes sin apuros. El libro tal vez sea útil para que alguien se quiera distraer un poco, después de una aburrida y oscura tarde de invierno, aliñada con la rutinaria bronca con el jefe. Y que no se le olvide un café en el sofa, la cerveza, o poner aquel disco olvidado de su juventud.

Las Ardillas de Taivaanpanko

La residencia de estudiantes de Taivaanpanko era un edificio funcional de tres plantas, años setenta, con grandes ventanales en las cocinas, pegados a una amplia mesa para las comidas. Los largos inviernos Fineses, casi siempre desayunaba solo alla, con mi enorme plato de macarrones y salchichas, para empezar la tarea con combustible. Siempre me sentaba al lado del ventanal, viendo la nevada matutina, y otras raras veces el tenue sol Finlandes reflejado en la nieve, con rayos mas blancos que amarillos.
En esto que un dia mas de Diciembre veo movimiento en el balcon, yo no sabia que era aquello. Pues aparecio una ardilla gris, y se quedo mirandome con el hocico pegado al cristal. Claro, acostumbrado a Madrid, yo pense que al menor gesto saltaria lejos, pero de eso nada. Mientras yo disimulaba, aparecieron una tras otra sus amigas, menudo grupo se reunieron. Yo metia la nariz en el plato, y miraba de

reojo. Ellas inclinaban el mostacho y movian el hocico. Pensaba que se irian, pero que va; me observaban como si hubiesen encontrado un bicho raro en su casa, y con mirada tan intensa que incluso sentia verguenza, o me parecia invadir su vida.
Estos ratos de compañia llegaron a ser rutinarios, y durante los inviernos construimos una solida amistad y tertulia de desayuno. Nunca se asustaron de mi, pero creo que siempre se aburrieron del tipo ese devorador de macarrones con gesto de cabreo. Yo los dias que no venian llegue a echarlas de menos, y las buscaba en las ramas del arbol con ilusion. Por eso ahora, cuando me cruzo con alguna ardilla civilizada, esos segundos que nos quedamos quietos antes de que salte a su arbol, con nuestras miradas en paralelo, me acuerdo de sus amigas de Taivaanpanko, que siempre llevo en mi corazon. La nieve de la Savonia me vuelve a caer en la cara, y pienso en su saludo durante esas mañanas de largo trabajo solitario.
Pasados muchos años, en Taivaanpanko (ciudad de Kuopio, Finlandia), me cuentan que ya las temperaturas han cambiado. Dicen que los treinta o veinticinco bajo cero de aquellos inviernos ya no existen apenas. El cambio climatico es un hecho, y el planeta se degrada a ritmo mayor del supuesto. Tal vez las ardillas tengan que decir algo sobre el asunto. Mi opinión como investigador, dadas las evidencias, es que el capitalismo, entendido como tal, ha llegado a su fin. El sistema de producción-consumo-destruccion- produccion carece de sentido teorico, practico, lógico, y racional. La Madre Naturaleza (o El Padre Planeta, sin sexismo), no desperdicia una caloria de mas, y aprovecha toda la materia molecula a molecula. Mas aun, ese sistema perfeccionado durante millones de años, ha sido optimizado para la supervivencia de las especies y el planeta durante ese tiempo que para nosotros es como el infinito. La Naturaleza no desperdicia un atomo ni un segundo de vida y evolución.

La civilización humana en 2000 años, con la degradación que ha ocasionado, puede considerarse un tumor destructivo y maligno dentro del perfecto ecosistema biológico. Me fascinan los automóviles, pero El Padre Planeta cuando ve un individuo rodeado de una coraza de metal 20 veces mas grande y 100 veces mas pesada que el, emitiendo gases, probablemente con sabia educación arruga la frente y mira hacia otro lado.
En el mundo hay riqueza y espacio suficientes para un biosistema sostenible, que con el concepto actual del capitalismo es imposible. Desde ese punto de vista, soy antisistema, pero antisistema racional, no de manifestacion pachanguera de calle o pancartas para pillar pelas. Ni siquiera se necesitan tantas horas de trabajo, que han aumentado el estrés, todos empastillados, y un asombroso crecimiento de la prevalencia de los problemas mentales. Hay trabajo para todos, pero el sistema carga con mucha tarea a pocos, y el resto al paro, asi los beneficios incrementan rápidamente. Por tanto, en mi opinión como investigador, tal vez estemos a tiempo de corregir el rumbo, aunque mas bien creo que no sucederá. A nuestras generaciones, por supuesto, no les ocurrirá un desastre total, pero mas tarde vendrán hechos considerablemente graves.
Recuerdo las ardillas, me pone de buen humor esa idea. Seamos felices y optimistas como ellas mientras dure el mundo.

El Prof Becker y el Arbol de Rosemary

Andaba yo con la cabeza ida por la Rosemary, el bombon de la Tele, y la mandaba de vez en cuando chapuzos poeticos por email, pero claro, con cero posibilidades. Tan obsesionado estaba con sus labios de melon, que era Mayo, y el arbol del comedor de la Escuela empezo a echar flores

rosas. De ese modo se cubrio entero, algo inesperado y con mucho brillo. Por eso, cuando empezaba a comer pegaba la frente al cristal, contemplando el arbol con el color de su nombre y a ella, todo el conjunto muy relajante.
El Profesor Becker, algun gran maestro de la Escuela, siempre circunspecto, educado, preciso, justo y amable, me iba a examinar al cabo de varios meses. Y yo estaba empollando la prueba con algo de panico, como de costumbre. Bc, el matematico, al que yo mas admiro, que nunca comete un error, y yo, que como dice el de Lepanto, siempre me afano y me desvelo por no ir tropezado de aqui para alla.
En esto que en un almuerzo mas, veo como entra Bc en el comedor, enfila directo al jardin, y se para frente al arbol de Rosemary, mirando con la nariz hacia arriba y las manos en los bolsillos, examinando con detalle. Asi de terrible era la situacion, el verdugo de Septiembre, en pleno estres matutino, plantado delante de Rosemary, que era su arbol. Ya me lo dijeron en clase de Anatomia, el mundo gira, y todos con el.
Humor Britanico cien por cien. El sarcasmo y la ironia Inglesa habian superado a Buñuel. Mas surrealista imposible, desde luego.
Cuando despierto a las dos de la madrugada con una pesadilla y sudor frio, o alguna idea sin resolver en la cabeza, muchas veces me viene de nuevo esa postal. Bc y Rosemary, el dolor y el placer, la lucha y la evasion. No solo es humor Britanico, ademas es una gran leccion. Desde luego que todo va en la misma bandeja a lo largo de la vida, no lo dudo. Es dificil encontrar un caramelo completamente dulce, aunque todos soñamos con algo parecido algun dia..

El Bola

Con trece años, nuestra clase de bachillerato era un revoltijo compacto de chavales medio hombres, con lamparones en

el jersey gris del cole, y algun que otro cuello de camisa mugriento. Por la tarde teniamos los miercoles leccion de Fisica y Quimica, con el señor Tapia, un Fisico tan absorto con Einstein que calcaba su tupe y gestos solemnes. El Tapia era el terror de la clase, por lo bajo que puntuaba, y las tortas de premio por cada respuesta fallada. No hay nada mas efectivo que aprender por miedo, y nuestro cerebelo se aceleraba conforme veiamos llegar las galletas a los de las primeras filas. Eran situaciones de supervivencia que quedan grabadas para siempre, a veces con exito, y otras no tanto.
El Bola era el rechoncho de la clase que pastaba en los ultimos bancos. Un tipo simpatico, bastante malo en estudios, y aficionado a las artes marciales mas bien por fardar. Bajito, con gafas, y peinado indefinido. A mi me caia bien, ni mucho ni poco.
Esa tarde de Febrero, el Tapia se relajo, y estaba de buen humor. Puso un alto en el camino, y empezo a preguntar uno por uno que iba a ser de mayor. Logico, en un colegio militar, la mayoria militares. Unos Artilleria, otros, Aviacion, y casi todos muy decididos hacia ese lado. Tambien salia de vez en cuando algun Ingeniero y Medico, o trabajos parecidos.
Cuando le llego el turno al Bola, la mayoria de la clase ya habia perdido el interes por el asunto. Sin embargo, el Bola se levanto, enderezo la barriga, levanto las mandibulas, y solto con un gesto seco: ‘Bioquimico’.
Recuerdo la carcajada general como una especie de juerga colectiva. Yo no me rei porque ni siquiera entendi la palabra. Incluso algunos patalearon para aprovechar el jaleo. Pero el Bola permanecio serio y tieso de pie, ni se asusto, ni perdio el gesto firme. El Tapia espero unos segundos, y lanzo una mirada dura sobre nosotros, con los ojos marrones brillantes, mientras se palpaba el bigote. Con su voz ronca de fumador, afirmo que esa era una profesion importante, y puso un gesto de desprecio y asombro hacia todos.

Pues el Bola nunca llego a Bioquimico, se quedo en un buen conductor de ambulancias. Aunque para mi no es otra cosa que un catedratico que conduce ambulancias: el Bola se anticipo en el sitio y el tiempo. Sabia mas con trece que todos nosotros, y lo que decidio era asi porque era un tipo listo. Da lo mismo llevar un coche o una patineta si tienes las ideas claras.
No me olvido del sonido de su frase delante del Tapia, ni de sus ojillos porcinos que miraban con decision a la pizarra. Lo admiro. Mucha tardes de invierno echaria con gusto unas patadas al balon con el, un sabio, como en los viejos tiempos.

EL Teorema del Andamio

Mi tio abuelo Juan era alto, apuesto y serio, con gafas de intellectual severo, pero amable. Abuelo por parte de padre, cuando veraneabamos en la casa de la abuela, su hermana, ella siempre mencionaba su antiguo cuarto, como algo sagrado. Alli estudiaba Juan, alli dormia, ese era su sitio para leer, y asi todo. El fue el mas listo y responsable de ocho hermanos, vamos, en un pedestal que estaba.
Era tradicional y conservador, religioso y ordenado, nunca un tono mas fuerte que otro, ni gestos bruscos. Cuando yo hacia Ingreso, mi padre me llevo a su despacho azul, mullido y con luz que venia de las cortinas entreabiertas. Me sento en la mesa, saco un bloc, y puso una raiz cuadrada. El bochorno de mi padre era mayusculo, al ver que no la resolvia. Pues no hizo ni un gesto, tal vez le comentaria a mi padre algo luego. Entonces no senti verguenza, ahora mucha.
Brillante abogado y opositor, se hizo Abogado del Estado, y caso con mi tia Isabel, de alto copete y tambien ricachona. Un listo con suerte, porque el dia antes de que la Guardia Republicana fuese a buscarlo a casa, un colega le dio el

soplo y huyo de milagro. Imagino su gesto impasible al salir de Malaga. Mucho despues en Madrid, cuando lo despediamos en el Aeropuerto, me llamaba a traves de mi madre, 'el tio Juan quiere hablar contigo antes de coger el avion'. Pues vaya rollo!. Me sentaba y preguntaba mis planes de mayor, con voz suave, sin volver la cara. Yo le decia entonces Farmaceutico, Biologo, Quimico, y yo que se mas. Preguntaba las notas, y me daba una moneda de diez duros para transformar la imagen de Franco en un monton de helados y pipas. Ahora que soy un vejete, me doy cuenta lo que me apreciaba en ese rato.
Otras veces iba con mi padre en verano a verlo a El Limonar, su caseron lleno de matorrales, jardineros, y chachas por todas partes. Antes de comer el plato de tarta, habia que hacer veinte maniobras, pero vamos, yo disfrutaba bastante del patio. Al volver a nuestro pequeño apartamento, en el coche, le preguntaba a mi padre el precio de la casa, y era un monton de millones. No sentia envidia, simplemente me fascinaba el jardin, aunque estorbaba tanta chacha y jardinero. En cambio, en Madrid su casa era un interminable piso del barrio de Salamanca, lleno de pasillos y recovecos. Magnifico para explorar, aunque la cosa acababa con un tiron de orejas de la cocinera, al meterme en sus habitaciones. Un mundo desconocido que hacia divertidas las tardes de los domingos, y todo lleno de cosas que habia que averiguar para que servian.
Una tarde de verano en Agosto con mi abuela, cuando solo se oia la señora de la Loteria 'dos iguales para hoy', en la Malaga de antes, le pregunte porque tio Juan habia llegado tan alto. Mi abuela dijo la frase favorita de su hermano. Que si el salia de casa a trabajar, y veia un señor sentado en un quinto andamio, leyendo el periodico, 'yo pienso que sus importantes razones tendra, y sigo a lo mio'.
Con el paso del tiempo yo esto lo he convertido en Teorema, dedicate a lo tuyo y olvida a los de los andamios. Que importante es estar centrado y sin chapuzas en las neuronas. Ademas de honrado de pies a cabeza, tio Juan

era un gran filosofo. Como siempre ando de remiendo en remiendo, y reparando desastres o relaciones, cuanto lo admiro!. Si tuviese algo de su logica, me iria mejor. El es como hubiese querido ser y nunca lo he logrado.
Pero lo que mas echo de menos, son sus examenes en el Aeropuerto y la moneda de diez duros. No se si podre hacer lo mismo algun dia con algun sobrino, ojala.

Existe la Kathy?

Tiene dos grandes ojos azules con mirada de astuta ardilla. Una boca grande llena de saludables piños, y el brillo del pelo se distingue a gran distancia. Cuando tuerce el gesto y se pone seria tambien esta guapa, y al reirse lo hace sin timidez, muy abierto el gesto. Es un bombon.
La primera vez que nos tropezamos me abrio una puerta con aire simpatico, tan extrovertido que me sorprendio y dije quien es esta. Desde entonces me la encuentro a veces para alegrar las mañanas y romper la seriedad de los pasillos. Kathy es lo que hace resoplar hondo antes de seguir la tarea, y pensar que las cosas merecen la pena.
Al girar la esquina de la biblioteca, en invierno, se la ve rodeada de polluelos pregraduados subiendo escalones. El balanceo de sus caderas es contundente, con poderosos andares de hembra de Manchester. Yo que vengo de estar sumergido en la monotonia de los papeles, con chiribillos en la cabeza, pues veo esas caderas, su impecable falda gris y sus botas, y me doy cuenta de que hay que aterrizar para estar sano.
Creo sinceramente que Kathy no existe, y me la invente para mi propia supervivencia. Pero que bonito es tener un sueño en la mente despues del trabajo.

La Cuesta de Burriana

Por los setenta, la playa de Burriana aun tenia ese tono espontaneo y algo salvaje, sin apenas urbanismo. Muchos cañaverales, gatos y perros vagabundos por ahi perdidos, y algun que otro agricultor en camiseta de tirantes, sandalias y sombrero rustico, sobre una mobylette cubierta de mugre. Los chiringuitos eran de tablas desiguales clavadas al tuntun, con cocinas caoticas y camareros vociferando. Para regresar a casa andando habia que subir el acantilado por una escalinata de trozos desiguales, con curvas y recovecos; unos escalones de cemento de lo mas empinado y chapuzero. Mi hermano McCuello, ilustre farero y hombre practico, solia esperarme al principio para volver de paseo a casa, alrededor de las cuatro de la tarde, cuando en Agosto el sol pega fuerte. Me sujetaba del brazo y decia filosoficamente que habia que esperar a una maroma con generosos atributos para subir la cuesta detras de ella. Su premisa fundamental era que tiran mas dos tetas que dos carretas, y yo cada dia que pasa le doy mas la razon. Pues entonces subiamos los escalones con la sueca por delante, y cada peldaño sinceramente costaba menos. No sabia yo si me faltaba el aliento por la pichurri o por el esfuerzo, y ojeandola se nos hacia el trayecto entretenido, con algun comentario que otro sobre sus aceptables carnes. Lo que pienso es que la filosofia de McCuello es la ecuacion que gobierna el mundo, por lo menos hasta ahora. Por generosos atributos Picasso se inpiraba, Ulises estuvo a punto de perder la olla, y Keats escribio sus mejores poemas. Y no hablemos de guerras, raptos, invasiones, traiciones, o leyendas. La verdad es estupendo que la cosa funcione asi, porque no hay nada mejor que una buena liebre para aligerar el paso; el oscuro jardin de ellas constituye el mayor incentivo para la productividad, y yo no conozco aun mejor alternativa. En cambio ellas, con sus hormonas distintas, persiguen otros objetivos no iguales, viva la diferencia.

La estrategia de mi hermano me ha resuelto muchos problemas, y a veces creado otros graves, pero en general la vida con cebo y anzuelo se disfruta mas, y los dias se hacen mas llevaderos. Aunque cuantos mas años se cumplen, mas se acostumbra uno a tirar por su cuenta, supongo que es la madurez o algo asi.

Las Puertas de Tuulikki

Enfrente de mi cuartel general, en el barrio de

Taivaanpankontie, vivia un matrimonio mixto, el Andaluz y ella Finesa, que durante bastante tiempo fueron bien avenidos. Antonio era un gaditano guason, cuya principal habilidad consisitia en exprimir todas las ayudas del estado del bienestar sin dar ni palo, y Tuulikki era la tipica Finlandesa, trabajadora, honrada, y de genio fuerte. A finales de Marzo, cuando los dias empezaban a ser algo largos, saliamos los tres a dar una vuelta por la tarde, un rato antes de oscurecer, dar unas patadas a la nieve y estirar las piernas por el barrio. El atardecer de Marzo era rojo y luminoso, muy lento, un agradable contraste con el blanco de la nieve. Un par de meses mas tarde el hielo empezaria a fundirse, y los patos y garzas llegarian al lago para el cortejo, aunque aun quedaba mucho. Ellos me sacaban de paseo como un armatoste de compañia que hay que llevar con resignacion, y yo siempre agradecia su charla despues del trabajo. Recuerdo esas tardes con mucho gusto, porque estaba claro que el largo invierno oscuro llegaba al final, era una primavera anticipada.

La cantidad de ropa que uno se pone alla es grande, y Tuulikki antes de salir siempre preguntaba, antes de cerrar la puerta, si nos habiamos olvidado de algo; los guantes, la bufanda, el gorro polar, o lo que fuese. Una y otra vez, dia tras dia, nos hacia la misma pregunta, y la verdad siempre encontrabamos algo que se quedaba dentro. Tan cabezota era, que su frase se me quedo grabada en la mente, y siempre, desde entonces, al salir de casa me hacia la misma cuestion. Cogi la costumbre de cachear los bolsillos antes de salir, y comprobar siempre el abrigo y las llaves, y asi hasta ahora. Cuando pasaron los años empeze a darme cuenta que tal vez Tuulikki queria enseñarnos algo mucho mas importante. Cerrar una puerta dejandose algo dentro constituye un error importante, y esto se aplica a casi todo. Acabar una relacion dejandose un trozo de uno mismo es nefasto, asi como abandonar un trabajo que aun nos deja buen sabor de boca. La cuestion de dejarse cosas dentro tiene hasta morbo, porque incluso podemos hacer una barriga no deseada. Siempre doy las gracias a esta inteligente Finlandesa, de ojos de hielo, corazon caliente, y nariz aguileña. Cuantas veces he pensado en Tuulikki al salir de casa y cerrar la puerta, o al despedirme de alguna amistad. Le debo tanto como a esas tardes de Marzo en que fuimos tan felices todos juntos.

Maradona

Su familia y nosotros fuimos de los primeros en veranear en el pueblo, y su chalet estaba en la cuesta de la Torrecilla, surgiendo entre campos de tomates, arados de forma irregular. Con quince años lo despreciabamos y con frecuencia se le echaba del grupo al salir por la tarde. Pero luego crecio, se hizo fuerte y grande, y sobre todo astuto y calculador. Por los veinte años ya eramos buenos amigos, y

el en seguida se hizo independiente, se canso de Madrid, y se fue a vivir al pueblo buscando trabajo.
Nos veiamos en verano, cuando acababa la universidad en Julio, y me daba cuenta de lo diferentes que eran nuestras formas de vida. Despues del desayuno yo bajaba a la calle y me lo encontraba andando la cuesta, como una aparicion. Iba en pantalones cortos deshilachados, descalzo y con los pies sucios. Sujetaba una garrota bastante consistente, el pelo largo y desgreñado, y una sonrisa terrible con dientes guarros y picados. Vamos, un autentico salvaje fuera de control de la sociedad, pero con un aire de felicidad y simplismo envidiable. No solo lo admiraba, sino que en el fondo queria ser como el. Junto con Rafa formabamos un buen grupo, y nuestras borracheras de vodka helado, partidas de domino y cartas, nos alegraban el verano. El enseguida comenzo a sobresalir por su sentido practico y monetario de cualquier asunto, y su tremendo olfato para la supervivencia. Sin embargo, con el tiempo tuvo que aliñarse para conseguir trabajo, y adoptar mejores modos. Luego hizo la mili en la Legion, y volvio con pinta de bruto, el mas duro entre los duros, y los brazos de Popeye llenos de tatuajes.
Poco a poco se incorporo a la civilizacion y empezo a trabajar en la crisis de los ochenta, y luego se formalizo por completo, se caso con una Irlandesa y tuvieron un pequeñajo, un cuadro muy feliz. Mas tarde le vino el divorcio, y el solito se constituyo en empresario, busco amigos limitadamente honrados, y por supuesto ahora es mucho mas adinerado que yo.
Maradona ha sido uno de mis grandes maestros, y lo mas importante que me ha demostrado es que Sancho Panza era el mas cuerdo, y el de la triste figura un hambriento poeta de la vida. Su culto a la cazuela de garbanzos es la esencia del mundo, y siempre pienso que deberia ajustarme a ese criterio suyo, aunque pocas veces lo logro. Cuando nos vemos, ya cuarentones, me mira por encima del hombro como diciendo a que chorrada te dedicas que no haces

dinero, y yo me acomplejo ante semejante seguridad. Pero bueno, poco a poco empezare a entrar en razon y trabajar las cosas de un modo correcto.

Ajedrez al Amanecer

En los años ochenta, el pueblo Mediterraneo para nuestro veraneo aun conservaba chapuzas y desordenes que lo hacian mas natural, sin un exceso de gente. Rafa, Maradona, y yo, nos congregabamos a principios de Julio hasta Septiembre, un intervalo sin Universidad. Las tardes- noches se salia a buscar ganado, derivando por la rutinaria cadena de un par de discos y algun pub. Nuestra coleccion de calabazos era considerable, tanto con las genuinas del pueblo como con las foraneas, y a pesar de ello siempre empezabamos la noche con autentico optimismo. Nos jugabamos todo a pares o nones, o moneda a la pared: quien entra a esta o aquella, cual sitio vamos luego, quien paga una ronda. Eramos un equipo muy cutre y desordenado, pero grupo al fin y al cabo. Maradona, con su gusto por las tetas exhuberantes, Rafa que mezclaba todo con alcohol, y el imbecil de mi mismo que siempre perdia el tiempo intentando con la misma chica. Pero bueno, la cosa estaba divertida casi siempre.

Al llegar las seis o las siete de madrugada, nos dabamos por vencidos, entre escepticos y cansados. Maradona, hombre del terreno y realista como el solo, enfilaba la piltra, y Rafa y yo quedabamos sueltos. Entonces Rafa proponia partida de ajedrez en las mesas vacias del Balcon de Europa, y yo tragaba con resignacion, aunque siempre me gusta ese juego. Creo que a Rafa le encantaba darse un aire intelectual y petulante, dos colgados solos en el Balcon exprimiendose los sesos a las siete, entre miradas curiosas de los que volvían a su casa. Yo jugaba y a la vez miraba con pereza alrededor, buscando un muslo de sueca de ultima hora, y solo habia barrenderos empezando la tarea. Rafa resoplaba y gruñia, y se revolvia continuamente el pelo, hasta que perdia el centro del tablero y abandonaba. Se picaba mucho, tanto que llego a ganar un torneo del pueblo. Al final, ya un poco atontados de sueño, tirabamos para casa. Lo que queda de esos ratos es la luz del Mediterraneo al amanecer, con el berrido de pajaros y bencejos del mes de Julio. Era una mezcla de cansancio, tranquilidad, y sensacion de que el verano, y nuestros veinte años, durarian para siempre. El fuerte olor a sal me acompañaba hasta casa, y caiamos en la cama con sopor de niños pequeños. Que bonito es tener veinte años y pensar que el mundo es eterno.

PERSONAJES ADMIRADOS (Short-Distance Individuals, SDI)

(SDI-1) La Candida

Todo el Bachillerato la tuve de Profesora, unas veces Latin, otras Historia, y las que mas Lengua y Literatura. La Candida era una clásica señora bien madrileña, que vestia elegante y sobria, pero tendiendo a los colores alegres. Mas bien guapa, yo no entiendo por que no se caso, tal vez era muy independiente. Muy educada, sensible, y firme defensora de la Letras. Atacaba nuestra obsesion por aprobar las Matemáticas, y el constante ambiente, incluso entre el profesorado, de dominio de las Ciencias sobre las Letras. Muchas veces se le iba la olla ella sola, cuando leiamos pasajes de los grandes escritores, Machado, Cervantes, Shakespeare, o Poesia de la Edad Media en Castellano Antiguo. En esos momentos se veia que lo

escrito la tocaba en lo hondo, y yo creo que llegaba a importarle poco que estuviésemos delante armando jaleo. Ella seguia leyendo a Machado, o mas bien recitándolo. Ahora que soy mayor me doy cuenta mejor del asunto, por entonces solo comprendia un poco.
Candida tenia, como todos los profesores, un conjunto de manias fijas, pero en su caso completamente logicas e inofensivas. Una de ellas era, lo primero, saber que Siglo estabamos estudiando, y que Movimiento Literario correspondia. La siguiente sentencia era que hay que saber estudiar, organizarse los esquemas. Cuanto y cuanto nos inculcaba siempre lo mismo, y como se lo agradezco. Intentaba ordenar el tiempo de clase, pero habia muchos dias que nuestro desinteres, lo poco que estudiábamos, o nuestra falta de atención, la desorganizaba la clase. Entonces solo hacia un par de cosas, o se quedaba sin explicar. Solamente la veia gesto de odio cuando ponia los deberes, y todos protestábamos porque esa tarde habia partido. Solo ahí, se enfurruñaba y perdia el control.
El curso que dio Historia del Arte, de vez en cuando ponia diapositivas de Pintura y Escultura. Recuerdo esas tardes de invierno, en el franquismo tardio, alla en nuestro aburrido barrio de Madrid. Era la primera vez que le cogi gusto a Murillo, Velázquez, los Flamencos, o Zurbaran. Aquello hacia variar ese tipo rutinario de vivir que teniamos por entonces. A mi me trataba bastante bien, no me quejo, incluso se daba cuenta de que me gustaban sus asignaturas. Lo comun era que todos pasaran de ella, y solo buscaban el aprobado.
Ella me inculco la admiración por el Renacimiento y el Humanismo. No tuvo que convencerme de nada, porque leyendo lo que habían hecho Petrarca y sus colegas, me quede fascinado. Los admiraba, y quería ser como ellos. La idea de que el potencial humano es el centro del mundo, aunque yo soy creyente, ha quedado en mi cabeza para el resto de la vida. Tambien hablaba de los malos amigos de Petrarca que lo descentraban y se lo llevaban a hacer

gamberradas, pero eso le pasa a todo el mundo de vez en cuando. La capacidad de estos Humanistas de crear cosas nuevas, y su dedicación al trabajo innovador, fue algo impactante cuando tenia dieciséis años.
Pero tal vez lo que menos olvido es el dia que, estudiando los temas de Jorge Manrique, levante el brazo, y le dije que ese tipo de ideas ya las habia expresado Virgilio. No giro la cabeza de la pizarra para contestarme. Simplemente dijo de pasada, 'Casesnoves, a ver si aprendes que no hay nada nuevo bajo el sol, casi todo en Literatura esta inventado'. El añadido de pardillo, que eres un pardillo, iba incluido en la mirada, porque ella siempre era muy correcta y no despreciaba. Y lo mas importante que me inculco, sobre todo, fue el interes por las Letras. La Candida me ha demostrado con el tiempo, cada vez mas, que lo que nos diferencia de las maquinas, son las Humanidades. Siempre recuerdo sus lecturas, algun sabado cualquiera yendo al supermercado. Ahora, que la Economia es lo que manda y siempre mandara, lo que ella me enseño me da muchos buenos ratos que hacen agradable cualquier dia. Señorita Candida, cuanto la echo a usted de menos.

ELEMENTOS A EVITAR (Long-Distance Individuals, LDI)

(LDI-1) El Marika Ingles. Retrato del Professor McMarika

Cuando consegui mi beca de Doctorado tras enorme esfuerzo, llegue a Inglaterra un poco despistado, pero con buen humor y mejor intención. El supervisor asignado, Professor McMarika, en principio me parecio una persona simpática y normal. Habíamos estado hablando mucho por teléfono desde Madrid, y no solamente me aseguraba su completa colaboración en la futura Tesis, sino que me aseguro un ambiente perfecto de Grupo de Investigacion

para trabajar, todo parecía magnifico y paradisiaco. Esto me suele ocurrir con frecuencia porque tiendo en principio a pensar siempre bien de cualquiera, soy demasiado ingenuo. Sin embargo, en cuanto tuvo la primera ocasión, me llevo al despacho del Técnico del Laboratorio, y a mitad de la charla intento inútilmente cogerme la mano. Yo estaba tan entusiasmado con seguir mi carrera en investigación, que simplemente me aparte e hice archivo del incidente sin darle importancia. Pensaba que aquello, en principio, era una peculiaridad de su conducta de trabajo, un gesto Michel-Valderrama 'no racionalmente ni culturalmente explicable'.
Luego vino una invitación a una cena de Grupo en el restaurante Mexicano 'Chiquito', cuyo nombre era, como pude comprobar mas tarde, una imagen de su futuro delirio gay frustrado. La celebración correspondia a su cumpleaños. A esa cena no pude ir porque estaba organizando mi casa, y tengo la impresión de que esto ya le causo algún disgusto inicial. Casado con la Señorona del Laboratorio (SDL), ilustre Licenciada por Oxford, formaban juntos el prototípico matrimonio de Departamento. El, hijo de Profesores, y bien enchufado y colocado en su Laboratorio de Taifas (LDT), y ella también de familia importante y con Doctorado en la gran Universidad de Oxford. Todo hacia pensar, como suele ocurrir en el endogámico sistema Universitario, que ambos habían sido colocados en sus puestos mas en función de intereses corporativos y familiares que por meritos propios. Sin embargo, a mi en principio esta cuestión me daba lo mismo, yo a lo que iba era a trabajar, ganarme el sueldo, y publicar lo mas posible con calidad. Las cuestiones e intereses ajenos, mientras no interfieren en mis asuntos, me traen al fresco, ya tengo muchos años para saber que en todas partes hay convolutos de intereses.
Lo siguiente fue una invitación a cenar en su casa, a la que fuimos convocados tres colaboradores. Una Inglesa Postdoc (IP), otra Posdoc India-Commonwealth (PIC), y un menda que se esforzó por estar simpático y educado durante toda la cena (para mi que lo logre a medias y con apuros). Como

un rio que desciende por turbulencias y cataratas, lo que en principio era una reunion de bienvenida, se transformo en un espectáculo grotesco.
McMarika comenzó ofreciendome algo para beber antes de cenar, cerveza o whisky. Yo le conteste que no bebo alcohol, y la cara se le torcio inmediatamente, como si le hubiese ofendido. Luego me sirvió un vaso de zumo por la mitad. Yo pensaba que eso era una costumbre elegante Britanica, pero cuando empece a conocerlo, pedirle material de experimentación, y leer en sus emails que se consideraba patológicamente tacaño, resolvi aquel interrogante (me trae sin cuidado un vaso hasta arriba o a la mitad, yo me sirvo lo que quiero en mi casa). Por supuesto, no iba a aclararle que he bebido a los veinte años como cualquier estudiante universitario, hasta que en 1981 nuestras borracheras de fin de semana iban aumentando en cantidad de alcohol y/o frecuencia, y tome la afortunada decisión de cortar en seco (estando catorce meses cabreado y subiéndome por las paredes, claro). Si no controlas el acelerador, no conduzcas. Soy feliz con una visión de la realidad lo mas objetiva posible, sin colorantes ni conservantes.
Mas aun, la sobriedad con café, te, o te verde, produce una satisfacción y gusto por el cuadro de imagen natural, que solo se aprecia después de haber abusado del alcohol (visto a la edad que tengo, creo que tuve suerte en asustarme tan pronto, no era para tanto, pero por suerte resulto en una buena costumbre. Ejerciendo la Medicina y observando la trayectoria de muchas amistades, me di cuenta de que lo único que me ocurria era que pillaba trompas+resacas de fines de semana).
En la mesa la conversación empezo sobre el tema de nuestras titulaciones, y ya cuando empezaba a cortar el queso fino para no ser maleducado, la IP, a mi izquierda, me solto en voz baja en un giro de cuello, con indignación femenina, que yo hablaba bien Ingles (cosa que es cierta al 50%). Ese fue el primer toque para darme cuenta de cómo

se las gastan las chicas en investigación con los compañeros competitivos, esto es, las indigna y enrabieta cualquier progreso de nosotros (son como son, Dios las cria asi y ellas se juntan, conste que a mi en general esto me da lo mismo). Luego la SDL puso un gesto de asco Britanico cuando hice la observación, inocentemente, de que la comida del restaurante de Ingenieria estaba buena (lo juro por mi equipo de futbol del cole). A partir de entonces, visto el percal, decidi sortear la cena con educación y pirarme a casa cuanto antes para acostarme temprano y estudiar al dia siguiente. Buena decisión, porque a los postres McMarika comenzó a decir que esa habitación era depresiva, y a servirse copa tras copa de vino. Yo lo vi lanzado, y me dedique a contemplar la decoración del comedor mientras atacaba un trozo de tarta de chocolate.

Ya en el cuarto de estar, la SDL nos interrogo a los tres acerca de nuestras habilidades en la cocina. Me defendi como pude con mis macarrones, spaguettis, ensaladas, filetes a la plancha, y un farol de paella que me quedo dabuten. Pero de repente, McMarika empezó a delirar con agresividad creciente. Primero dijo que había demasiada gente con el titulo de Doctor, y luego afirmo que en España el Doctorado era de cinco años, en tono agrio y despectivo. Despues, se enzarzo con su mujer que estaba repasando fotos familiares en una esquina, preguntándola por que hacia eso. La SDL lo calmo con dos frases, y el respondio que había bebido demasiado (por supuesto, pensé). La guinda fue cuando la SDL comenzó a disertar sobre la Guerra Mundial de hace 70 años, y por suerte en ese punto la IP se levanto al ver los ojos ya turbios de McMarika, y dijo vamos que nos vamos educadamente y con hábil entonacion. Ninguno de los tres comensales invitados, según mis datos actuales, continua trabajando en el LDT, la PIC fue despedida a los tres años, IP se cambio de Facultad y se dedico a la Enseñanza, y lo que me paso a mi se puede encontrar en este Capitulo, ad libitum del lector. Ese Octubre de 2005, a McMarika le asignaron fondos y becas para lanzar un Proyecto compartido con una rimbombante empresa de Cambridge. Pues bien, como el dinero no era suyo, sino de la Firma- sponsor, el Departamento, y el EPSRC Council, se ocupo de liquidarlo todo (o ahorrarlo para los 'fantasmas') en tres años. A dia de hoy, la mayoria de los colaboradores se han esfumado, y en 48 meses solo llevo a cabo una reunión de Grupo de Investigacion. Por todo ello, apuesto que lo ascienden o incluso le suben el sueldo, tal y como van las cosas en Nottingham. Ahora, cuando escribo esto en 2010, se prepara un Congreso de Bioingenieria para el verano, y supongo que el rollo será dar el timo perfecto y la imagen de cebo para volver a recaudar fondos, sobre todo Públicos, traerse nuevos pringaos, exprimirlos, y botarlos al cabo de un tiempo. La vida sigue y es bonita y entretenida. Los tópicos del Programa son 'notablemente parecidos', a la labor de investigacion que he desarrollado en la Universidad durante 4 años, y dejado en la memoria del ordenador cuando me largue con fabuloso regusto y alegría.

Conforme empece a trabajar en el Laboratorio, y demostrar que era mas capaz que los Ingleses o Ingleses-Commonwealth del Grupo, una serie de furibundos y racistas personajes del Departamento se fue sumando al acoso inicial. Cerco que se fue estrechando con el jefe de Informatica del Departamento, Mr Gay-Perez (GP), y el 'control' de internet en las viviendas de estudiantes del Molino. GP y su banda empezaron a captar por Diciembre de 2005 mis emails con los Americanos echándonos los tejos científicos y de futura colaboración. Era calvo, gafudo de mal gusto, la boca torcida, y el gesto amargo y frustrado de hiena de Catedra. Usaba trajes clásicos mas bien pasados de toda moda, y poco a poco empezó a aparecer por casualidad al lado de mi mesa cuando yo metia la password en el ordenador para empezar o continuar programando. Tenia que irme al servicio hasta que desapareciese, y poder trabajar con tranquilidad y seguridad. Menudo zumbado.

Sin embargo, la gran bestia del racismo no apareció hasta finales de Noviembre. Este era ni mas ni menos que el oficial de 'salud y seguridad' del Departamento, el vomitivo Mike-BNP (MB). Dicho elemento paso directamente al insulto y la calumnia, al ver que yo iba a trabajar de 8 de la mañana a 7 de la tarde y seguía tan fresco y progresando. Comenzo a propagar rumores en el Departamento llamándome simplemente criminal, e inventando información complementaria para hacer mas solido el insulto. He conocido miradas en las que se observa la frialdad del mal en si mismo a lo largo de muchos años, pero la de MB alcanza a estar entre el top-ranking con facilidad. Cogio la costumbre de sentarse en mi silla (el tenia un despacho mayor que el del Director del Departamento, dos coches de lujo, y ni se sabe que mas propiedades de cacique de seguridad), cuando yo llegaba a mi mesa para empezar o seguir la tarea. A ver si conseguia provocar algo, supongo, como los marinos de Gibraltar con la Guardia Civil cuando respaldan y protegen a los contrabandistas de drogas, al estilo del Siglo XVI.
Si vamos al pasado para encontrar antecedentes, recuerdo todos mis veranos magnificos en la costa con los turistas extranjeros que compartían con nosotros playa, chiringuito, y discoteca. Ibamos a la disco entre semana casi todos los días, y a eso de las 11 de la noche, comenzaban a saltar vasos rotos por los aires en la pista, con empujones y bronca de gritos. Había llegado la hora diaria, como no, de los Britanicos. Su pelea rutinaria, duraba 15 minutos, y luego había que limpiar la pista de baile y todos a seguir tranquilamente sin hacer caso a su salvajismo. Uno de los bares-pub mas concurridos del pueblo, estaba regentado por Ingleses, cuyos camareros pasaban el chocolate y demas por un modico precio. Siempre que había algún negocio sucio, o un escandalo nocturno, alla estaban los Brits para protagonizarlo. Despues de muchos años de experiencia, pude comprobar como los Alemanes pagaban honradamente sus cuentas, se comportaban bien casi

siempre, y lo mas que hacían era volver a casa tambaleándose un poco por un par de litros de cerveza. En la playa los Germanos el único problema que daban era un corte de digestion por bañarse después de un atracon de paella, o como mucho un infarto por exceso de comida, bebida, y posterior esfuerzo fisico. Los Alemanes no aprendían Español, y el único jaleo suyo era hablar alto como nosotros los Españoles (a mi me daba igual, incluso me gustaba su acento).
Los mas honrados y comedidos eran los Suecos, que cumplían con las cuentas a rajatabla, solo se emborrachaban en general en su casa, y aprendían a chapurrear español en seguida por su facilidad e inteligencia para los idiomas. Capitulo aparte eran los Franchutes, que se integraban con nosotros en todas las misiones de tal modo, que apenas se distinguían de los Españolitos. Aprendían nuestro idioma de oído, y eran miembros del grupo por meritos propios. Los Macaroni como siempre, supercariñosos y extrovertidos, tampoco daban problemas, pero habia muy pocos, ellos tienen mar y costa.
Pero hay mas aun sobre estos asuntos, y lo chistoso se mezcla con lo violento en estupenda proporción. Esto lo comprobé con 17 años, cuando ya empezaba a entender un poco a la gente mas mayor y los instintos algo oscuros de las personas. Muchos (no todos, claro esta) matrimonios Ingleses vienen a la Costa de vacaciones, y las diversiones se tornan distintas para cada conyuge. El marido suele encontrar cerveza y licores de buena calidad a un precio excelente, y la mujer Maromos Mediterráneos que las regalan todo tipo de atenciones, a diferencia de los hombres de su isla. Sucede que el marido se sumerge en los vapores de Baco en la discoteca, mientras que ella poco a poco se va encontrando mas agusto con cada tipo nuevo que la entra, hasta que uno de nuestros Machos Ibéricos (yo no me incluyo, estoy en el grupo de los comunes y torpes) la engancha con fuerza y se la lleva a su terreno porque el esposo, entre otras cosas, esta demasiado empapado en

alcohol como para enterarse del gran cuerno. Ella se pasa dos semanas de cameo en cameo, y su querido de borrachera en borrachera. Todo ello pagado por el Estado Británico del Bienestar. Al cabo de los 15 dias, la Maruja ya es la amante formal del Españolito, y su marido acaba con un par de peleas monumentales causadas por exceso de cubatas en la discoteca o en le pub cercano. En definitiva, el señor Ingles vuelve a Londres con un buen par de magnificos cuernos Mediterraneos, varios puntos de sutura, y una consistente escayola en un brazo o collarin en el cuello, aliñados con una gruesa multa de la Guardia Civil. Ella por el contrario, tendrá tema para suspirar en las tardes nubladas o lluviosas de Londres, después de recoger a los chavales del cole, recordando las palabras y la aceleracion de nuestro Iberico, cuando la daba lo que el otro no podía, por estar demasiado beodo. Un reparto desigual de beneficios, que en cualquier caso genera mas dinero para el turismo porque hay que pagar las cuentas de Urgencias del Hospital, las multas de la Benemerita, y además la mujer querra volver algún próximo verano para recordar a ese astuto caballero que la hizo sentirse mas joven, aparte de estremecerla de gusto.
Este paradójico fenómeno de nuestra cultura moderna aumenta mucho mas de escala cuando se trata de los Paises Nordicos, como he podido comprobar con mi experiencia en hechos reales. Cuando llevaba un par de años en Finlandia, me empece a fijar en el tipo de matrimonios entre Finesas y Españoles buscando características comunes, y casi siempre encontraba las mismas claves. La cultura Finesa es aun mas bestia en cuestion de alcohol que la Britanica, y ello va unido al hecho de que los hombres Fineses con frecuencia, o tratan mal (me refiero con malas atenciones, no hablo de violencia domestica) a sus mujeres, o están absolutamente borrachos a la hora del asunto. Las Nordicas vienen a mi país de origen, y se encuentran hombres que las colman de

atenciones y las regalan la oreja (en esto los Andaluces son insuperables, por supuesto yo no, por Madrileño e introvertido) como nunca las había sucedido antes. Una mujer Sueca o Finesa no suele negar la pernada cuando se lo piden correctamente y las apetece, porque su cultura y costumbres son asi. Entonces, después del maturraque con el Iberico, se las pone la misma cara y ojos que a Thelma en la película de Thelma & Louise, cuando Louise la mira fijamente en el Hotel y se da cuenta de que por fin la han echado, según sus palabras, un buen polvo. Es tan fuerte la sensación en las terminales nerviosas vitales y en el oido, en muchos casos, para la Nordica embobada, que por cultura y genes suele querer y pedir hijos en seguida a ese hombre del cual se ha encoñado.
Entonces aquel camarero, transportista, o técnico de alquiler de apartamentos se casa con ella, y luego emigra a la nieve para empezar una nueva vida, pagada y subvencionada consistentemente por el Estado Escandinavo del Bienestar (EEB). Y este si que es verdaderamente del Bienestar porque yo lo he visto y comprobado alla por otros, no un menda que lo único que hizo en el circulo polar fue resolver matemáticas, comer siempre lo mismo, y querer constantemente a su novia Rusa.
En resumen, una mañana de Marzo de 1998 en Finlandia, al comprobar estos hechos, me di cuenta de que la consecuencia final es que el EEB paga el cameo, semen, y posterior embarazo que los Nordicos no les dan a sus mujeres, y estas tienen (y quieren, para que no se les pase el arroz a muchas) que ir al Sur a buscar. En otras palabras, el EEB paga por lo que los Fineses no hacen, o hacen mal, a los Maromos Mediterraneos, un buen sustento. Su solida Economia sufre un buen varapalo en este sentido.
Antonio, un colega de Cadiz casado con una Finesa que vivía enfrente de mi casa en Savonia (véase Capitulo Las Puertas de Tuulikki), me invito ese mismo dia a unas Pizzas en el centro de la ciudad, porque además tocaba pagar el alquiler de la casa. Nos fuimos con las bicis al centro, tan

contentos por un dia libre de charla y comida variada. En el Restaurante, aparte de regañarme y preguntarme si lavaba bien la ropa, cuando vio el cuello de mi camisa sucio, comenzamos la conversación, y le conte mi hallazgo económico-social.

Eran tan enormes las carcajadas que empezamos a soltar mientras devorábamos las Pizzas, encontrando ejemplo tras ejemplo entre los matrimonios de nacionalidad mixta conocidos de Kuopio, que los camareros Tifosi nos miraban pensando que nos habíamos fumado mas de un peta, o ingerido algún tipo de droga alucinogena.

Por tanto, en Europa se diseñan a la perfeccion Sistemas Políticos Ideales, basados en Formulas Teóricas Perfectas, que son derribados por el factor Economico-Gonadal, la mezcla de la Fisiologia Emocional con las Pelas, o dicho en tono pedante, el simple Factor Humano.

Pero aparte de lo grotesco y financiero del tema, lo que mas echo de menos de ese dia era lo bien a gusto que estábamos en la Pizzeria caliente después de ir al centro desde Taivaanpankontie pedaleando a 15 bajo cero, y lo superguay que fue la vuelta con la barriga llena, una buena dosis de risotadas, y el ruido aspero y constante de las gomas de la bici al rozar la nieve en polvo por el camino. Yo no me planteo ninguna batalla Económica-de-Ligoteo con los Escandinavos, solo me acuerdo con mucha nostalgia y pena de lo feliz que era alla, y todo lo que me deje.

Este tipo de hechos los Ingleses, sobre todo los hombres, suelen digerirlo muy mal, y es un buen latigazo a su orgullo, aunque en realidad no es culpa de nosotros, porque son ellas las que eligen en Democracia y a mi me parece estupendo que las mujeres, (y nosotros también, por supuesto) seamos libres en asuntos personales. Además, hay muchas mujeres Españolas que se casan con Ingleses, y a mi me parece magnifico, carezco de celos patrióticos porque hace mucho que no trabajo ni vivo en España. Aparte de eso, no soy el guardian de ningún rebaño de cualquier parte, la gente hace lo que le da la gana en su casa, y yo desde luego también.

Asi las cosas, hice un esfuerzo para olvidar esta mala fama comprobada de los Ingleses y me traslade a Inglaterra a trabajar con McMarika de buena fe. Hacia Diciembre empezó a hacer graciosos numeritos gay en las reuniones de supervisión. Unos días ponía el culo durante un rato, otros se acercaba la silla y rozaba mi mano, y una vez le dio por decir 'I'm hot' (estoy cachondo), continuamente.

En principio, a mi esto me daba casi igual, solo me cabreaba cuando quería discutir un asunto importante, y no podía hablar racionalmente con el. Sin embargo, este tipo de gestos absurdos (en el sentido de que no tenia nada que hacer aparte del payaso), comenzaron a aumentar en frecuencia y excentricidad.

Por ejemplo, cuando llevaba vaqueros que marcaban paquete se quedaba absorto en la contemplación, u otras veces introducia la frase 'vente conmigo' en el dialogo de la charla[1] de trabajo.

---

[1] Pretender afirmar que los únicos Profesores-Tralara son Britanicos, es absurdo. Constituye un fenómeno extendido en todas partes, y supongo que los psicólogos (de entre estos especímenes los mas normales y racionales posibles, aunque sea mucho pedir), sabran algunas razones para explicar este alto porcentaje. Tal vez sucede con todos los profesionales que salen a escena, y les apasiona el protagonismo publico, como los actores, por ejemplo. Durante el curso Quinto de Ingles en la Escuela de Idiomas, en 2003-2004, me toco El Profesor alias El Moro. Como dije en párrafos anteriores, tambien me ocurrió el Síndrome del Marido Cornudo. Mi costumbre después de clase, en la cuarta o quinta planta, era ir al servicio y echar una meada de mis favoritas. Una mañana de Febrero, entre como siempre al baño, y alla estaba ni mas ni menos que El Moro in person, junto con otro 'hombre', calvo, mas bien cincuenton, y con aspecto extraño, aunque no desaliñado. En principio no sabia que pintaba este segundo elemento allí. El Moro, con tono excitado en la garganta, me pregunto en que retrete iba a mear, y yo le señale el habitual del fondo, que siempre escogia por tranquilidad. Inmediatamente dijo, con voz aguda, pues alla voy yo, y se metio directamente dejando la puerta entreabierta. En este tipo de situaciones inesperadas, de cualquier tipo, no solo sexo, suelo actuar casi sin pensar y automáticamente, como por reflejos, y me fui directamente afuera cuando cerro la puerta de ese retrete, dejando a ambos plantados. Baje al servicio de la planta inferior, y alla descargue todo el liquido a tope. Ya bajando los escalones verdes de La Escuela, deduje que el susodicho acompañante debía esar allí para vigilar por si venia alguien, mientras sucedia el delirio-tralara en mente del Moro, dentro del retrete al que iba yo, y supuestamente, iba a entrar con 'el'. Es decir, que eran dos simples y

sordidos maricones de urinario, haciendo la mañana de pesca. Recordé la Sabia Sentencia que El Turco me había enseñado con generosidad, El Hombre del Siglo XXI, para tener éxito, debe ser Polisexual o Tralara. Tenia una sensación de sorpresa mezclada con algo de asco, sobre todo por el lugar que habían elegido para montar semejante maniobra, pagada con dinero publico y a horas de trabajo. Ademas, era un asunto absurdo del todo, porque si El Moro me hubiese preguntado con la normalidad de cualquiera del sexo cualquiera si queria rollo con el, simplemete le hubiese contestado que solo calzo pibas desde siempre, y que ya tuve suficiente sexo y despendolamiento con veinte y treinta. El asunto de descargar energías con gusto ya había pasado a un segundo lugar desde que acabe mi carrera de Fisico, y cuantos mas años iba cumpliendo mas me entusiasmaba mi profesión de investigador, justo como la heroína para un adicto. Pero El Moro, de cuyo equilibrio mental ya habia empezado a dudar desde Noviembre por diversos hechos de su conducta en clase, tuvo que elegir el camino mas tortuoso y complicado para insinuarse. Sali al patio de La Escuela, y me encamine a atravesar El Canal de Isabel II como era mi costumbre desde que estudiaba Medicina, para volver a casa andando. Al pasar por la explanada contigua de edificios nuevos, paralela a Reina Victoria, me pare con la cabeza apoyada en la verja, contemplando la extensión de cesped con la pista de helicópteros del centro. Algunos almendros tempranos ya habían empezado a echar flores moradas, en el otro lado del lateral mas distante, era final de Febrero. Cuantos problemas de tracas, mecánica, y electromagnetismo había resuelto en esos bancos durante los años duros del bloqueo, con la mirada absorta en la pequeña extensión de césped bien cuidado, que me relajaba para encontrar la solucion. Como quería a ese reducido trozo de hierba que para cualquiera que viviese en el campo era simplemente una palangana de niño pequeño. Todavia no habían construido las pistas de golf para los cuatro ricachones del barrio, después de prometer la Panacea Universal antes de las Elecciones, y al lado de la esquina de los arboles frondosos había dos chachas algo pijoteras vigilando un par de chavales ya crecidos mientras jugaban. Una morena, Latinoamericana, y otra medio rubia, algo mas alta, que se acerco a la papelera a deshacerse de algo. Al inclinarse mostro un buen perfil, su bien alimentado repertorio trasero, y unas pantorrillas nada despreciables. Desaparecio la mala sensación del estomago causada por aquellos dos zumbados, y el verde del césped junto con la hembra exhuberante me devolvieron a la feliz realidad.

Lo curioso y peor del asunto es que, cuando alguien planea ese tipo de locuras a lo bestia, probablemente suele haber intentado similares patochadas otras veces con diferentes personas y/o alumnos, incluso tal vez con exito. Mas aun, El Moro había sido designado en 2004 para un puesto de tribunal con decisiones importantes, en las Oposiciones Oficiales para Plazas de Profesores de Ingles. Que fácil lo tenian aquellos que hubiesen intentado convencerlo dulcemente, aunque creo que El Moro ya había pasado al estado de sujeto irracional e imprevisible. En general, conozco tantos ejemplos reales de este tipo, y aberraciones en otros asuntos que no son de bragueta o bragas, que puedo afirmar que el Sistema Educativo Español, sobre todo a causa de la politización creada por el Partido que mas años ha gobernado, no solo es el peor de Europa, sino que esta entre los mas malos del Mundo en relación a países de parecida renta per capita. Les costo tres décadas, pero consiguieron destrozarlo por completo. Y sobre todo, por encima de cualquier interés de sexo, profesional, político, de sindicatos, o lo que sea, me pregunto de donde saca la gente tiempo para este tipo de cosas (yo no tengo tiempo ni para un partido de futbol con una bolsa de pipas). Solo encuentro un principal argumento fuerte para justificar esta conducta, esto es, que están absolutamente seguros de que hagan lo que hagan no los pueden echar. Porque detrás tienen una solida estructura corrupta que nunca los dejara caer, y además en todo caso, esta autentica mafia, los salvara si el asunto llega a los tribunales.

Al hacer el examen final me quede sorprendido por la baja puntuación en las preguntas de test, cuya solución había que subrayar con lapicero (error mio, por supuesto, no usar tinta). Un tal Roma, el gran pelota chupapoyas de mi clase, que era un Perito Electronico que habían largado de la Administracion, me preguntaba insistentemente por que había ocurrido esto, y no sabia que contestarle, yo tenia en mente que había acertado mas respuestas. Esta trampa fue corroborada al año siguiente, cuando comprobé que mi puntuación en el test era aun mas baja, y al querer ir a revisión (había hecho todo a boli firmado el examen por si acaso) se cambio, 'por casualidad', y saltándose la Ley, la hora de revisión de por la tarde a la mañana temprano, un 27 de Junio de 2005. Por supuesto, Roma, que llevaba a clase un regalito semanal al Moro (unas veces un libro (tenia predilección por El Codigo Da Vinci), otras un disco, algunas le arreglaba alguna conexión electrónica), aprobó en Junio, se le asigno el Titulo de Profesor de Ingles, y me llamo para presumir de ello por teléfono, no se con quien estaría conectado este superagente lameculos. Conste que a mi llegar a Profesor de Ingles me daba lo mismo, mi objetivo era lograr una Beca de Doctorado en Inglaterra para escapar cuanto antes, y eso si lo consegui.

Pero lo mas fastuoso fue la Profesora Reyes Moraleja, colocada y enchufada en la Plantilla junto con su hermana (que estaba ya muy palla) en la Escuela (en 1992 se anulo el examen de Quinto porque esta hermanita había soplado días antes las preguntas a su Grupo). Esta me toco al año siguiente, y a la entrada de clase a las 9 de la mañana me recordaba que 'este no aprobara nunca'. Tenia predilección por subir el volumen de la tele, que estaba a mi lado, cuando teníamos practica de conversacion con el compañero de al lado, y se sentaba al final de la clase de vez en cuando a relajarse charlando con un alumno de intercambio Ingles que estaba de ayudante. Era amiga de la nena de papa Del Mazo, cuya nota en Junio ni suquiera apareció en las listas de los tablones 'por error', es decir, que fue aprobada por la via directa (hija de Profesores de Idiomas, por supuesto). Entonces, mientras mis notas en los exámenes IELTS del British Council iban subiendo, en la Escuela de Idiomas iban bajando, curioso fenómeno de la naturaleza. Lo mas horripilante de Reyes era su famoso culo-pollo que dañaba a la vista, y las disertaciones que hacia dando clase acerca de todo tipo de vitaminas y estimulantes para trabajar. He conocido Pofesoras arbitrarias y cuentistas, pero como esta, muy pocas. En Septiembre de 2005, algo debio ocurrir entre un reducido grupo de Profesores semi-honrados, porque en el examen de Quinto había que rellenar un papel aparte con las respuestas seleccionadas de test por si las moscas. Pero yo hice el examen para practicar y a la semana siguiente ya me había marchado a Inglaterra para trabajar con McMarika.

Para verificar la terrible conexión Internacional entre Profesores politizados, baste decir que en la Universidad de Nottingham mi primer choque fue con el imbécil Neil Taylor, un mal Profesor de Ingles. Taylor se cabreo, como buen demenciado, porque yo contestaba todas sus preguntas en clase, y le dijo a una Alemana Erasmus en voz alta, que no sabia como me habían admitido en la Universidad. Incluso me tenia que cortar para acertar pocas preguntas, porque todo era absolutamente facil e infantil.

Algunos días atacaba a la gente religiosa con indirectas ('alla hay una biblioteca con libros de Religion', me repetia continuamente esa tarde del invierno de 2006). Hacia 2007, ya empezó a darse de baja en los cambios estacionales, aunque nunca tuve interés por preguntarle que le pasaba. Como dice El Turco con Sabiduría, las cosas caen por su propio peso. Hablando mas ampliamente, estoy hasta los cojones de los tejos que tengo que aguantar de los gays desde los 15 años, es desagradable, y a veces insoportable. El Lobby Gay-Derivados (LGD), es poderoso por multiple razones. Primero, son bastante inteligentes y capaces, justo es subrayarlo. Aparte de ello, saben escalar puestos, situarse, y además son extremadamente creativos. Por tanto, merecen mi mayor respeto y admiración profesional, sobre todo en lo que conozco de investigación. Soy creyente, pero no fundamentalista, por tanto en la cuestión del matrimonio LGD, acepto la Legalidad Democrática. De puertas adentro, en mi lugar, lo llamo Union Civil de Iguales Derechos y Obligaciones, porque en mi casa (mas bien habitación Inglesa cutre, hoy en 2010), yo ordeno, dispongo, y mando. Para mi, en mi habitaculo, matrimonio tiene denominación de origen como el Queso Manchego o Cheddar, y la tradición semántica se respeta. De puertas afuera, suelto carrete de tolerancia a tope, y lo llamo matrimonio si asi le gusta al LGD y los Legisladores. Lo que se pide a los componentes del LGD es simplemente que antes de echar los tejos e insinuarse, se aseguren que el/la que esta delante es de su bando, o su acera. Porque en caso contrario es un tema incomodo, pesado, y ridículo.

Por ejemplo, cuando me entere que Cyntia se había pasado de bando, con lo superguapa que es, lo que se me ocurrio pensar es simplemente que ojala haga lo que le de la gana y se divierta, porque a nosotros siempre nos quedara

---

Ademas, Taylor nunca olvidaba en cada clase llamar miserables a los Italianos, simplemente porque fue incapaz de aprobar la Gramatica Italiana en sus estudios en el Pais de Petrarca (me pregunto que le hubiese sucedido con la Gramatica Rusa o Alemana). Si usted es capaz de sacar conclusiones de esta Nota de Letra Pequeña, yo lo felicito.

Samantha. Por supuesto, cuando me quieren relacionar con el LGD o me incluyen en el a través del insulto (sobre todo algunos Polis (y chicas Polis) demenciados/as y pasados/as de rosca), me defiendo del modo mas contundente posible. Insulto por insulto, no hay que ser masoquista. Es tanta mi ignorancia en cuestión de gustos personales, que, como el marido cornudo, siempre he sido el ultimo en enterarme de que el que tenia al lado pertenecia al LGD. Por mi parte, los miembros del LGD son aceptados completamente en la Sociedad, y en especial para trabajar con ellos, que es lo que me concierne.
Mas aun, soy partidario de fuertes indemnizaciones para los casos de intolerancia, y que se rectifique justamente la Historia para aquellos que en otras épocas fueron marginados por pertenecer al LGD. Para acabar esta idea, creo que llegara el dia en que una Residencia de Jefe de Gobierno o Primer Ministro estará ocupada por un matrimonio/unión civil del LGD, y no pasara nada en absoluto, en dos semanas nos habremos acostumbrado. Como decimos en Chamberi, me es inverosímil, usease, indiferente. Además, creo que esto ya existe en algún país pequeño por ahí arriba. Lo que me importa es trabajar a gusto, y también poder salir a la 4 de la madrugada a comprarme una hamburguesa, sacar dinero del cajero, tomarme un café en un 24 horas, o bajar al Seven-Eleven para comprar un par de latas urgentes. Eso no es posible hoy dia en Inglaterra, y lamentablemente empieza a suceder lo mismo en muchas zonas de mi querida ciudad de origen, Madrid.
La vida personal de la gente es una chorrada que no le tiene importar a nadie aparte de los chismes oficiales graciosos de la prensa. Otra de las obsesiones de McMarika eran los condones, y su prohibición por la Iglesia Católica. Vuelvo a la tolerancia, y afirmo que cuando ellas me lo han pedido los he usado con disciplina para que se acostasen tranquilas disfrutando. El problema de los condones es que se rompen y explotan mas de lo que parece, da menos gusto, y son un

cortarrollos. Pero para prevenir contagios son magnificos, y además constituyen una industria que genera buenos beneficios. No tengo ningún problema en usarlos, porque no creo que sea un gran pecado, si es que alguna vez lo fue.
Voy mas alla por tolerancia, en el tema del aborto que genera tanta aversión hacia nosotros los creyentes, yo acepto del todo la Legalidad Democratica (mejor en una Clinica Legal que a lo bruto y arriesgado). Sin embargo, en mi casa, donde pienso, digo, y escribo lo que me da la gana, me recreo en la inteligente frase Salomónica de las paradas de autobuses de Estados Unidos, adoption instead abortion. Menudo tipo listo el que invento el slogan. Como dice El Turco con Sabiduria, nunca tires la comida del plato. Hay muchas mujeres frustradas deseando tener hijos, por multiples razones. Que se pague a las que asi lo acepten por 9 meses de incomoda barriga y nauseas, y se le de la oportunidad al hijo de disfrutar de la vida como futuro genio..., individuo de a pie, e incluso discapacitado útil socialmente.
Tal vez algún dia la madre original quiera conocer a su hijo, o saber al menos que fue de el, la vida tiene muchas etapas. Ademas, para el hijo es un chollo tener cuatro tetas en vez de dos, y dos madres en vez de una, menudo banquete de comida+mimos. Para financiar esas adopciones si daría dinero a gusto si tuviese suficiente. Por ultimo, en la cuestión de la Eutanasia tengo tal mogollon mental como medico, creyente, y profesional algo ético, que jamas he podido formar una opinión definitiva.
Es muy clara mi generalización final en estas cuestiones. Como ya soy mayor, he vivido épocas de hace mas de treinta años. Antes nos ocupábamos sobre todo de temas fundamentales, como comer, tener trabajo, vivienda, o divertirnos de buen modo (a veces se hacen gamberradas, le pasa a todos). Hoy dia la Sociedad se ha polarizado hacia temas accesorios mas bien fanáticos, subjetivos, y muy personales. Cuestiones no racionales, que generan serios enfrentamientos sin lógica, como la Religion, el Sexo, la

Política, e incluso asuntos absurdos que no vienen al caso. Esto produce un feedback continuo que exacerba el fanatismo, la radicalización, y el enfrentamiento. Es decir, cuanto mas se extreman las posiciones, mas ruda se hace la confrontación. Ese, en mi modesta opinión, es parte del germen de las guerras y crisis sociales profundas.

En estos términos, McMarika trazo en Octubre 2006 un punto de inflexion que supuso para mi el criterio definitivo y firme. Quise hacer mas curriculum con una asignatura de Pregraduados, Era Elementos Finitos en Ingeniería. La necesitaba para diseñar unos programas y también hacer meritos. Lo único que había que hacer para aprobarla es aparcar por dos semanas el ordenador, y coger de nuevo la agilidad del Pregraduado con los cálculos a lápiz. Encontre por fin dos semanas libres, y la aprobé con notable (insisto que era una asignatura infantil). La tarde que fui al despacho del Profesor a recoger mi nota, volvi al laboratorio pensando salir a las seis y media y comprarme algún extra en el supermercado como premio. McMarika estaba sentado en el suelo de la pequeña y oscura habitacion contigua del técnico, con cara de desesperación y el cuello totalmente inclinado hacia delante. En principio, pensé que sus motivos tendra para hacer eso, tal vez estaba resolviendo algo que no le salía. Pero al sentarme a seguir con lo mio, se levanto con cara amarga, vino cobardemente por la espalda a mi mesa, y me insulto en Español. Me llamo, con pésima pronunciación, justo lo que el era y es, un Mariconazo de Catedra casado y con hijos para dar el pego social.

Al dia siguiente, en el desayuno, me vino a la cabeza el recuerdo del Profesor Pescadilla Moreno de Madrid. Este psicópata era el Jefe del Laboratorio de Ordenadores cuando comencé a programar en Matlab en 1993. Eran ordenadores-triciclo, comprados en el rastro, pero para la época funcionaban. Pescadilla (Físico Teorico, con respeto al resto del gremio que no son asi) venia al Laboratorio cuando yo, con permiso de mi Profesor de Robotica, estaba trabajando por derecho. Al ver que había sacado un

programa (eran programillas de párvulos), prácticamente se retorcia de angustia existencial, y hacia algo raro en el sistema (cambiar las conexiones de la impresora, variar cables, o putadas semejantes).
Habia tenido que emigrar a Inglaterra, a una Universidad teoricanente buena e importante, para encontrar un tarado mental que lo superaba, el ilustre McMarika, una nueva eminencia de la irracionalidad. Si se atacaba asi de los nervios por una asignatura irrelevante, que tipo de brote psicótico le podía dar si acababa la Tesis Doctoral (si es que ya no lo tenia).
Vamos al contexto con objetividad si es posible. Estamos en una Universidad Publica, pagada por todos, nacionales, inmigrantes o residentes extranjeros (que son muchos). Un Proyecto de Investigacion financiado en parte por una Empresa Privada de Cambridge (Cambridge también tiene mucho nombre y prestigio, pero yo conoci a su personal y no es nada del otro mundo[2]. Mucho dinero, pero nada tremendamente extraordinario, ruido con las justas nueces),

[2] En especial, durante la única reunión de Grupo junto con la Empresa y nosotros, en un amplio y bonito despacho del Departamento, el eminente Presidente de la Reunion era un ejecutivo de la Empresa que se autodenominaba a si mismo 'High Level'. Este elemento se dedico a copiar las ideas que expuse en la reunión, sobre empezar a trabajar con simuladores. Al cabo de un mes, El Postgraduado Nigeriano (Gran País Petrolero-Commonwealth), de al lado de mi mesa, comenzó a recibir software de simulación para su Tesis (pagado por el Director del Grupo de Bioingenieria), mientras que a mi se me negaba repetidamente el acceso a una espina de animal congelada en el frigorífico, para verificar mi modelo matemático de ligamentos. De hecho, cada vez que lo pedia, la SDL ni contestaba a los emails, y ahí se quedo en la nevera. El motivo por el que le compraban el Software a este Enchufado Oficial, era simplemente porque no sabia programar en ningún Lenguaje, y estaba en la fase de aprender conocimientos elementales de matemáticas, tales como limites, o Estadistica Basica. Los programas y el software los conseguia el Laboratorio chorizeando mi trabajo de computación, porque todos los ordenadores estaban intervenidos. El Nigeriano iba directo hacia el titulo de Doctor por la via rápida, del mismo modo que El Lockerbie Bombero se encaminaba a la libertad a cambio de permisos de prospección y explotación para BP en Libia. Durante esa reunión, tanto McMarika como el High Level, repetían constantemente la frase 'eliminate one', a la vez que me insultaban con el mote que me pusieron en el Departamento, 'quite', cuando empeze a publicar en Enero de 2007. Los Ingleses siempre comienzan una Leyenda Negra cuando quieren intentar derribar a alguien. En mi caso fracasaron, y perdieron mucho dinero y prestigio.

y un Consejo Institucional Independiente, el EPSRC. Ademas, en un despacho para deprimirse patológicamente que es del Tecnico, no suyo. Su alumno de Doctorado aprueba una asignatura de chavales pequeños, lo cual es algo no especialmente importante. Entonces, por tal insignificancia, McMarika se desespera y hunde moralmente. Ahí, ese dia de principios de Octubre 2006, me convenci de que estaba seriamente enfermo, y tome un par de decisiones firmes. Primero, nunca trabajaría en el futuro con el ni siquiera por 50,000 libras al año. Segundo, de un medio-psicópata asi, cualquier cosa se podia esperar, era imprevisible. Por tanto, había que sacar mi trabajo a publicacion lo antes posible, y preparar cuanto antes una via de escape. Todo era posible e inesperado en lo que se refiere a sus reacciones negativas, o simplemente de loco. Baste decir que cuando estuve trabajando como Ayudante de Laboratorio, teníamos todo tipo de alumnos. Chinos, Africanos, Indios, e Ingleses. Había un Britanico que era el mejor, pero cometio el error de poner la discusión después de las conclusiones. Fui a hablar con el, y le dije que su trabajo era excelente, pero las conclusiones van después, o juntas, con la discusión. Lo hizo en el siguiente ejercicio y se llevo la mejor nota, 9.5, casi perfecto, y me alegro por ello. Si hubiese sido Musulman, Ateo, Judio, Chino, o de la Constelación de Alfa Centauro, me hubiese alegrado igual. No hay mayor satisfacción que los alumnos que trabajan, y a los que pasan apuros también se les ayuda a que aprueben (por lo menos).

Hacia Febrero de 2007, apareció otro personaje de la Isla Vecina que tenia una autoridad superior, y era el encargado de evaluar mi trabajo. Era Mr GAL (Genius Ad Libitum), porque se autoproclamaba 'Genious'[3] en videos de YouTube. Según afirmaba, era por si mismo considerado el inventor de la Piedra Filosofal de la Energia. Esto es, convertir el aire a presión en electricidad. Durante el examen

---

[3] En este caso, muy frecuente en la Universidad para los colocados a dedo, por esotéricos intereses, o con carnet, es aplicable el sabio Consejo del Turco, dime de que presumes y te dire si eres de Caceres.

del 24 de Enero de 2007[4], me repetia continuamente que no había hecho nada en un año y medio, y mi trabajo era industrialmente inútil, a la vez que tomaba notas y copiaba lo hecho para dárselo de robo a otros Postgraduados Ingleses. Pues bien, a dia de hoy el 80% esta publicado mas o menos con reconocimiento Internacional (de ir por casa, nada especial), y hay aun mas volumen aun para seguir publicando. Pero el GAL sostenia que lo que hacia 'no iba a ser una Tesis Doctoral' prácticamente hiciese lo que hiciese. Igualdad de Oportunidades Inglesa, no cabe duda. Despues de suspenderme, McMarika me llamo a su despacho, y dijo que si quería abandonar. Yo me descojone por dentro, ya tenia preparados dos nuevos Posters originales. Luego añadió, con cinica ironia, 'hay que saber leer entre lineas', en relación con la previa frase escrita por Mr GAL. A mi todo me daba risa porque tenia sueldo, libros, ordenadores, y publicaciones, casi para dos años mas, pasara lo que pasara. A mi edad, la siesta, el almuerzo, y la tranquilidad por estar vivo y que se me empine con facilidad sin Viagra, no la altera nadie.
La ultima del Gran McMarika y el GAL fue en Octubre de 2008. El GAL aprovecho, tras tenerme todo el verano retrasando el examen, mis vacaciones en Madrid, para en el dia de San Francisco decirme que mi Tesis solo valia para el Grado de Master en Filosofia. Cuando volvi, después de algun intento para convencer a McMarika, que le dio el telele de decir después de cada frase en las reuniones que las Ecuaciones de Newton[5] son validas hoy dia, confirmo por carta la decisión del GAL. Por supuesto, el genio Newton lo es para mi y cualquiera, y lo veo como investigador mas que como Ingles. Sin embargo, creo que vivir de las rentas en investigación, es peligroso hoy dia. Personalmente, admiro mas a Maxwell, porque me entusiasma el

---

[4] El 24 de Enero es San Francisco de Sales. El GAL tenia una especie de fiebre paranoide contra la religión y los creyentes, y no se por que en especial contra San Francisco, que no se metio con nadie a lo largo de su vida.

[5] Se le olvido decir que Newton era creyente y aficionado a leer la Biblia, de vez en cuando. Newton si podía ser religioso, pero yo no.

Electromagnetismo, y me da mucha pena que se fuese tan joven con todo lo que podia haber dado de si. Pero McMarika se tomaba el asunto como un escudo patriotico, que a mi me la traia floja. Por casualidad, tenia varios libros y originales de Einstein en mi mesilla de noche, tal vez eso le irrito su mente que ya patinaba sin dirección por su cuenta, una vez informado de ello por la Mafia de Seguridad que regularmente inspeccionaba nuestras habitaciones. En cuestión de genios, admiro a los que han llevado una vida larga, sana, y mas o menos normal, como Gauss, Von Helmholtz, o Newton. No me gustaría llevar la existencia de los investigadores de olla algo perdida y trágico final, como Green, Lyapunov, Boltzmann, y muchos otros.
Ahí se quedo, calentando el culo con la silla, que no otra cosa, y esperando en su despacho para dirigir una Tesis de Master en Filosofia descafeinada (que no sirve para nada en el mercado), por los intereses fanáticos de los que no saben perder ni ganar con humildad. La parte excluida de Tesis correspondia a un invento modificado de un Ingeniero Aleman, Franz Reuleaux. A dia de hoy, ya voy por 13 Publicaciones con todo lo que McMaricon y Mr GAL habían despreciado. Creo que el tiro le ha entrado bien por detrás, como a ella le gusta.
Yendo a lo constructivo, a primera vista se me ocurren dos soluciones para este Capitulo. La primera, para los Ingleses en general cuando vienen a España o de turismo en verano. Para evitar desmadres y coñazo en las pacificas y tranquilas calles de nuestros pueblos costeros, se pueden construir Parques Temáticos Britanicos (PTBs). Allí tendrían casetas para emborracharse, meterse tiros de coca, o fumar los porros que les de la gana. Otras con cadenas, cuero, esposas, pinchos, látigos, instrumentos de tortura, y demás aberraciones especificas suyas. Que no falten amplificadores para los insultos a voces, y los gritos huracanados de las cuatro de la madrugada. Un monumento especifico central a Tony King, que se cambio de nombre para venir a España a cometer los crímenes que no le

dejaban aquí, y hoy dia por suerte se pudre en nuestras cárceles justamente sentenciado. La ultima atraccion del Parque Tematico seria un barranco con colchones o puas al fondo del precipicio, a gusto del consumidor, para que una vez beodos, drogados, y demenciados del todo, se tiren al vacio a gusto. Estos PTBs serian una inversión excelente para reactivar nuestra economía, y evitar malestar en las calles. Además, la Clinica Asociada de La Seguridad Social para Rehabilitarlos y coserlos una vez que acabasen la Jornada de Diversion, como decía mi Profesora de Literatura, daría pingues beneficios a las Arcas del Estado Español (que probablemente no serian bien aprovechados, esa es otra oscura cuestión).

La solución que se propone para McMarika es que se vaya a Londres a un Club Gay con Cuarto Oscuro. Esto se haría con dinero de su bolsillo, que no del EPSRC. Tan Oscuro y Negro como continuamente me decía que iba a ser mi futuro en su despacho. Que se lleve un buen tubo con un paquete de condones de esos que tanto critica a los Católicos, y que lo pongan hasta arriba de carnaza en las tinieblas eróticas. Pero que no se le olvide llamar a su mujer antes de entrar al cuarto para ver si todo esta bien en casa, y funciona el televisor. En otras palabras, sinceramente y con buena intención, le deseo en nombre de todos los machos Españoles y Madrileños al Doctor D McMarika que encuentre el adecuado y suitable English-Gay de su vida, y que sea una historia de amor same-sex romántica y constructiva, con el consentimiento de su querida esposa oficial, la SDL. Que siga buscando, lo encontrara, o que vaya de turismo a algunos apropiados países y pague para ello. Si se enamora, yo le regalo en nombre de mis avances como investigador una preciosa tarta de cumpleaños para que lo celebre con su nuevo novio o amante. Con 13 velas, el numero de mis publicaciones actuales basadas en las facilidades de su laboratorio y la pasta que me ha pagado durante 3 años. Se merece ser un maricon feliz y realizado. A los Machos Mediterraneos, como dice el sobornado y

sobornable The Times, esto es, a la mayoría de los Españoles y/o Madrileños, solo nos gustan los traseros de las mujeres, suaves, curvaceos, mullidos, de buenas asas y agarraderas, y magros a la vez para dar mas gusto. Con un pequeño tatuaje de adorno, y todo redondo y estético para que sea mas excitante. Como el de Julie, la secretaria- administrativa Inglesa de mi antigua casa, que he palpado y contemplado numerosas veces muy agusto (de acuerdo con nuestra Tabla de Puntuacion del Komando Negro, 2 puntos. Pronto iran apareciendo mas puntos en mi expediente personal con Inglesas, a pesar de la chapuzera vigilancia de la Poli). En definitiva, yo fui a Inglaterra con la mejor intención, y el racismo y pique de los Ingleses me llevo a una situación que no quiero ni suelo aplicar, salvo que me inflen mucho los cojones. Como decimos en Madrid, a partir del 2007 empeze a implementar nuestra norma de 'Pa Chulos Yo', propia de los Madrileños sin miedo a defenderse.
Cuando los Ingleses elijan por Referendum, si asi lo quieren democráticamente, abandonar la Union Europea, a mi personalmente me la refanflinfa, porque trabajo en el país que me paga y me permite vivir tranquilo. Estoy harto de leer insultos a los Continentales es la prensa Inglesa, y las chorradas xenófobas de la BBC. Si van a Bruselas, que vayan a trabajar, en vez de especular, obstruir, y joder. En cualquier caso, yo personalmente les abriría Expediente de Expulsión si en vez de cooperar se dedican a vetar y obstruir todo lo que con trabajo de muchos años se ha construido. O que hagan como los Noruegos, a vivir de acuerdos puntuales siendo independientes. Cada uno elije lo que mas le conviene, hay Libertad Economica. Nosotros lo que queremos es gente que venga a trabajar mas o menos honradamente y sin amarguras, pasados complejos imperiales del Siglo XIX, o aires de victoria por una guerra que ganaron los Rusos (en Europa), con la pieza estratégica maestra de Stalingrado (soy anticomunista y antifascista, pero esa es la realidad. Como se dice en Madrid, no hay mejor cuña que aquella hecha con la misma madera. Solo un Tirano mas sangriento que Hitler pudo acabar con la Dictadura Nazi).

Los Britanicos están invitados a venir al Continente a trabajar en positivo desde las 8 de la mañana hasta las 4 de la tarde, sin intrigas ni trucos sucios, por mi parte son muy bienvenidos. Que prueben a hacer eso, y tal vez en un corto plazo se llevarían agradables sorpresas por parte del Continente. En definitiva, Europa tiene 3 Economias mas estables que un Boeing 777 cruzando el Atlantico, a saber, Alemania, Francia e Italia, mas un numeroso grupo de países pequeños pero tremendamente fuertes. Los sufridos Alemanes pagan mas de lo que reciben, y van a trabajar disciplinadamente todos los días sin quejarse. Los Franchutes también aportan sin protestar, y la mayoría del resto cumple mas o menos las normas. No voy a citar mi país como ejemplo, porque España tiene pendientes severas Reformas Sociales, Económicas, en Educacion, y sobre todo de Mentalidad Constructiva desde el siglo XVI, que creo que nunca las vere tal y como va mi lugar de origen. Por tanto, si quieren coger la puerta y largarse, que se busquen la vida. Es una pena, porque en general los Ingleses son gente con un gran sentido del humor, y yo disfruto mucho con esa extraordinaria parte de su personalidad.

Desde los 12 años, enfrente de nuestro pequeño apartamento de veraneo, vivian dos Señoras Mayores Inglesas (SMI), que ya no existen, y lo siento mucho. Las habían alquilado de por vida una pequeña casa Andaluza, y se ayudaban mutuamente porque si una no andaba bien de piernas y necesitaba baston, si podía usar bien los brazos para sujetar la bolsa de la compra de la otra, que a su vez la aguantaba caminando y tenia brazos mas débiles pero piernas mas fuertes. Siempre que entrabamos por la Finca de enfrente, a cazar algún bicho o recoger moras de las zarzas, y pasábamos por delante de su pequeña casa, se las veía sentadas pacíficamente en su diminuto porche con tazas de te. Era tan atrayente la imagen, que provocaron mi la afición al te con 14 años, que en principio no me gustaba del todo. Nunca se las vio discutir con vecino alguno, jamas armaron jaleo, problema de algún tipo, ni se metieron con nadie. Educadas, amables, y sociales a su modo y personalidad propia. Tenian una relación estupenda con la dueña de la Finca, y yo las contemplaba desde mi mesa de estudio, a las ocho de la mañana yendo por pan al mercado. El dia que aparecían, seguro que la playa estaría bien para el buceo. Solo ponían mala cara los días de bochorno húmedo por el calor agobiante. Este ejemplo es lo que a mi me sirve de Inglaterra, junto con la Tecnología, los Libros, el enorme bagaje Cultural, las tiendas de Segunda Mano, la buena música Pop y Rock, sus comedias y sentido del humor, la Libertad de Expresión, El Cricket, Futbol, Rugby, los Concursos Hípicos, o los clásicos Cash-&-Carry. Pero creo que, lamentablemente, los Ingleses o Inglesas tipo SMI, jóvenes o viejos, van desapareciendo poco a poco. Tal vez esa época vuelva algún dia, los tiempos son imprevisibles.

La Tienda de Gangas de Radford

Enfrente de casa, cruzando la esquina, tengo una vieja tienda de segunda mano. Cuando llegue a Inglaterra con los bolsillos vacios, fue la protagonista de mi supervivencia; intendencia barata, resistente y practica: todo lo necesario. Luego, al pasar los meses, se convirtio en mi escape favorito para los sabados. La lleva una familia de mi barrio, el padre, y deben ser los otros hijos o sobrinos, ademas de algun empleado. Todos ellos tipicos Ingleses de Midlands. A veces viene una sobrina quinceañera que es como un oasis en un desierto caotico y desordenado.
Mientras ellos charlan de mañana el sabado, me dedico a escarbar entre sillas, libros usados de viajes, lamparas de

escritorio, antiguas maquinas de afeitar, y yo que se cuantas cosas mas. Es una tarea en la que confluyen la arqueologia y la espeleologia, porque hay zonas, entre marañas de trastos, de dificil acceso, pero con un sabor pintoresco tan agradable, que salgo siempre como viniendo de una sauna de dos horas. Se encuentra desde lo que menos se espera uno, hasta algo que yo ignoraba y es necesario. Solo que cuando se me cae alguna torre encima, ellos interrumpen la charla y el te, y me clavan la mirada con ojos de tarjeta amarilla. Despues ni caso, siguen hablando con acento de Midlands, que por suerte ya empiezo a entender. De vez en cuando aparece algun pacifico hooligan soltando tacos mientras revuelve algo, una pareja que busca una mesa para la la tele, o ese jubilado con perro de raza indefinida. Todos ellos me acompañan en la tarea de hallazgos.

Hay quien tiene el fin de semana su casa de campo, otros un viajecillo para escapar, y los mas pudientes sus fiestas pijoteras. Siceramente, no los envidio, ni los critico, soy el tipo mas feliz del mundo cuando encuentro una antigua guia de Canada, los CDs de la nueva ola, o un jersey usado de perfecto corte. Aprendi a regatear hasta diez peniques, y a proponer todo tipo de trueques y plazos. Hasta los del Rastro perderian dinero con ellos; en la tienda de Radford todo se compra y se vende.

Pero si la pusieran un cartel de neon, o quitasen la verja oxidada del escaparate, la puerta que encaja mal y chirria, o hiciesen limpieza general, para mi seria un desastre. No me imagino el terrible cambio que seria ordenar todo, y clasificar los trastos. Estoy seguro de que si esta tienda se moderniza, los lunes no me saldria ni una formula, e iria al trabajo pensando que estamos al borde de un conflicto atomico. Si pierdo a mis amigos de esa tienda, es como cuando te roban la bici a los catorce años. Ojala nunca suceda eso[6].

---

6 Pues sucedió. En Mayo de 2010 pase por mi antiguo barrio, y la encontré sin nada, preparando el traspaso. Me dio mucha pena, y al pegar las narices al escaparate para asegurarme de que estaba vacia, pude ver que tenia mas canas en el pelo.

De la Soberbia a la Realidad: la Linea del Cielo de Denver (1)

Cuando llegue a America lo primero que vi no eran blancos, sino pieles rojas. Los Cheyennes colonizaban las escaleras del aeropuerto de Denver, mientras que por el sonido ambiente se oian sus tambores de guerra. En esos retratos, que llenaban las paredes de la cinta automatica, estaban los jefes principales, hechizeros, mujeres importantes de las tribus, o los guerrreros mas bravos. Luego, los que me interrogaron en seguridad eran polis Mejicanos, que me hablaban en Español, y mi asombro seguia. Al salir, por fin me encontre a los yanquis de uno noventa, algunos con sombrero Tejano y traje gris azul, andando por la calle. Nada mas pasar dos horas en Denver, yo ya sabia lo distintos que son los Europeos de los Americanos, y eso no me lo esperaba.

Como iba a trabajar, pues puse el campamento en el Hotel Red Lion, junto al estadio de los Broncos. Una torre de quince pisos, coronada con el restaurante en la azotea. Era el tipico hotel de fin de semana, para los que iban a ver los partidos de su equipo, sin lujos ni comodidades especiales. Pero yo estaba tan agusto en el Nuevo Continente, y por las mañanas nos llevaban al Congreso de trabajo, donde podiamos ver el centro de la ciudad a la hora de comer, que bonito era aquello. Total, que en el cuarto de ese hotel me puse a hacer mis ecuaciones, y pensar alguna que otra cosa nueva para calmar las iras productivas del jefe. Alla me lie con idas y venidas, buscando y diseñando lo que, sobre el papel, me parecia poco menos que genial. Lo unico que se veia por la ventana era una inmensa autopista llena de furgonetas, y el aire que entraba era muy seco y algo caliente, nada que ver

con Inglaterra. Al terminar los folios, el gran Pako decidia que era hora de cenar, y lleno de orgullo cerraba el portatil y se miraba de reojo al espejo.
Pero al subir diez plantas, y sentarme en el comedor de arriba, donde veia toda la ciudad, rodeada al fondo por las Montañas Rocosas con algo de nieve, la situacion cambiaba por completo. Estaba delante de una inmensa hamburguesa Kansas, y al frente los rascacielos de Denver con el sol de la tarde que se escondia. Tantos y tan altos, llenos de ventanas con luz, dibujaban un paisaje de gigantones que acomplejan a cualquiera. Enfrente dos o tres Americanos con sombrero de alas devorando sus platos, y alguna que otra rubia con su maromo de escapada. Desde luego, los humos de la habitacion de abajo se habian disipado del todo.
Al volver de la cena, ya pensaba con logica mirando mis papeles, que todo aquello era mas comun de lo supuesto, y que yo, ese gran Pako, era mas bien cola de leon que cabeza de raton. Y estoy verdaderamente agradecido a Denver por corregirme. Que buena forma de aprender sin broncas. Hay que salir de casa, para darse cuenta pronto de que queda mucho por trabajar hasta conseguir algo. Los Cheyennes me tenian guardada la leccion desde que llegue al aeropuerto.

Portos Versus Gladiator

Portos era el Fisico del Laboratorio de enfrente, un edificio muy moderno, con diseño vanguardista, funcional y algo pijotero. Nos conocimos en un cursillo aburrido, y luego trabamos amistad para el café e ir a nadar a la piscina de vez en cuando. Era maño, con mucha cachaza, y algo regordete. Educado y correcto casi siempre, y con un aire de estar algunos centímetros elevado por encima de los acotecimientos.

Me invitaba de vez en cuando al nada menos que el Salon de Te de su Laboratorio, porque ellos tenian mucha pasta y organizacion. Alla nos sentábamos con unas tazas, a enumerar las putadas que habiamos superado durante la carrera, junto con la descripción jocosa de sus autores. Pero siempre con sentido del humor, y un cierto aire de supervivencia. Por la ventana de ese salon de se veia el atardecer de Midlands, generalmente nublado pero con algunos tonos naranja entre los claros. Y mientras se hacia oscuro en ese Noviembre, repasábamos los acontecimientos con tranquilidad, muy relajante todo ello.

Uno de esos dias yo le conte mis visitas a Rusia y como encontre aquello, junto con algunos incidentes escabrosos. Concluiamos que lo que tenemos es lo menos malo, y que mas vale esto conocido. En ese momento me miro con tono serio, y me comparo con la escena de Gladiator, donde el jefe Romano pasado de rosca y flagelado por la vida, le pregunta a Gladiator por que esta luchando. Y el mercenario le responde que simplemente porque ya ha conocido lo otro, que es lo peor, fuera de los limites de Roma. Entre este y muchos chistes de uno a otro, yo siempre intentaba sacarlo de su estado de meditación trascendental. Pero incluso cuando le dije que le iba mostrar en nuestro comedor a una Francesa de formidables domingas ingravidas, apenas consegui que perdiese el gesto serio y mistico que tenia. Claro, no todo el mundo coincide en diversiones, gustos, o lo que sea.

Por eso cuando llegaba al Laboratorio a trabajar un dia cualquiera, mal dormido y con mogollon en la cabeza, miraba a su planta del salon de te, alla enfrente. Lo imaginaba recostado y orondo sobre su sofa, con tunica blanca y laurel en la cabeza, preguntándome porque me esfuerzo, mientras arranca las uvas de un racimo y las saborea. Tiene una mirada cínica y melancolica, y su gesto es el impasible de siempre. Yo simplemente le contesto que me tiro al hoyo por las mañanas porque me encanta, y lo que nos espera fuera de la frontera no es lo mejor del todo.

Portos me ha enseñado a apreciar lo poco que tengo, y llevar mejor el cabreo de los dias grises con todo patas arriba. Los maños son buenos filosofos, y tipos simpaticos, desde luego[7].

[7] Portos acabo la Tesis, pero pago un precio algo caro por ello. Su equipo de Supervisores era variado, Stefi (una Inglesa alta, maciza, y de magnifico pandero) su Supervisora Directa, El Culigordo, (el Sabio Cabroncete), Alejandro el Explotador, y por encima de todos, Phillip Aston-Martin. Simplemente, lo presionaron hasta ponerlo emfermo. Una vez en estado de pánico, lo mandaron al Medico de la Universidad (Medico?). Este le mando unas pastillas que 'por casualidad', lo pusieron peor. En ese momento los Profesores de su equipo le dijeron la ultimate frase favorita después del máximo puteo, 'you need support'. Es la via que siguen todos. El primer año, felicidad, el segundo, presión, y el tercero y cuarto, los enfilan al pánico, a ver quien sobrevive. Sadismo Britanico que fabrica mentes deformadas, y psicópatas de organizacion. Portos se tuvo que ir a España a recibir tratamiento, y volvió medicado. Me alegro de que terminase. A mi esto no me paso con mi Jefe McMarika, porque yo ya me conocía el percal desde Finlandia. El peor era Alejandro El Explotador. Este se caracterizaba por coger Postgraduados extranjeros, y exprimirlos al limite. Los Ingleses no lo aguantaban, solo cogia extranjeros, preferentemente Commonwealth. La cara de Alejandro era simplemente vomitiva. Yo adoraba a Stefi, sobre todo cuando me cruzaba con ella a la hora del almuerzo. Además, tenia unos rasgos y un gesto realmente bonitos. Incluso la mande un curriculum para trabajar con ella de PostDoc, pero ahora veo que no hubiese sido bueno para mi trabajo. Muy guapa y buena Jefa, pero me hubiese pasado las reuniones amancebado sin aprender. Para que el lector se haga una idea de lo que es a veces la Universidad, un dia que Portos le enseñaba a Stefi la introducción del borrador final de la Tesis, esta exclamo con ji-ji femenino, al leer un poco, 'ahora si creo que lo he entendido'. A pesar de ello, la Stefi se apuntaba a todas las publicaciones, como no. Otro dia Portos me conto que lo habían sacado urgentemente de su despacho con una mision especial: explicar derivadas en dos variables a Investigadores Ingleses de plantilla que no sabían derivar. Cuando Portos me dijo que no tienen personal especializado, tenia razón. Cogen normalmente borregos para que ellos puedan seguir mandando. Por ejemplo, en las entrevistas de Radioterapia que he tenido en diversos Hospitales, lo que hacia el NHS era aprovecharse de los datos de mi presentación, y negarme el puesto luego. Esto es, básicamente, como cuando obligaban a Alonso a no competir con Hamilton por el primer puesto, pero a una escala muy inferior. Si yo uso en un Hospital Británico NHS el planning system y el acelerador en radioterapia, probablemente en un año habría diseñado dos o tres cosas nuevas, encontrado mejoras, y adelantado a muchos Ingleses. Dolorosa herida que el sucio orgullo Ingles no podría aguantar. Cuando veo la película A Beautiful Mind, me parto de risa de esa version Oficiosamente Oficial. Probablemente a Nash lo empujaron al abismo aunque tuviese algunas predisposiciones en su cabeza. En lo único que no estoy de acuerdo con el es en su Antisemitismo. Los del cigarrito le deformaron una mente algo enferma ya, hasta volverlo totalmente tarumba. Viene a ser el estilo Sovietico refinado. Primero, a los que piensan por su cuenta, los vuelven colgados, después los encierran, y cuando han palmado les hacen un Homenaje Oficial por sus servicios a la Patria. En Occidente se hace una película, que tiene mas impacto en la historia y los medios de

Los Orgasmos de la Autentica (1)

Los de la banda de San Antonio la pusieron la Autentica, un mote ironico por su forma de ser. Sin embargo, cuando me lo conto ella misma, yo no crei nada de nada, no era falsa. Era un poco bajita, con curvas, y carnes apretadas y bien puestas. El pelo rubio, y los gestos elegantes y provocativos. No se cortaba para mostrar sus encantos, y la gustaba poner a punto un hombre, con palabras o actitudes. Agil y fuerte, muy decidida y segura al encañonar su objetivo. La Autentica era sexy, no cabe duda, y sabia manejar con experiencia los gustos personales de cada uno, para sacar el maximo. Mucho sentido del humor, y morbo cuando la situación lo requieria. Yo me lo pasaba en grande con ella haciendo chistes y cotilleando a los de San Antonio.
Nos presentaron en el invierno del 88, en el Madrid de finales de los ochenta. Entonces empezaba a haber dinero y trabajo en la ciudad después de la crisis, y eso se notaba en las calles por la noche. Esos años de corrupción tenian un signo de aprovechar lo bueno y divertirse a tope, saltando barreras de todo tipo. Buena epoca aquella. Ella neutralizo todos mis resortes defensivos, y acabe asediándola para quedar todos los dias. En un mes empezamos con lo bueno, y ese invierno fue una bomba.
Entrabamos a mi cuarto por la puerta de atras de la casa, y hasta cenábamos alli dentro. Charlabamos mucho, y miraba todo lo de mi habitación con gesto de que loco esta este tio. Yo recuerdo que lo hacia tan bien, que me sacaba energias que yo ni habia descubierto. Habia veces que pensaba que palmaba de gusto, de lo magnifica que era. Estaba acostumbrado a chicas distintas, y de pronto me di cuenta de lo diferente que es una mujer de otra. Me descubrio todo

---

comunicación de nuestra cultura, aunque muchos escapan al bloqueo, o al menos lo atenúan (no es tan duro como en el Este o China). Al cabo de varios años me entere de que Portos militaba en un Partido Político. Claro, muchas cosas encajan a la larga.

un mundo de hedonismo, hasta tal punto que bautizo mi herramienta como El Orgullo de Los Casesnoves. Lo mas divertido era cuando, ya relajados, hablábamos con humor de todo, y poniamos a parir a cualquier conocido comun, habia hasta carcajadas. Algunas tardes entre semana, por Febrero, haciamos una escapada a algun bar del barrio, para ver jugar al Madrid su enésima derrota con el Eindhoven. A pesar de perder, La Autentica difrutaba y amenizaba el partido, mientras picabamos algunas tapas, entre comentarios futboleros. Chamberi tenia en esos años una especie de tranquilidad perezosa fuera de horas de trabajo, y ella era el punto de encuentro con la evasión de los problemas, junto a un buen par de cafés.
Cuando estabamos en casa, después de darnos el homenaje ibamos hacia la puerta, y en el pasillo la daba un azote en el maletero. Ella giraba el brazo con precision, pero yo siempre equivaba el tortazo. En publico, Pako, no se hacen guarradas. Pues la Autentica era una mujer sincera de verdad, y mas femenina que la gran mayoria. Lo que aprendi fue que lo mas bonito de ellas es cuando llegan al final, y sentirlo y compartirlo, es el mejor regalo de una mujer a un hombre. Para toda la vida, esos momentos siempre sacan una sonrisa de buen recuerdo. Aquel frio invierno del 88 empece a estudiar algo de cariño material, con mucho charloteo y comunicación. Mi recuerdo de ella es como recuperar la energia de los veinte años en un momento, que meses tan bonitos pasamos juntos.

El Doble Embarazo de Monica (2)

Antes del fling con la increíble Autentica, habia estado amancebado con Monica un par de años. Nunca estuve muy colado por ella, pero eso es lo que habia. Era el tiempo de recien terminada Medicina, cursaba el Grado de

Licenciatura, y tan solo habia cutres suplencias en las afueras de Madrid para sacar algunas perras. Monica era una caprichosa y guapa hija unica, que de hecho se encapricho conmigo, no tengo ni idea el motivo. Lo tenia todo, dinero, independencia, buenos enchufes, hija de empresario, y una gran colección de vicios. Yo simplemente me refugiaba en su casa los fines de semana, y escribia la Tesina de madrugada al despertarme de madrugada con un café negro. Buena figura, grandes ojos marrones, y una bonita melena. Monica era resultona, con buen sentido del humor, y muy celosa, pero en lo que mas destacaba era en su insaciable instinto de diversión. Polos opuestos se atraen, y un menda estoico que solo queria estudiar, y no bebia ni fumaba, pues debio impresionarla. Desde luego, no eramos uno para el otro, nuestra union fue tan solo coyuntural, aunque me encariñe con ella bastante al ver que me apreciaba.
A principios del 88 ya empezo a buscarme un sustituto, justo cuando yo tuve el tropezon con la Autentica, su vecina del primero. Ese Enero nos separamos, y yo tire mi camino con la Autentica. Pero ella empezo a echarme de menos, aquel empollon que calentaba su cama en el invierno Madrileño. Llego Semana Santa, y después de las vacaciones, el examen de Relatividad. La Autentica se fue a la costa, y Monica acecho su oportunidad de nuevo: me invito a su casa a estudiar esa semana, con comida, cama, y kikis incluidos. Yo cai en el hoyo inocentemente, sin saber el barullo que me esperaba.
La hermana de la Autentica era una dominante y energica azafata de Iberia, una belleza de estupendas tetas derechas y puntiagudas que provocaban hipo. Teresa de Iberia discutia mucho con su hermana, pero en problemas externos la defendia a zarpazos contra cualquiera. Esas vacaciones tenia servicio, y se quedo en casa con su novio ricachon.
En esto que la Autentica me llamo a casa, y al ver que no estaba, empezo a mosquearse. Debio hacer algunas

averiguaciones, y comenzo a sospechar. Entonces Teresa de Iberia subio a aporrear la puerta de Monica buscando al adultero, y Monica decidio negarlo todo y poner la cadena por si acaso. Teresa de Iberia, azuzada por las continuas llamadas de su hermana, vino varias veces, y los timbres no paraban de sonar. La lucha duro un par de horas mientras yo dormia la siesta ese Jueves Santo sin enterarme de nada. Para añadir polvora al asunto, Monica se habia puesto nerviosa al recuperar por unos dias a su ex-novio, y tenia un inesperado retraso.

Me despertaron los gritos de Monica acusandome de haber dejado embarazadas a las dos a la vez. En su delirio de celos, Monica creyo que la Autentica llamaba por telefono desde la costa, no por los cuernos, sino que estaba preñada. Y su retraso lo atribuyo tambien a otra barriga adicional, vamos, que se le fue la olla por completo.

Monica siempre fue una persona mas sensata que yo, y con los pies en el suelo y la realidad por su personal condicion epicúrea. Pero ahí esta la demostración de cómo los celos pueden meterse en cualquier momento en la mente de un individuo razonable, con resultados inesperados. Yo estaba sentado en la cama, con las nubes de la siesta todavía en la cabeza. A la izquierda, el silencio de un Madrid vacio en vacaciones a traves de la ventana, y la tranquilidad del Parque de las Naciones con el aire templado de Abril. A la derecha, Monica y sus embarazos, el ceño fruncido y los brazos en jarras, en el marco de la puerta. Para acabar el cuadro, el cocker sacaba el cuello por entre sus piernas asombrado de la angustia de su ama. Esa Semana no tan Santa perdi la oportunidad de tener dos hijos a la vez y hacerlos hombres duros poniéndolos delante de un Telediario.

Me habian cesado de la Seguridad Social por no ir al almuerzo de Navidad con la Jefa de la Sectorial. El subsidio del paro se estaba acabando, y me esperaba Minkowski y el examen de Relatividad. Simplemente, solte una gran carcajada, y le dije a Monica que ojala fuese cierto. Estaba

seguro de que no pasaba nada, pero me partia de risa por el bodevil que se habia formado. Gran epoca la de los treinta años, sin duda. Nunca me senti orgulloso de tener dos mujeres a la vez. Prefiero presumir de trabajo algo bien hecho que de fertilizante, aunque esto ultimo sea muy español. Habia que terminar con esa situación[8].
Mi decisión fue tajante, y decidi tirar por el camino de Arquímedes: ninguna de las dos. A preparar los examenes de Junio con tranquilidad, y que se agarren una a otra de los pelos. Acerte, no me arrepiento, no saque todo en Junio, pero progrese algo.
Con esa edad me converti irreversiblemente a la Monogamia, y cuantos mas años cumplo mas solida es mi convicción. No es por ser creyente o tradicional, ni por etica. Soy monogamo porque si ya nos acosa el jefe, los bancos, el volumen de trabajo, y los semáforos, añadir coordinar dos mujeres es autodestructivo. Suficiente con entender a una y cuidar que no se te vaya. Que ellas hagan lo que les de la gana, yo con cenar con la mia y cumplir de noche me conformo. Y que no me cuente siquiera que hace cuando no esta conmigo, no me interesa, quiero sobrevivir y ser optimista.
Los celos no son buenos, un café con tranquilidad, el partido de los Sabados, y a pensar en positivo.

El Gran Ave Fénix

Era el año noventa, a principios de un Marzo seco y frio en Madrid, cuando por la noche corre un viento que transpasa los abrigos. Como era habitual en esos años difíciles del bloqueo universitario, me habian suspendido la Mecanica en el parcial de Febrero. Mas que deprimido, tenia una sensación de hastio y cansancio, como el que esta a mitad

[8] En otras palabras, y como dice El Venerable Turco con Sabiduria: Unos las disfrutan, Otros las padecen. Estaba disfrutando las dos, pero empezaba ya a padecerlas. Lo bueno se estaba complicando.

de un desierto que no se acaba. Esa noche me desperte de madrugada, y tome la severa decisión de reorganizar mis naves para la proxima batalla en Junio, sin miedo, pero consciente de que casi todo lo tenia en contra.
Entonces, como era la costumbre por esa etapa, para despejar la cabeza y respirar un buen aire, sali de macrovuelta Castellana hacia abajo. Todo directo a lo largo, veia los enormes fantasmas de edificios en la madrugada, y algun camion de limpieza de aca para alla. La Castellana de madrugada, casi vacia, da sensación de amplitud y libertad, es como ensanchar la vida de uno mismo después de salir de la habitación. Pase las sombras de Nuevos Ministerios, llegue a las Torres de Colon, y el caso es que estaba fuerte para seguir casi hasta abajo.
En esto que, recordando el cate, me paro delante de una elegante verja a ver si se me ocurria alguna solución estrategica nueva, y al levantar la cabeza la vista tropieza con un inmenso Ave Fénix de aquella Compañía de Seguros. Me quede fascinado mirando en la oscuridad de las cuatro de la mañana aquella mole oscura, con enormes alas y cuello erguido. Asi como diez minutos, como midiendo la altura del pajarraco, era una especie de asombro y admiración a la vez. En seguida comprendi que ahí estaba el final del paseo, y eso era la idea central que buscaba. Todo el pescao estaba vendido.
Ya tenia la conclusión en la cabeza, y volviendo a casa estaba claro que nunca hay que darse por vencido. En los peores momentos, cuando peor sopla el viento, siempre surgen las fuerzas de algun lado. Incluso, como dicen muchos, se da uno cuenta de recursos hasta entonces desconocidos. Las nubes negras son el nido de los pajaros Fénix, y al levantar el vuelo te ayudan a recuperar la rabia y las ganas de lucha.
Tuvo que ser en la Castellana, la Calle del Cid, donde pudiese entender algo tan elemental que la mayoria ya sabe desde siempre. Me parece que como suele ocurrir, fui bastante lento en llegar a verlo.

Bodegas Medrano

Los Cuellos nos criamos en Virgen del Puerto, alla por la Arganzuela en el sur de Madrid. El barrio, en aquella epoca, puede ser resumido en cuatro callejuelas, una avenida amplia, y un simple colegio de bachiller para los de la zona, ni mas ni menos. Mas arriba habia un mercado clasico, y el Estadio del Atleti ni siquiera estaba construido. Por eso la epoca de mis primeras decadas tiene apenas varios recuerdos, que por ser tan pocos y bien digeridos, se conservan muy bien.

Medrano era la Bodega de la esquina, una barra separada de la calle por vidrieras siempre abiertas, y la gente dentro consumiendo los chatos con aceitunas y el abrigo puesto. Enfrente estaba Frutos Secos, el sitio para proveerse de pipas, gominolas, y flags o helados en verano. A partir de Marzo, cuando ya habia luz al salir de clase, echabamos un partidillo con pelota pequeña en el patio, y acababamos sudando y sedientos. Entonces haciamos una porra, y enfilabamos a Medrano a por una Coca de litro, a pachas entre todos. Claro, eso siempre que se llegaba a un acuerdo economico, porque la pela se contaba hasta los centimos.

Bebiamos los vasos de Cola secandonos la frente, y mirando las bragas de Yolanda en Frutos Secos cuando venia un golpe de viento. En ese instante el trago de bebida era mas largo, e intercambiabamos gestos confidenciales entre todos. Si no habia pique por el resultado, ese rato era de lo mas ameno y entretenido, y ademas siempre entraba en la bodega alguien de aca para alla con algun chascarrillo. Eramos quinceañeros que mas bien soñabamos con comernos un rosco, aunque pocos lo conseguían. Los mas afortunados ligaban una piba en verano, cuando a ellas el polen del aire las despendolaba. Entonces se iban arriba, a la calle Melancolicos, que estaba oscurillo y cubierto de arboles, y asi disfrutar la buena suerte para los mas astutos. Cuando no habia dinero para Medrano, solo quedaban dos opciones.

Una era el bordillo de la tienda de Ultramarinos, el celebre punto 'U', donde charlando sentados se nos iban dos paquetes de pipas. La otra era el recodo de piedra a la entrada del Estanco, viendo a las chicas de clase volver a casa. Pero esta alternativa tenia sus riesgos, porque muchas veces aparecia algun profesor para reclutarnos a empujar su coche que no arrancaba. En cualquier caso, esa hora y media antes de regresar a casa para empezar los deberes, la apurabamos con mas intensidad que la noche de Ibiza.

En Medrano negociabamos, planeabamos el dia siguiente, y celebrabamos cuando los enemigos fracasaban en cualquier cosa. Algunos pasaron luego a los chatos de vino, pero eso ya fue la epoca de finales de los setenta, cuando mucha gente empezo a marcharse del barrio. Lo que me queda de esos años es como una pelicula en camara lenta, cuando comparo la vida de ahora, en la que tenemos diez paginas de Internet en un minuto. Antes los acontecimientos tenian mas sabor, y dejaban mas regusto en el paladar, porque en una mañana solo ocurrian dos o tres cosas. La vida de hoy es mucho mas rapida, y a veces ni te acuerdas de lo que paso el dia antes. Ni lo uno ni lo otro, simplemente los tiempos cambian, y como dice mi padre, desde que se invento la nevera y el bidet, ni el jamon sabe a jamon, ni el papo a papo. Estamos acelerados. Al volver por la tarde cansado, andando a casa, en el invierno de Inglaterra, cuando veo lo que cambia la vida de cualquiera, siempre tengo algun minuto para pensar en Medrano, Frutos Secos, y nuestras tertulias alla. Todo es distinto, pero por suerte las ganas de echar unos tragos de Coca Cola helada después del partido, y disfrutar al ver algun bombon que se cruza, no han desaparecido. No hay que complicarse para pasar buenos ratos, el mundo es un pastel todavía empezado.

Maruja

La llamabamos asi porque era de Torrejon, no madrileña autentica, y ella me contestaba jugando conmigo a ser un matrimonio cutre y necesitado de muchos hijos. Tampoco andaba muy perdida, porque en el año 80 el bolsillo iba muy justo, y sacabamos las pelas de donde fuese. Era cuando estaba en cuarto de Medicina y ella por tercero de Filosofia. Castaña tirando a rubia, con muy bonitos ojos azules y cara sensible de labios finos. Tenia mucho genio y era muy respondona, a todo le sacaba peros. Apasionada de izquierdas, no se perdia ni una mani, por ese tiempo, contra la OTAN y las Bases Americanas en Torrejon. La figura bien proporcionada, y en esa decada con las carnes recientes y jugosas de chica de veinte años. De las mas guapas del grupo, todos la pretendian, aunque a mi eso no me impresionaba. Por esa epoca mis batallas con la carrera y las ganas de pasar cualquier limite no me dejaban quieto en una chica, y yo lo intentaba todo, hasta con las camareras de los chiringuitos.

A finales de Agosto comenzamos nuestro fling, y eso duro casi hasta Diciembre, pocos meses para ser la primera chica con la que me acoste, muy mayor ya, a los veintiuno. En el principio de los ochenta teniamos en Madrid un ambiente distinto. Habia una sensación de renovar todo lo antiguo y a la vez disfrutar a tope. Nuestra generacion iba unida a Mario Tenia, los Nacha Pop, la Gran Movida, y los conciertos de Nueva Ola. Muchas borracheras, fiestas frecuentes, y siempre en movimiento, inventando diversiones, apodos, o fanfarronadas.

Subiamos paseando desde el Clinico, por San Francisco de Sales, hacia Cuatro Caminos. Ella se me agarraba del brazo, montandose su pelicula, y me echaba en cara ir sin afeitar. Al pasar por Sanchez Ferrero, pegabamos la nariz al cristal, y yo la aseguraba que cuando fuese dentista me compraria uno de esos deportivos. Claro, el tiempo sentencia, y lo mas que logre fue un Skoda coupe y hacer recetas de la Seguridad Social, todo un record. El Madrid del desarrollismo tenia pocos coches a media mañana, y habia una neblina fria con algo de sol al llegar Diciembre. Al pasar por el Canal haciamos un descanso en un banco, discutiendo sobre donde echar un polvo mientras mirabamos al cuadrado del césped.

Al final encontramos la casa de un amigo con los padres fuera, pedi a mi cuñado una caja de condones que se rompieron, y nos tiramos a la aventura en una tarde de pellas. Menuda chapuza me salio. Tropezaba, me costaba ponerme el condon, no sabia manejarme, vaya mogollon. En aquel primer punto comprendi el significado practico de hacerse la picha un lio, y creo que saque un aprobado por los pelos. La verdad, no me puedo considerar mas alla del monton, hay que ser realista. Pero fue muy bonito, y como ella era tan guapa a juicio de todos y mio, pues conservo un buen recuerdo, sobre todo por el riesgo y el sigilo con que organizamos todo. Y asi estuvimos cuatro meses, peleandonos y buscando sitios libres para la fisiologia, arriesgando pero con disfrute. Luego empezamos a discutir con mas frecuencia, y cada uno tiro por su camino hasta el proximo verano. Esa epoca fue muy intensa, porque se cambiaba mucho de pareja, todo era variado y con nuevos rollos.

Maruja es mi primer recuerdo de cama, que ahora ya con cuarenta, guardo en el cajon de la mesa de trabajo con un monton de cartas. Cuantos mas años pasan mas lo aprecio, y tiene solera porque los veinte al pasar dejan muchas marcas. Ni sabia hacerlo bien, ni comprendia patata alguna de las mujeres, ahora me doy cuenta. Creia que ellas eran lineales en su comportamiento, y me llebaba un chasco detrás de otro. Luego, he asimilado que tienen dobles curvas, de fisico y de comportamiento, y lo mas importante es saber en que curva se encuentra uno y como es la pendiente. Sin eso, imposible conseguir resultados. Desde pequeño escuchando La Donna e Mobile, y casi con cincuenta me entero de lo que significa.

Maruja va unida a ese Madrid de los ochenta que marco nuestros mejores años, cuando empezamos a abrir los ojos hacia fuera. Ahora es una eminente Profesora de Bachillerato, tiene muchos trienios, mas pasta que yo, y creo que hasta casa propia. Yo la deseo la mejor felicidad, y conservo lo nuestro para los momentos de pensar que todo en la vida merece la pena.

La Ventana de la Libertad

Doña Pura era la fiel amiga de mi madre y nuestra vecina de enfrente, cuando casi todos eramos una panda de pequeñajos, por los siete o nueve años. Tenia dos hijos algo mayores que nosotros, y de vez en cuando haciamos una incursión en su casa por las tardes, para gorronear sus juguetes y curiosear en sus habitaciones. Nos aguantaban, unas veces con curiosidad por tanto Cuello junto, y otras simplemente por resignación. La verdad, eran bastante educados para lo pesados que nos comportabamos, y cuando estaban de buen humor lo pasábamos bien. Para mi esa casa estaba llena de cosas nuevas y desconocidas, y me dedicaba a explorar y preguntar todo lo que me dejaban. Aprendia mucho, escuchaba los nuevos singles de los Beatles, y empezaba a manejar la escopeta de perdigones. En realidad los admiraba, porque todo lo que tenian era mejor que lo nuestro, y hablaban de temas que yo tardaba dias en comprender.

A la entrada estaba una habitación para escuchar musica y de reunion, con una ventana que hacia angulo recto con el balcon de la cocina. En ese cuarto nos dejaban jugar con ellos, y era el sitio central de nuestras incursiones. No recuerdo exactamente cuanto años tenia yo ese invierno, debia ser como nueve mas o menos, pero el caso es que ese dia me puse rebelde y pesado, y se hartaron de mi.

Entonces decidieron encerrarme en esa habitacion de la entrada hasta que los animos se normalizaran. Corrieron el pestillo y apagaron las luces, una especie de calabozo improvisado, incluso se llevaron los tebeos.
A pesar de ser todavía un renacuajo, mi cabreo rebelde alcanzo limites insospechados, estaba completamente indignado, y me sentia un vulgar prisionero. Total, que abri la ventana, y mire hacia el balcon de la cocina, calculando distancias. Aparte las macetas, y salte hacia el tendedero del balcon. Hice el trapecista unos segundos sobre las cuerdas de la ropa, y me agarre a la baranda con fuerza. Luego subi el tronco a la barandilla, y allí estaba, dentro del balcon de la cocina y a salvo. Libre de nuevo.
Doña Pura estaba guisando placidamente en la cocina, cuando de pronto vio la cara de un tal Pakito sonriente, con gesto triunfante, llamar con los nudillos a su balcon. Su gesto siempre tranquilo se transformo, y la vi atacada por unos momentos. Me pregunto de donde venia, como habia aparecido subitamente en su balcon, y cuando le dije que habia escapado por la ventana, salio corriendo a contarlo despavorida.
Puedo asegurar que en el momento del salto no senti miedo alguno. Pero ahora, cuando lo recuerdo, me produce mas panico cuantos mas años cumplo. No se como pude hacer esa bestialidad friamente, y recuerdo en mi mente la imagen del vacio, veinte metros hacia abajo, cuando me agarraba al tendedero. La paliza de mi padre con la correa fue historica, para que no me se volviera ocurrir imitar a Houdini. Sin embargo, el resto de mi familia, y los hijos de Doña Pura me miraban con miedo, como pensando si realmente estaba vivo, buena epoca de mi vida aquella.
Ahora pensando, creo que, sin llegar a estos extremos, esta es una constate en nuestra vida. Todos buscamos una salida a la hipoteca, la solucion de un programa, el modo de conseguir un coche nuevo, o reparar una relacion que no funciona. Esa ventana de la escapada que nos puede hacer mas libres. Lo que si he aprendido a fuerza de tortas, es que

la clave tiene que ser lo mas racional posible, para evitar malentendidos, y sobre todo, que todos esten tranquilos y contentos. Desde luego, no pienso que vuelva a saltar por una ventana sin permiso y una buena red en el patio.

El Mundo es Maravilloso (1)

Era un enorme bloque de los tiempos Sovieticos, con los tipicos portales sucios, echando un fuerte olor a pis de gato mezclado con sopa de col. Por la ventana de la cocina se veia una tarde gris, nevando lentamente en San Petersburgo, pero Natasha y yo bailabamos. En el hilo musical de ni se sabe cuando sonaba una voz de chica con un 'dobri biecher' de vez en cuando.

Natasha habia estado llorando, desconsolada por su vida. Yo no sabia que hacer para quitarle las lagrimas, y ademas soy torpe para eso. En esto que se oye mundo maravilloso, y se me ocurre que bailemos. Ella, desnuda bajo su bata azul, pero muy guapa con esas lagrimas, practicamente se colgo de mis hombros. No importaban las fronteras, ni la politica.

Bailabamos sin tener nada que ver con pasaportes, regimenes, capitalismo, o comunismo. Natasha, mi Natashula, poco a poco seco las lagrimas, oyendo la voz ronca del negro genial. Incluso empezo a sonreir algo.

Si, verdaderamente el mundo era maravilloso. Una vieja cocina rusa, en la que los grifos apenas funcionaban, era la escena de nuestra felicidad. Ella, melancolica como siempre, empezo a hacerse un te, y yo la miraba pensando algo para su buen humor. Hay ratos en la vida que se quedan para siempre, cuando la felicidad es simple. Ambos agobiados, cargados de problemas, pero al fin y al cabo abrazados.

De verdad que el mundo es maravilloso.

El Peso de Natashula (2)

Estabamos en el sofa despues de cenar. Enfrente de la tele, despues de un dia de largos paseos por Petersburgo en primavera. Una tarde de botas embarradas mezcladas con nieve, cuando ya oscurecia algo mas lento a traves de las eternas nubes de la ciudad. Ella, como siempre despues de la cena, desnuda bajo la bata, y con sus preciosos pies descalzos sobre la alfombra. Yo solo cogia algunas palabras o frases de las noticias. Preguntaba de vez en cuando sobre algo que habian dicho, y Natashula se volvia y me regañaba pronunciando un par de palabras en Ruso, con tono fuerte y lento para hacerme comprender. Sus ojos verde claro con grandes pupilas por la oscuridad, y un tono de maestra de Escuela regañando por un fallo absurdo. Al girar su cuello, el escote de la bata dejaba traslucir el blanco de su pecho, mientras algunos mechones de pelo caian desordenados sobre sus mejillas. Ella me regañaba, pero en el fondo la encantaba que yo intentase comprender el Ruso. Natashula disfrutaba con la television en el sofa y un te, mientras yo me sentia un privilegiado por compartir asiento nocturno con ella, aunque solo fuese una semana. Continuamente se me escapaban miradas a sus caderas, contemplando la postura que tenia sentada, con su gesto de estar asistiendo a un acto solemne, mientras descoloca a todos los hombres de su alrededor.

Pensaba continuamente como llevarmela a la cama para completar la escena, aunque no sabia como resolver el asunto de separarla de la tele. Empece sugiriendo que aquello era el rollo politico de siempre, y ella lo negaba con una par de palabras secas, con autoritario pero modulado tono y gesto. Tenia tantas ganas de quitarla la ropa y ponerla entre las sabanas, que al final decidi cogerla en brazos por las bravas.

Natasha es fuerte y corpulenta, a la vez que terriblemente femenina. Porque fue buena gimnasta de joven, aparte de su constitucion de huesos anchos y carnes exhuberantes.

Mas o menos, casi setenta kilos, que consegui levantar con la motivacion de como ella me habia puesto sin pretenderlo. Al primer paso, con ella en brazos, empezo a chillar y patalear, medio riendose divertida. La tuve que poner de nuevo en el sofa. Luego levanto el menton diciendome que no lo volviese a intentar, justo lo que hice despues de echarla otra mirada a los huecos que habia dejado su ropa desordenada. Otro pataleo mientras el escote ya mostraba todo lo mejor de su generosidad.
Dos intentos fueron suficientes, me fui a la cama resignado, mientras ella se estudiaba el Telediario del Kremlin como si aquello fuese un discurso patriotico. Cuando ya estaba algo adormilado, senti el contacto de su piel desnuda y fresca a mi lado. No me negaba nada, nos gustabamos intensamente, a la vez de disfrutar durmiendo juntos. Son recuerdos imborrables de la lluviosa primavera de Petersburgo.
Ese peso de Natashula al cogerla en brazos lo llevo ahora en lo mejor de mis recuerdos cuando llega el mes de Abril, mientras al atardecer miro a la ventana de mi estudio sorbiendo un buche de cafe. Cuanto he querido y quiero a Natashula, que pesa en mis sueños incluso sin pretenderlo. Ella es el mejor equipaje pesado que me ha regalado la vida para los viajes.

Las Chimeneas de Ekaterimburgo (3)

Por la ventana de la cocina entraba el sol de Febrero, y la ciudad descansaba temprano extendiéndose hasta lo mas lejos de la vista. Un paisaje llano, de cemento gris y edificios clonados, coronado por largas chimeneas que humeaban hacia un cielo azul palido sin nubes. El sueño de la igualdad absoluta de Lenin reposaba detrás de los Urales, con una imagen espectral. Todo era lo mismo, y del mismo color.Y la

Madre Rusia, a mitad de invierno, dormia en silencio bajo el sol pensando en la cercana primavera.
Al lado de la ventana de esa cocina, en el estante de las especias, habia un fajo de cartas con todos mis notables dedicados a Natasha, sujeto con gomas de oficina. La gran carpeta de la ilusion. Menudo imbecil, pensar que se puede lograr una mujer con dedicatorias, cuando lo que les importa es tener algo de carne y hueso que las trate bien y las lleve de cena. Natashula se tapaba las piernas con una manta mientras charlaba conmigo chapurreando ingles mezclado con ruso. Yo no apartaba los ojos de sus blancas piernas eslavas, suaves y largas, de muslos turgentes que ella cubria con pudor. El pelo sobre la frente con la luz que venia de la ventana, y su gesto melancolico que me obligaba a besarla cada dos frases.
Insistia en que nos casasemos en Finlandia cuanto antes, que dejase todo aquello para empezar una nueva vida, y su respuesta era coger el telefono para discutirlo con su hermana. Una y otra vez la ofrecia de todo, prometia lo que no hubiese imaginado, y ella se resistia a escapar de Ekaterimburgo y sus cielos sin nubes. Al llegar a ese punto por cuarta vez, se echo a llorar, y con los mofletes cubiertos de lagrimas me dijo que me diria lo que yo quisiera.
Entonces me di cuenta de que yo no era nadie para imponerla un cambio de vida. Del mismo modo que estaba llorando, no aguantaria mas de dos semanas bajo las nubes, y el invierno largo y oscuro de la Savonia a veinte bajo cero. Comprendi que el corazon de la mayoria de ellas tiene parcelas excluyentes, y la mas importante es la de los suyos y sus raices. Nosotros somos el accidente de su vida que duerme con ellas, mientras las pasamos el brazo por la cintura al despertar. Pero despues del desayuno nos echan una mirada calculadora, agarran las tarjetas de credito, y se marchan de compras con su madre. La naturaleza es sabia y el instinto de conservacion es lo primero.
En ese dia claro de Febrero, alla en los Urales, me deje un trocillo de mis mejores años. No me arrepiento porque se

aprende perdiendo partidos, y ella me dio todo lo mejor que una rusa regala a un hombre, y eso es mucho. No se si ese fajo de cartas seguira en el estante, pero me lo imagino alli cuando me tropiezo con chimeneas humeantes. La ilusion de los treinta años se queda en un monton de papeles amarillentos.

Pakito la Cena (4)

Desde que somos pequeñajos y nacemos, la primera ayuda que se nos da es una serie de empujones del diafragma de nuestra madre durante el parto. Eso para no asfixiarse y salir rapido, aunque no todas las madres empujan con la misma fuerza o ganas. El instinto de conservación de la naturaleza es fundamental en ese momento, porque poco podemos hacer nosotros, salvo aguantar con el poco oxigeno que nos queda hasta ver la luz. Después de nacer nos da la teta, y nosotros empezamos ya a aprender la técnica para obtener mas alimento y de mejor modo. La teta dara gusto para el resto de la vida, en todas sus versiones. Ahí los mamíferos evolucionaron ingeniosamente. El primer truco que se aprende es a berrear para que te den de comer, te cojan en brazos, o te acuesten a dormir. Eso funciona dabuten, porque el que no llora no mama (al crecer esto se modifica un poco a 'no se la maman, no se le sella el impreso en la ventanilla, no se le sirve a usted la cena, etc'). Despues ya empezamos con las habilidades para coger el sonajero, agarrar los barrotes de la cuna, o aprender a reconocer las personas. Todo un largo proceso, que resulta divertido y sobre todo crea entusiasmo durante nuestra existencia.
La leche de nuestra madre se sustituye al cabo de los años por sus comidas y forma de cocinar. Por muchos años que pasen, cualquiera tiene fijado en la mente el gusto y preferencias de los platos cocinados por su madre. Esto

suele crear problemas con las novias o esposas, pero con aprender a callarse y no nombrar la suegra es suficiente.
La chacha que teníamos de pequeñajos soluciono mi cena rápidamente, con una tortilla francesa y un tomate partido en dos cuando tenia 7 u 8 años. Yo devoraba todo lo que se ponía a tiro, y no era complicado para las comidas. De modo que ella tenia tiempo para aprenderse las coplas del baile del sabado, y preparar la cena para los otros hermanos mas exigentes. Esta Asturiana de Mieres, Nieves, a la que quiero y recuerdo los días de invierno, se dio cuenta en seguida de que yo era un tipo rutinario, de costumbres carcas y estables, y con tortilla mas tomate con sal y aceite diarios bastaba.
Despues vino mi madre, cuando estudiaba los cursos medios de Medicina en mi cuarto de al lado de la cocina, durante las tardes de Abril o Mayo, para poner a punto los exámenes. Con las ventanas de cada vecino abiertas, se formaba una mezcla de ruidos y voces de cada piso, que hacían eco en la profundidad del patio. El aire de Madrid casi de verano se mezclaba con el olor de los macetones, y el ruido de los vencejos a partir de las nueve. Como había que responder a las preguntas de Anatomia en tres minutos, y escribir en un reducido espacio dentro del examen inpreso, aproveche la oferta del Profesor de que se aceptaba contestar con un dibujo. Tirando de memoria visual, consumia las horas practicando esquemas de Anatomia en 180 segundos, con dos o tres lápices de colores, llenando la papelera hasta el borde. Luego vinieron las largas formulas del metabolismo en Bioquimica, o los esquemas de sinapsis de Farmacologia. Total, mucho tiempo centrado y apenas sin enterarme de lo que sucedia a mi alrededor. Mi madre gritaba cien veces Pakito la Cena cuando el plato estaba listo, y su voz resonaba a través del patio. Yo contestaba ya voy, esperando a dibujar antes el siguiente esquema. Al final surgia el acuerdo, y aparcaba los lápices por un rato para coger gasolina.
Esa mañana de Febrero en Ekaterinburgo era un dia

nublado y helado de Rusia Central, con la actividad minima del país durante el invierno. Me desperté cuando Natasha se lavaba en el baño, y ella noto ruido y vino a sentarse en mi cama para intercambiar algún comentario.Tenia el pelo recogido para no mojarse, y yo me di cuenta de que estaba desnuda bajo su bata como de costumbre. Ni aunque no se lo propusiese, o las ojeras de primera hora hicieran su aparición, Natasha siempre conservaba su cara de niña con carrillos fuertes y a la vez perfectos. La piel blanca con la nariz chata aumentaban lo bonito en su rostro, y yo me recreaba mirándola cuando ella ya me ordenaba hacer la cama. No me acuerdo como empece a acariciarla, pero ella acabo encima luciendo atributos con los ojos bien abiertos, al tiempo que yo la contemplaba tumbado. Por primera vez desde que llegue para verla, y mientras empezaba a respirar hondo, ahora ya con los ojos cerrados, llego hasta el final con mis manos en sus pechos. Menudo regalo para un dia tan aburrido.
A pesar de que todo quedaba completo, ella no estaba del todo de buen humor ese dia. Empezó a vestirse al trasluz de la ventana del patio, y mientras me miraba solo con media sonrisa, su figura y caderas curvadas la dibujaban como musa desnuda en el marco de esa ventana. Dificil encontrar optimismo en los Rusos durante el invierno, a pesar de lo bueno, cavilaba para mi mismo.
Me quede sentado al borde de la cama cuando se fue a la cocina, medio aturdido y relajado por lo que había ocurrido espontaneamente. Pasaron los minutos, y la cantidad de problemas que tenia y me esperaban al volver a Finlandia empezó a hacer, como dicen ellos, una cucaracha en mi cabeza. Despues de media hora, comencé a oir a Natasha hablando por teléfono con su madre, luego con sus amigas. Su tono de voz estaba cambiando, se la notaba mas contenta, como si lo que habíamos hecho tuviese un efecto retardado, o que algo nuevo sucedia. Empezo a cocinar, y al cabo de otro rato grita desde la cocina,

Pakito!!

Llevaba cuatro años en Finlandia, y mi único contacto con Madrid era por carta, no había dinero para llamadas. El frio, la nieve, el aire cortante en la bici al pedalear a todos los sitios, y la misma comida todos los días, era la rutina semanal. Probablemente todo ello me había hecho olvidar muchas cosas de España. Durante el invierno Fines, a veces no se ve el sol en cuarenta días, y cada dos meses tenia un examen de cinco horas, después de haber superado un tocho de 50 problemas. Sucede con frecuencia que las personas que aguantan a todo-terreno situaciones largas y difíciles, son conscientes de lo mucho que han pasado largo tiempo después, no cuando están en plena batalla (esto pasa en todas las profesiones). Natasha sabia que en casa me llamaban Pakito porque cuando telefoneaba a Madrid, el grito de mi padre al llamarme era ese. Entonces fue cuando me di cuenta de los años que habían transcurrido desde que emigre de Madrid. Me salio una sonrisa de oreja a oreja sin darme cuenta, y vuelvo a oir,

Pakito!!

Estaba cocinando pasta rellena con carne, y sopa de verduras. Cuando dije gracias, se apretó fuerte por detrás contra mi. Natasha era tan mujer que hacia estos movimientos reflejos por puro instinto. Giro el cuello hacia atrás, y me puso en la boca un buen trozo recién hecho. Me miraba disfrutando del asombro y contento de mi cara. Que difícil es olvidar los mejores momentos de la vida.

Natashula esa mañana logro eliminar en dos pasos las huellas de toda mi cadena previa de mujeres que dejan huella. Cuantos mas años pasan, mas nítidamente la veo al trasluz de esa ventana después del buen momento, con su blanca piel Rusa dibujando las caderas. Ese Pakito desde la cocina me sigue sonando en los oídos alla donde voy, no importa en que lucha me encuentre metido.

Me encanta recordar ese dia para sentirme a gusto. Como dice la Francesa inteligentemente en su canción, gracias a la vida que me ha dado tanto.

Los Tranvias de Helsinki (5)

Recuerdo esa tarde de Diciembre como una de las mas tristes de mi vida por todo lo que dejaba atrás. Era el tipico dia de invierno Escandinavo que oscurecia despues de comer, y el autobus nos llevaba al aeropuerto despues de cinco años sin ver Madrid. No tenia una ilusion especial por volver a España. Conforme cruzabamos las afueras de la ciudad, los Fineses salian y entraban a los tranvias que los llevaban a casa, siempre bajo los copos de nieve menudos, continuos, y flotando en el aire. Arropados en sus abrigos, bufandas, y gorros de lana, no habia mucha diferencia entre ellos porque apenas se veian los rostros. Era la imagen del invierno Fines que se me habia hecho completamente familiar, y sentia pena porque sabia que no volveria a verlo mas en mucho tiempo. Como la mayoria de los dias de kaamos, estaba nublado y con una luz grisacea sobre los tejados de los edificios chatos, muy parecidos todos y con no mas de cuatro plantas. No tengo ni idea de porque me siento feliz yendo a trabajar con la nieve de quince bajo cero, y luego volver a casa para reanimar los huesos con un café fuerte y dos horas de sauna. Ahora que han pasado tantos años, cuando quiero coger el sopor antes de dormir, muchas veces pienso en esas monotonas mañanas Finesas trabajando en mi mesa, mientras veo el jardin nevado por la ventana, a la vez que encuentro la solucion de lo que hago. Los tranvias circulaban paralelos al autobus, y conforme avanzaban en las vias iba acumulando recuerdos de la etapa mejor de mi vida que terminaba. Nunca he sido tan

feliz como en Finlandia, solo y tranquilo estudiando durante los largos y oscuros inviernos, y tambien en verano cuando los de la residencia se iban de vacaciones y el edificio se quedaba mudo. El primer verano me acostumbre a levantarme a media noche y empezar a trabajar con la luz intensa de las dos de la madrugada. Todos los dias la misma comida, no habia dinero para mas, los platazos de macarrones, y las enormes salchichas de makkara troceadas. Luego, por la tarde, ya cansado y un poco adormecido, bajaba a algun banco del lago de Taivaanpanko para relajarme viendo a los patos picar hierba, y las garzas chillonas volando a ras de agua para emparejarse. No habia apenas gente, lo mas que se cruzaba era una pareja de jubilados paseando en zapatillas y chandal. Otros dias iba al Departamento de Matematicas por la mañana para sacar libros de problemas. Matematicas no estaba en el tosco complejo de la Universidad, era simplemente un edificio al otro lado de la autopista junto al supermercado. Cualquiera lo hubiese confundido con una pequeña empresa. La Biblioteca era una habitacion repleta, estrecha, y se entraba de lado al ultimo pasillo. Yo me encajaba al final de los estantes intentando asimilar todos los titulos a la vez. Silencio profundo en el edificio, me quedaba embobado como un chaval que tiene delante el pastel mas grande de su vida. Alla estaban los libros de todos los grandes, desde Lyapunov, pasando por Boyce di Prima, Kiseliov, hasta llegar a Luenberger, solo por citar algunos. Tenia tal confusion y asombro en la cabeza que no sabia por donde empezar, parecia una situacion no real. Despues de tantos años de sequia en Madrid, me quedaba perplejo por esa abundancia sin restricciones. Tambien daba algo de pena haber descubierto eso con treinta y tantos años. No solo eran los libros, en Finandia hay una calma y quietud para pensar dificil de encontrar en otros paises abarrotados.
Lo otro que iba recordando no era nada de empollones. Natasha, la mujer que mas he querido a pesar de mi mal carácter para demostrar afecto. Viendo oscurecer por los

ventanales del aeropuerto mientras embarcabamos, su imagen, cuando la conoci en esa pequeña estacion de tren de San Petersburgo nada mas llegar a Finlandia, me daba rabia por haberla perdido. Lo primero que vi fue una mujer mas grande de lo que me esperaba, envuelta en pieles y con melena dorada. No sabia que esos dias en Petersburgo iban a ser el motor que me hace olvidar cualquier pensamiento depresivo ante las dificultades que surgen. Apenas con quinientos dolares, comiendo su sopa de col y la carne Rusa cocida, eramos felices, fascinados por habernos descubierto despues de un año de cartas. En Rusia Natasha es el tipo de mujer comun y guapa, pero para mi era como tener al lado algo imaginado que se habia hecho realidad. Cuando ibamos en el anticuado metro de Petersburgo al centro, los del banco de enfrente nos miraban como a una pareja solida de mucho tiempo. Nos habiamos compenetrado en apenas unas horas. Los libros, una mujer, el lago, y la tranquilidad. En Helsinki me dejaba todo lo que necesito para ser feliz. Tuve una vida cutre durante cinco años, pero casi todos los dias me levantaba contento, porque estaba en lo mio. Los que necesitan mas cosas los comprendo. Cada cual tiene sus gustos, y yo apuesto por lo simple.
Los tranvias de Helsinki en Diciembre se llevaron esa etapa, y sinceramente no creo que vuelva a ser tan feliz como por entonces. Encontrare sitios nuevos, y gente distinta. Supongo que cada edad tiene su tipo de felicidad, y yo asi lo creo. Soy un optimista empedernido.

Tati Tocatetas (1)

El verano que lo conoci yo era un pringao de quinto bachiller que lo unico que sabia era preparar la lección del dia siguiente para sobrevivir, para que mi padre estuviese contento con las notas. No conocia lo que era una chica, un cigarrillo, una cerveza, o algo diferente de ir a Misa el

domingo. Tati y su fiel ayudante, el Zopa, se tropezaron conmigo una tarde en la plaza del pueblo, y lo primero que me propusieron fue ir a buscar pibas. A partir de ahí, empece a saber mas de sus asuntos, y aprender cosas que ellos ya dominaban desde hacia un par de años.
Tati iba a los Maristas de Malaga, todo un niño bien, educado cuando habia que serlo, pero un terrible gamberro cuando no se podian encontrar pruebas. No lejos de su colegio estaba Gamarra, un formal instituto femenino que venia a ser para ellos como una fortaleza inexplorada. Tati se las apaño para preparar un asalto, y agarrar por sorpresa alguna dominga de las inocentes nenas. A partir de ahí, después de demostrar su valor, paso a llamarse Tati Tocatetas, para las de Gamarra y sus compañeros. Los chavales preparaban sus incursiones al grito de 'Gamarra Gamarra, la que no es puta es guarra'. Todo el asunto provoco una reaccion en cadena en los Maristas, y los alumnos se entregaron al saqueo a ver que trozo pillaba cada uno. A Tati lo levantaron en hombros, le llamaron a gritos Mahoma, y las chicas de Gamarra se acostaban de noche pensando cuando vendría alguien del otro colegio a pellizcarlas. Toda una leyenda de Bachillerato, Tati Tocatetas comenzo su carrera de jefe, y en verano, cuando lo conoci, ya habia fundado el famoso Komando Negro, grupo de sus mas fieles sin escrupulos ni reparos.
Su padre tenia un piso vacio en el pueblo, y alla empezamos a hacer fiestas con el material disponible, un par de discos de Deep Purple, y Cat Stevens para los lentos. Después de la playa subiamos a ese atico para el guateque diario, ellas se nos repartian, y nosotros a ellas, a ver si ambas partes coincidiamos. La verdad, era muy divertido, y mientras fumábamos en la terraza se hacia oscuro muy tarde en el mes de Julio. Para mi era todo un mundo de evasion, porque solo conocia obligaciones, ordenes de profesores, y partidos de futbol el sabado.
Luego Tati empezo a organizar barbacoas nocturnas en la playa, con borracheras y baño incluido. Ahí supe por primera

vez lo que era una resaca, nadar de noche, o disfrutar de espetones hechos al fuego. Al final, cuando ya todos estabamos castigados, las chicas habian escandalizado a sus papas, y el caos estaba sembrado durante todo Agosto, Tati salia impecable a pasear por el pueblo. Del brazo de su novia y con gesto solemne de chico educado y correcto. El era el culpable, pero habia resultado absuelto.
El Komando Negro se extendio, al pasar el tiempo, y conoci a los nuevos miembros. El gran Falin, Fermi, Carlos El Legionario, y algunos otros mas. Después de algunos años, yo funde una rama en Madrid, responsable de nuestras juergas Universitarias y despendolamiento de fines de semana. Al acabar la carrera ya empezaron la mayoria a casarse, trabajar, y poco a poco todo se disolvió en un monton de imágenes de otra epoca. Ahora, recordarlo, es como ver un album de fotos.
Tati ya esta casado, formal, con una mujer encantadora que le prepara la cena. Tiene un hijo simpatico y obediente, y por las mañanas se va a trabajar a su tienda de velas y adornos religiosos. Seguro que las beatas señoras que le compran esas velas no saben de sus hazañas, ni que es un perfecto capo retirado. Ellas, las tranquilas ancianitas de Malaga, ignoran mucho al rezar en la Catedral y colocar su vela con fervor a los Santos. Porque ese comerciante serio es Tati Tocatetas, el Heroe de Gamarra, y fundador de aquel insurrecto Komando Negro. Quien diria aonde queda la frontera entre lo bueno y lo malo, si es que alguna vez existio.

El Gran Falin (2)

Su apodo venia de Rafael, no de lo otro. Pero en la practica definia completamente su personalidad. Falin no era especialmente fuerte o apuesto, pero si muy inteligente y rapido de ideas. Erguido, orgulloso y valiente, muy

persuasivo y siempre al ataque. Al verlo en principio, nadie podia pensar que era un lider. Pero en cuanto empezaba a maquinar, hacer planes, y obtener resultados, yo me quedaba asombrado. En Septiembre pasaba por su barrio, para coger el tren a Madrid, angustiado por los examenes que me esperaban. El estaba en la terraza del café, al fresco de la mañana, jugando al ajedrez con la victima de turno. Tranquilo, disfrutando de la vida, y seguro de si mismo. Acababa la partida y se sentaba enfrente el siguiente derrotado. Luego, de noche, se iba a la disco a currarse las hembras para recoger su cosecha, y casi siempre puntuaba. No solo eso, sino que a la mañana siguiente nos examinaba para saber cuantos puntos habia hecho cada cual. Acabo la carrera pronto y sin esfuerzo, pero nunca hablaba de estudios, solo de maniobras y hazañas; le traia sin cuidado el trabajo de la gente normal. Para el la vida era un pasatiempo divertido.
El y Tati eran los jefes del Komando Negro. Discutian, competian, pero siempre llegaban a un acuerdo. Fue la epoca de oro de nuestros veinte años, cuando el tiempo del veraneo se media por el numero de fiestas. El escudero de Falin era Fermi, siempre sumiso y a sus ordenes. Su fidelidad era tambien correspondida por Falin, que siempre contaba con el para cualquier misión. Yo admiraba en Falin su empeño con las mujeres. Cada una era para el una batalla a vida o muerte. Se enfadaba y maldecia con cada fracaso, buscando los motivos durante horas. Ellas lo tenian como una especie de Idolo, un hombre especial que siempre estaba dispuesto a todo. No cabe duda, era un tipo grande que marco en nosotros una epoca.
Falin murio en combate, a principios de los ochenta, en un tugurio de las afueras de la ciudad. Chulo Malaga y echao palante como el solo, le clavaron un punzon en el cuello, en una sucia pelea por una barriga de por medio. Se le cayo desangrado de la moto a Fermi mientras lo llevaba al hospital. Cuando me entere no me sorprendio del todo, pero se me habia muerto un maestro y un referente de mis veinte

años. Alguien que me habia enseñado con buen sentido del humor y simpatia.
Por eso cuando me veo en una situación que implica lanzarse, siempre pienso como Falin habria resuelto el embrollo. Lo que mas admiro es su valor, lo que sobra es el punzon. No siempre los mejores sobreviven, pero lo que nos dejan son lecciones para siempre. Falin, El Grande, tiene su lugar merecido entre nosotros.

La Banda del Turco (3)

Después del Komando Negro venia la generación del BUP, mi hermano Manolo, Grotex, Lorenso, y el simbolico lider Turco. Ellos vieron como a los dieciséis años nosotros nos organizamos en grupo, y decidieron formar su propia Banda, o sea, que genéticamente eran competitivos. El Turco consiguió su apodo cuando se colo en la piscina del edificio Gaviota, y para no contestar cuando lo pillaron, se declaro de nacionalidad Turca e ignorante del Castellano. El vigilante monto en colera y los exilio a todos para el resto del verano. Los Turcos, asi recien nacidos, comenzaron a mitificarlo como icono sagrado de su Banda, y a difundir heroicas leyendas sobre su jefe que se propagaron por el pueblo. Algo nuevo habia surgido, y nosotros los Komandos en seguida nos pusimos en guardia.
El Turco era alto, moreno, bastante calvo, y de ojos vivos y ocurrentes. La boca grande con amplia sonrisa multiuso. Un autentico ser imprevisible, porque sus reacciones en momentos clave eran casi psicodélicas, fuera de lo comun por completo. Usaba la misma camiseta durante todas las vacaciones, y siempre aparecia en cualquier meollo cuando menos te lo esperabas. Del mismo modo, su habilidad para esfumarse en momentos difíciles era asombrosa, e incluso hoy dia, ya cuarenton, conserva esos mismos recursos. Dar

la gorra era su gran dote, y sentia una admiración especial por Jaime de Mora y Aragon por ese motivo. Todos contaban con el para las fiestas, y mostrarlo y exhibirlo a las tias era la tarjeta de presentación de su Banda.
Al igual que Roma hizo con Grecia, los Turcos desarrollaron la herencia del Komando Negro. Se convirtieron en expertos ingenieros en la caza de pibas, y explotaron con habilidad el marketing de la imagen y la diversion para su beneficio. Pronto sumaron nuevos miembros, como los Chomis, Carlillos, y otros que llegaron de Madrid. Su apogeo fue hacia el 78, y la decadencia les vino en el 83. Se organizaron mejor que nosotros, y supieron hacer de la imagen de grupo divertido el principal cebo para el ganado. Aunque hubo, sin embargo, etapas de colaboración, en general la competencia con nosotros era feroz.
Lo que aprendimos de ellos es que a largo plazo el trabajo de equipo da mas resultados que las individualidades brillantes. Desde las cuatro de la tarde empezaban a recoger leña y cartones para las barbacoas, y se trillaban todos los chiringuitos invitando chicas nuevas. Su estrategia era efectiva y practica, empezaban la barbacoa con vino del terreno y chorizo a la brasa, mientras Grotex, coreado por todos, comenzaba su numero de payasadas, chistes e imitaciones. Ellas se reian, las extranjeras se contagiaban del desmadre, y todo concluia en la infalible ecuación de las veinteañeras

Risas+ Acohol = Sexo Seguro

Al dia siguiente, los Turcos montaban en la playa la ceremonia de entrega de medallas a los mejores de la noche anterior, aunque las hazañas en general se exageraban mucho. La imaginación y la vanidad hace siempre mas que la realidad anatómica, en todas partes.
Hoy dia el Turco sigue yendo de vacaciones al pueblo, y viene a ser como un clásico durante el veraneo. Todos lo conocen, es bien tratado en casi todas partes, y su

reputación de gorron y desparramado no genera aversión entre nadie: todo acaba en un chiste o en un hasta luego. El Turco es un elemento unico que define el comienzo y el final del veraneo, con su larga silueta y la toalla al hombro. Yo siempre lo apreciare, mientras sujeto mi cartera en el bolsillo, por si acaso.

Los Enanos Malditos (4)

Después del grupo de la Banda del Turco, venian nuestros hermanos menores, la generación criada en los ochenta y el desarrolllismo. Estos ya fueron los ultimos, a partir de ellos empezo la nueva descendencia genetica, es decir, nuestros sobrinos e hijos, o bien los nietos de nuestros padres. Los Malditos tomaron su nombre del personaje que el turco Carlillos invento, para justificar sus tentaciones y sucesivas caidas en el pozo de los vicios. Carlillos excusaba sus actos maléficos por un diablillo bajito que lo tentaba hablándole al oido, antes de decidir lo que haria. Y lo llamaba el Enano Maldito. Entonces se decidio dar ese nombre a la pandilla de los pequeñajos, y fue todo un éxito.

Eran bastantes y se fueron multiplicando, mis hermanos Chicho y McCuello, Opi, Willy, Niño Hombre, Pepestoso, El Buche, Breaker, y el todo-terreno Jose Carlos. Lo que definio a este grupo era su tendencia a la anarquia y el desorden generalizado. Si el Komando Negro fue un grupo de gente con personalidad pero peleones, y los Turcos destacaron por su trabajo en equipo, los Malditos constituyeron el caos y el desmadre total, aunque con dinero y medios para la diversión. De hecho, Opi definio su objetivo en la frase 'si tienes un limon, exprímelo cuanto antes', y asi tomaron la vida este grupo. Alcohol, petas, barbacoas y fiestas hasta el amanecer, con desparramamiento generalizado, yendo cada uno por su cuenta. Los Malditos

coincidieron cuando nuestros padres eran mas vejetes y con menos genio para castigarlos, y a la vez con mas dinero porque los grandes gastos de los primeros se empezaban a terminar. En realidad, fueron una generación afortunada tanto en su principio como en su final. Comenzaron como grupo hacia el año 80, y la decadencia les vino por el 85-86. Los Malditos chuleaban literalmente a los Turcos, porque cuando estos les hacian subcontratas para cualquier cosa que necesitaban, los engañaban y estafaban como chinos. Todo quedaba en una regañina, y la colaboración en asuntos de vicios continuaba. Descubrian con facilidad nuevos locales de reunion y diversiones, y los Turcos aprovechaban sus novedades. El Komando se relaciono poco con ellos, porque la diferencia de edad ya era importante. Rara era la semana del verano en que no surgia un escandalo de los Malditos, pero nuestros padres ya lo tomaban con tranquilidad en la tertulia de por la noche. Fueron una banda con suerte, hicieron lo que les dio la gana.
A pesar de todo, sus malas notas, gamberradas, y excesos, los Malditos acumularon buena suerte y la mayoria salieron a flote sin problemas. Niño Hombre se coloco como ilustre funcionario de Renfe, con un hijo caricatura de si mismo, McCuello llego a farero de buena vida en Marbella, Chicho a Marques de Santa Engracia, el Buche super-agente secreto del CNI, Opi trabaja de técnico en el hospital, y Jose Carlos es maestro con buen destino. En la vida la suerte es caprichosa y no se reparte por meritos. Cuando yo me quejaba a mi padre de que me daba el mismo dinero por las buenas notas que a mis hermanos que las sacaban peores, el me contaba la parábola del hijo prodigo. Pues la Naturaleza es asi de imprevisible, trabajas, haces meritos, intentas ser honrado, pero los premios nunca estan garantizados. Es la desproporcion natural porque todos somos humanos. Con treinta años esto me sacaba de quicio, ahora lo veo como una realidad comprobada como el invierno y el verano. La vida regala, simplemente, lo que le

da la gana. Pero con lo que, por suerte, no pueden los vaivenes de la diosa fortuna, es con el optimismo y las ganas de vivir. Eso es el pequeño trozo del pastel que me ha tocado, y con lo que conformo.

El Niño Malo (5)

Ese verano los Turcos llegaron calientes y con ganas de liderazgo. Planearon las vacaciones para dar caña, no solo a los Komandos, sino tambien a los del pueblo. Manolo compro una bolsa de rotuladores, y ordeno a todos hacer pintadas para acojonar a la competencia. Contra nosotros no iba la ofensiva, porque ese tipo de maniobras ya eran conocidas. Pero ellos comenzaron a llenar la zona de la Torrecilla de mensajes para los del lugar, advirtiendo que se preparasen, por que El Turco habia llegado, y firmaban como la Banda del Turco. Los provocaban con insultos e intimidación, los llamaban paletos, y al poner tantos carteles, parecia que el numero de Turcos se habia multiplicado por diez. Asi pasaron dos semanas, y nosotros nos empezamos a reir de la chorrada que habian inventado para perder el tiempo.
Un dia de poniente me levante mas pronto de lo normal, y al abrir la ventana, la impecable valla encalada de la casa de enfrente estaba emborronada con el siguiente mensaje,

TURCO, TE ESPERO HOY EN LA PLAYA A LAS NUEVE

EL NIÑO MALO

Desperte a Manolo con una cínica sonrisa, y le enseñe la sorpresa del desayuno. Yo me reia, pero el se puso serio, y llamo a Grotex enseguida. Supongo que semejante desafio no se lo esperaban, y empezaron a averiguar quien era el

Niño Malo, lo fuerte que pudiera ser, y con quienes iba. Tenian hasta la noche para recoger información, y parecian nerviosos. No era un buen dia para los Turcos, desde luego. Al salir a la calle se sentian observados, y temian una emboscada en algun callejón. En realidad, los Turcos eran bastante cobardones, y el farol que se habian marcado les podia salir bastante caro. Ademas, si no iban a la playa a las nueve, las consecuencias podian ser incluso peores.
Niño malo era muy fuerte porque hacia culturismo, y tenia una pequeña cabecita que sobresalia sobre una torre de musculos. Su gesto era risueño, pero intimidaba, porque no estaba claro que habia detrás de aquella sonrisa maléfica. Sus brazos eran dos grandes tenazas, y usaba camisetas estrechas que resaltaban su tronco. Los que iban con el eran normales, pero nada despreciables, y los Turcos decidieron ir a la playa con el objetivo de negociar una tregua y retirar las pintadas.
Resulto buena idea, porque después de intercambiar algunas frases se hicieron amigos, y aquí no pasaba nada. Mas aun, para celebrar el armisticio, compraron dos kilos de detergente y se fueron a echarlos a la fuente de la plaza del paseo. Se habia juntado el hambre con las ganas de comer. Pronto el Balcon de Europa se lleno de nubes de espuma, y tanto la Banda de Niño Malo como los Turcos, paseaban por los alrededores con gesto de ironia, mientras la gente contemplaba la fuente como llena de merengue blanco a la hora del barullo.
Los Municipales bajaron corriendo a cortar el agua y quitar la espuma, a la hora que tenian para el descanso. Lo que empezo como pelea entre dos bandas, acabaron pagándolo los funcionarios del Ayuntamiento. No me olvido del cabreo de los Municipales ese dia, ni de los trozos de espuma sobrevolando el Balcon.
Asi comenzo nuestra amistad con los del pueblo, y hubo varias misiones conjuntas, sobre todo con los Turcos. Niño Malo resulto un colega simpatico, e incluso nos dejaron ligar con algunas pibas de su grupo. Siempre que nos

tropezábamos con ellos habia un intercambio de información, y un par de gestos de saludo. Al final, nunca paso nada.
A Niño Malo se lo llevaron las drogas en los años ochenta, como a mucha buena gente joven del pueblo. No tenia especial amistad con el, pero cuando me acuerdo de las gamberradas en equipo, me duele mucho que no este ya con nosotros. Su sonrisa de forzudo viene asociada a la valla en la que decidieron poner jaque al Turco esa mañana.

Los Zuris (6)

La familia de los Zuris no era muy diferente de la mayoria de los del lugar. Varios hermanos, muy morenos, bajos pero fuertes, y todos parecidos. Tenian buen sentido del humor y eran simpaticos, con el acento propio del pueblo, pronunciando fuerte las zetas, que nosotros habiamos aprendido a hablar desde los diez años. Al principio de la crisis economica de finales de los setenta, varios edificios se quedaron construidos a medias. Al lado de la playa habia un inmenso hotel estancado en las armaduras de hormigón. Ellos se colaron en las plantas de abajo, y pusieron un negocio de alquiler de caballos, por llamarlos de algun modo. Un burro blanco y obeso entrado en años, varios caballos famélicos, y otros inclasificables que no se sabia si eran mulas o caballos venidos a menos. Sin embargo, los veraneantes acudian al negocio para darse un paseo a lo largo de la playa, mientras el caballo resabiado ignoraba sus tirones de riendas y trotaba a su aire. Los Zuris reunieron algun dinero con ese asunto, y a los dos años alquilaron un local al principio de la cuesta de la playa, justo debajo de nuestros edificios.
Ni siquiera pintaron las sillas y mesas de la terraza, que se quedaron en madera cruda. Pusieron al bar de nombre El Zuritin, lo que dio nombre a su familia entre nosotros. Encontraron en nuestro grupo su fuente de ingresos, porque

al cerrar la mayoria de los bares a las doce, ellos seguían abiertos. Poco a poco fuimos formando un mogollon compacto de gente que llenaba la terraza hasta las tres o las cuatro, sin hora fija para cerrar. Todo era informal, y los precios variaban según nuestro bolsillo y el acuerdo al que se llegaba. Los Zuris se hicieron nuestros amigos, y compartiamos mesa y cubatas mientras ellos atendían a los otros clientes, si los habia. Alla se jugaba a los dados, echábamos partidas de domino y cartas, y los Komandos, Turcos, y Malditos convivian asombrosamente sin guerra civil hasta la hora de la piltra.

A finales de agosto la cuesta de la Torrecilla se quedaba sin coches, y empezaba a soplar un viento fresco, que con el silencio, hacia la noche agradable. La mayoria de los veraneantes ya se iba, y nosotros eramos dueños de aquel chiringuito cutre e improvisado. Ellas se reunian en algun extremo a comentar quien se porto mejor la noche anterior, y nosotros nos contábamos las movidas que habian pasado a lo largo del dia. Todo ello con anises con hielo, rusticos cubatas de ginebra de garrafa, y algun que otro peta. El intervalo duraba quince dias, hasta que empezábamos a volver a Madrid para preparar los examenes de septiembre, o trabajar los que ya estaban colocados.

Esas noches de fin de verano, se hacia sumario de las vacaciones entre todos, comentando lo que pudo ser y no fue, o las anécdotas mas divertidas. La tranquilidad con que se cerraban julio y agosto en aquella terraza, es mi ultimo buen recuerdo del pueblo. Después acabamos las carreras, y el duro latigo de la vida empezo a demostrar que la Universidad es un paraíso comparado con lo que viene luego. Un par de veranos después, se empezo a construir masivamente, el local de los Zuris se sustituyo por un pijotero snack-bar, y la imagen del pueblo cambio por completo. Yo ya trabajaba en verano y apenas iba quince dias de vacaciones.

Los Zuris hicieron dinero con este y sus otros negocios, de lo que yo me alegro bastante. Alguna vez nos cruzamos con alguno de la familia, y parece que no cumplen años. Conservan la mirada picara de cuanto te voy a clavar por el cubata, y nos contamos algo gracioso sobre nuestras familias. Ellos marcaron nuestros años de Universidad, y esa estupenda etapa de la vida en que hay tanto futuro por descubrir. Turcos, Malditos, y Komandos seguimos siendo sus amigos.

Sexo en los Lavabos de Heathrow: Inglaterra Cañi

Cuando llegue a Inglaterra comence a darme cuenta poco a poco, y al pasar varios meses en la Universidad, ya era un hecho cierto. Un Don Nadie que era un investigador competitivo, estaba rozando los intereses de los cuatro caciques académicos y sus familias. Como en Madrid, Finlandia, y cualquier otro sitio. Los cerebros independientes llegan a mosquear incluso a los polis y el personal de seguridad, tan preocupado por mantener el status quo. Sin duda, los de seguridad intentan controlar todo lo imprevisible, y con capacidad para obtener los puestos reservados a pepito y fulanito. La vida es asi, yo no la he inventado.

De todos estos defensores del monopolio, los que mas destacan son los polis de los aeropuertos. Cuando no me registran el equipaje mirando hasta dentro de los estuches de las gafas, me hacen fotografias en el duty-free. Otras veces se pasean, repetidamente frente a mi y con orgullo de placa, los polis con superporras y otros inventos intimidadores colgados del cinto, mientras ponen un gesto solemne de defensores de los intereses del estado intervensionista. Pero las mas graciosas son las chicas-poli del duty-free y los anexos del aeropuerto, y conste que yo en el fondo las adoro. Siempre con un bolso colgado del

hombro, y su vestimenta informal pero discreta, estas chicas-poli me provocan media sonrisa de complicidad cuando empiezo a darme cuenta de quien pueden ser. Un amor platónico imposible en el siglo veintiuno de la seguridad.
En esto que voy a coger el avion a Los Angeles en Heathrow, para soltar un soporífero discurso en una Conferencia. Era una estupenda mañana de Julio, y antes decido aliviar mi vejiga prostatica para embarcar tranquilo. Pero los servicios no tenian puerta, y no existia una clara separación con el pasillo de entrada, todo estaba a la vista. Una chica-poli me siguió, y quiso comprobar mi nivel de seguridad dentro del reservado, en cumplimiento del deber. Claro, se topo de narices con mi herramienta en primer plano, y en seguida saco la cabeza hacia fuera con un brusco giro de cuello. Quien busca donde no debe, se encuentra lo que no quiere, por lo menos de mañana y en horas de servicio. Yo levante la barbilla, arrugue la frente, y me salio una mezcla de gruñido y risa contenida. No, no habia entrado al servicio para vender microfilms de secretos industriales, ni entrevistarme en secreto con algun agente de la inteligencia. Mucho menos para conspirar contra su graciosa e inteligente Majestad, a la que tanto respeto y venero. Pako entro simplemente para quitarse el lastre liquido sobrante. Fueron unos segundos simpaticos antes de pasar de nuevo todos los controles. En ese cuatro de Julio, dia de la independencia de los Americanos, la chica-poli habia encontrado una pista util sobre el origen de la humanidad, con morbo incluido.

En la soledad del avion, pasando por Groenlandia al amanecer, comence a pensar en el asunto con sentido del humor. En Inglaterra se mira y cotillea absolutamente todo. Es el pais de las camaras ocultas y de los paparazzi. Se publica con quien perdio la virginidad tal actriz, lo que se mete por la nariz ese político, y las amantes de cualquier magnate. Existe una especie de obsesion colectiva por saber la vida del vecino, hasta el punto de que cuando no se encuentra nada, la prensa se lo inventa, y de paso tambien los polis. La mayoria de las veces yo me lo tomo con risa, pero hay otras que incluso asusta. Madrid es un pueblecito comparado con el mogollon de Londres para estos asuntos. Si alguna chica-poli esta interesada en mi herramienta, estoy seguro de que podemos llegar a un acuerdo. Pero de lavabos en aeropuertos, nada de nada. Eso es para las películas de Hollywood y los atletas. Yo ya tengo muchos años, aunque me queda bastante polvora aun. Podemos tomar un café con tranquilidad, y charlar, conocernos un poco, aunque no nos vayamos a volver a ver, para luego entrar en faena. Antes de llegar a la edad de la viagra, una aventura con una chica-poli haria mi vida mucho mas picante. Al fin y al cabo, lo digo de nuevo, yo las adoro, aunque no nos comprendamos. Yo las regalo mi perforadora a cambio de tranquilidad para estudiar matemáticas y preparar alguna publicación. Lo digo con toda sinceridad, un pacto de mutuos beneficios. Y mientras tanto que La Inglaterra Cañi siga su vida cotidiana, que tanto papel y tinta produce.

Bedel del Aula 3

Con diecisiete años entre en la Facultad de Medicina en una de las etapas mas difíciles y confusas que recuerdo. Era 1976 y el principio de la Transición, unos años de crisis economica y muy revueltos. La ciudad Universitaria estaba

completamente destartalada, y Medicina tenia partes medio derruidas, e incluso señales de la guerra civil en algunos muros. Siendo una Facultad elegante y señorial, contrastaban en su imagen las aulas con enormes goteras, bancos estropeados, y grietas con desconchones de pintura en muchas partes. El bar tenia mesas con el tablero desprendido, pero magnificos bocatas de tortilla de patatas. La calefacción no se si funcionaba, y la primera clase a las

ocho te helaba las piernas, con el aire seco y penetrante de Madrid en los bancos de arriba. Yo venia con formación de ciencias, y al empezar a estudiar de memoria todo me resultaba difícil. Ademas habia que ser muy rapido al soltar toda la información en los examenes. No sabia si me gustaba Medicina, y afortunadamente tome la dura decisión de que lo que se empieza se acaba, cueste lo que cueste, y luego ya veremos. De algo habria que comer en el futuro, por si acaso.
Iba tan encebollado, que ni siquiera era consciente de que viviamos un trascendental tiempo bisagra, entre una dictadura que se acababa, y la democracia que venia. Estabamos acostumbrados a ser dirigidos en todo, y yo creo que nunca he aprendido y asimilado completamente como manejarme en libertad. Eso es tal vez por la rigidez autoritaria de nuestra infancia, tanto en el cole como en casa. Sin embargo, aquel tipo de educación nos hizo a los baby-boomers españoles duros, ordenados, y resistentes, no todo es blanco o negro.
La Universidad estaba muy revolucionada, y los grupos radicales de izquierda manejaban a los estudiantes a su antojo, con el apoyo de muchos profesores. Rara era la semana que no se iba a Moncloa a manifestarse o protestar, con unos antidisturbos que arreaban duro porque estaban en fase de aprender a manejarse en la nueva epoca. Siempre aparecia alguien en clase proponiendo una asamblea, o montando cualquier tipo de discurso. Es decir, que en mi cabeza estaba una carrera que no me convencia, una Universidad revuelta e incomprensible, y en general un ambiente social totalmente distinto al que habia vivido, en nuestro barrio aislado del resto de Madrid, hasta los diecisiete años .
Asi las cosas, a primera hora teniamos Anatomia Clásica en el Aula 3, y a las ocho y diez empezábamos a dibujar y anotar hueso por hueso, musculos, arterias y nervios, sin parar hasta las nueve y cuarto. Nunca habia dibujado, y tuve que aprender a base de miedo al suspenso, y prisa por coger bien los apuntes de la pizarra. Elena y Nati eran las

amigas y compañeras de banco mas cercanas que tenia, y en general teniamos una buena relacion. Al llegar a menos cinco, apuraba el ducados lo mas rapido posible, y organizaba los apuntes y los lapices de colores en el tablero, mientras abajo aparecia el bedel del aula, con el borrador, las tizas, y alguna gamuza. Era mas bien alto para lo enanos que eramos los españolitos de aquella epoca, robusto y canoso; con porte elegante y serio, vistiendo la chaqueta azul con galones dorados en las mangas. Encendia su pitillo sin filtro mientras ordenaba la mesa, controlaba los alrededores y la manivela de la pizarra, y se retiraba a su oficina cuya puerta estaba en una esquina del aula. Todos los dias igual, de lunes a viernes. Lo miraba con envidia por su tranquilidad, mientras yo esperaba empezar el mogollon mental de la clase. Daba lo mismo que el mundo se hundiese, el bedel se fumaba su cigarrillo con parsimonia, tal vez pensando en el partido del proximo domingo y la quiniela que estaba haciendo en su oficina. Sinceramente, esos cinco minutos le hubiese cambiado el puesto, por la buena vida que se pegaba. Era lo que yo no tenia, ni tan siquiera los sabados.

Nati era morena, fuerte, con ojos muy negros, decidida y rapida. Le metia mano al cadáver en las practicas con la soltura de estar preparando la carne asada de la cena de Navidad. Elena era muy femenina, guapa, con labios sensuales, bajita pero muy bien proporcionada. Tenia la nariz respingona, y se daba cuenta de ello presumiendo con sus gestos. Al acabar la clase de Anatomia nos quedábamos charlando, a la vez que apuntabamos lo que no habia cogido a cada uno. Un dia surgio el tema de la especialidad al acabar la carrera, que a mi se me hacia siglos adelante. Nati queria ser cirujano, y Elena creo que Medicina Interna. Soñabamos con ser medicos afamados y de buena clientela. A ellas les gustaba mas el dinero que a mi, porque yo solo pensaba en saltar la valla del dia siguiente. Cuando me preguntaron por mi plan de futuro, no dude en responder que bedel del aula 3. Se carcajearon, y me pidieron explicaciones. Yo les dije simplemente que queria vivir tranquilo como ese señor, y estudiar y leer lo que me apeteciese en su cuarto de la esquina del aula. Estuvieron haciendo chistes y riéndose de mi con el tema durante dos años, sobre todo Elena, que era la mas ambiciosa de futuro. No creo que quisiera de verdad ser bedel del aula 3. Simplemente, estaba buscando una escapatoria en esa epoca confusa. Tampoco era el unico que se sentia atrapado. Todos tenemos nuestro sueño de otra vida mas tranquila al salir de la reunion del lunes, y contemplar unos minutos con la mirada perdida las plantas del pasillo junto a la ventana. Unos quieren poner un negocio en la costa, y otros irse a vivir a otra ciudad que al final sera lo mismo. El viaje a los Mares del Sur permanece en la mente de cada uno para poder enfrentarse con la rutina. Los videojuegos, una partida de domino en el bar, o un paseo al volver del trabajo mirando escaparates, solucionan con facilidad el asunto. Hay que abrir puertas mentalmente en el espacio y el tiempo. A nuestro cerebro le sobran recursos para vencer el tedio.

Isabel Morales y Blanquito (1)

En la calle Moreno Nieto habia un convento de monjas que regentaba el colegio de la Parroquia de Santa Maria de La Cabeza, un par de calles mas arriba. Las monjas se ocupaban de la educación de los pequeñajos, y creo que lo hacian aceptablemente. Al llegar los Cuellos a vivir al barrio de Virgen del Puerto, mi padre decidio que ya era hora de mandar a los de la linea del frente, mi hermana y yo, al cole a buscarse la vida, y alla que fuimos. Mi hermana Pilar tenia un desarrollo fisico mucho mayor que yo, a pesar de que solo nos llevábamos un año. Por eso me agarraba y manejaba a su antojo, un tanto posesivamente. Yo en general me lo pasaba bien con ella, aunque a veces me agobiaba un poco de lo pegajosa y entrometida que era. Nos pusieron juntos en la clase de mi hermana, porque ella no queria que estuviésemos separados, a mi me daba igual. Recuerdo que las monjas eran sor noseque y sor nosecuantos, y mi padre y hermana discutian sobre la simpatia de cada una. Yo no distinguia sus diferencias de carácter, simplemente por cuestiones de altura. Es decir, siempre que charlaban las monjas con mi hermana, la sor de turno me apretujaba contra sus habitos, y yo intentaba respirar entre sus asperos faldones sobrios, limpios, y que olian a recien lavados. Por tanto, mis primeras profesoras fueron las monjas, y literalmente me inculcaron sus habitos en la cabeza, aunque con dificultades para respirar. Guardo un buen recuerdo de las religiosas, y ni considero que fuesen malas educadoras, ni recuerdo que me creasen trauma alguno. Al cabo de un tiempo las monjas decidieron que era hora de separarnos, y me sentaron con los otros chavales en un pupitre clásico, de tablero inclinado con huecos para los tinteros. Eso si que fue fantastico, plumillas, tinta, lapices de colores, e independencia para jugar e inventar lo que quisiera. Pero la diversión duro pocos meses, porque justo al lado de casa inauguraron un colegio militar para párvulos y bachiller, y mi padre nos cambio inmediatamente.

Los párvulos estabamos en un pequeño edificio que daba a un patio grande de tierra, o muchas veces barro cuando llovia y tardaba en secarse. Otra vez mi hermana hizo uso del libro de familia, y me asignaron a su mesa con sus compañeras. Eran pupitres triangulares que se unian para formar hexágonos, de modo que trabajábamos todos juntos sentados alrededor de la mesa. Isabel Morales era morena, extrovertida, y siempre me sonreia con bonitos dientes brillantes; ella me puso el nombre de Blanquito. Eso era por el color de la cara, un poco redondeados los mofletes, y el babero de rayas algo mugriento con el ultimo boton abrochado. Las amigas de Isabel se sentaban alrededor de mi, provocando incluso los celos de mi hermana. Me

prestaban lapices, algun boli, porque apenas habia rotuladores, y nos pasábamos horas con la plastilina inventando figuras. Yo me lo pasaba bomba, me sentia como Hugh Hefner en la mansión Playboy, pero a nivel de párvulos. En el recreo ibamos a comprar un paquete de restos de patatas fritas por una peseta a un vejete que se llamaba el patatero. El iba a la churreria a recoger los resquicios sobrantes de patatas fritas que quedaban en las sartenes y los mostradores, los empaquetaba en cartuchos, y nos los vendia tras la reja del cole. Nosotros nos empujábamos unos a otros para que nos hiciera caso, y pasar la moneda y el cartucho por los huecos de la alambrada. Los pudientes compraban manzanas cubiertas de caramelo rojo, y a veces nos dejaban echar un bocado. Fueron seis meses dorados, hasta que de nuevo un dia llego la maestra y me puso con el grupo de los chicos. Ahí ya tuve que empezar a luchar por la supervivencia y mantener mi territorio, la buena vida se habia acabado.
No comprendo exactamente los motivos, pero cada vez que recuerdo como me apreciaba ese haren que tuve por seis meses, me viene una sensación de felicidad casi física del estomago hacia arriba. Isabel Morales me dejo una huella positiva de buenos sentimientos, y cuando pienso en esa epoca, con su cara sonriente preguntando que quiero para dibujar, me cambia hasta el humor. Le tiene que pasar a casi todo el mundo. Lamentablemente hechos de este tipo no me han vuelto a suceder, tan solo por algunas horas como máximo, pero es suficiente. Tampoco hay que pensar que los chollos duran para siempre. Cuestion de estar atento para buscar una escapada cuando llega la maestra.

El Ladron de Cuentos (2)

Debia ser por los siete años cuando empece a leer y comprender casi todas las palabras de los cuentos para chavales, aunque con dificultades. Lo que mas me gustaba y

entendia eran los dibujos y esquemas, pasaba tardes completas repasando las imágenes de los tomos de Walt Disney que nos dejaban los Reyes Magos en Navidad. Sobre todo cuando acababa el curso, y las tardes de Julio se hacian tan largas, con apenas tres o cuatro alternativas para jugar, y un puñado de galletas con mantequilla. Pero recuerdo esa epoca con mucha intensidad, por el gran impacto que hacian en mi imaginación todas esas historias infantiles, el Pato Donal, el Tio Gilito, Pluto y compañía; todo era un mundo de evasión con aventuras distintas.
Después de comer ya nos dejaban salir a la calle del barrio solos, y yo me sentaba en los escalones del estanco de la esquina, a comer pipas mirando la gente. Al lado estaba el escaparate con cuentos colgados de pinzas y cordones detrás del cristal, pero sin estar muy sujetos. De tanto mirarlos me di cuenta que la puerta del Estanco no cerraba del todo, y la mano cabia por la rendija. Entonces me quedaba quieto largo rato, esperando el momento de charla de los clientes con la estanquera para agarrar un cuento y mangarlo con disimulo. Logre reunir una buena colección de contrabando, hasta que un dia mi padre empezo a preguntarse de donde sacaba ese niño tanta bibliografía. Fue a hablar con la estanquera, y confirmo sus sospechas. Me arrastro de las orejas hasta llegar al estanco, y delante de la señora me obligo a pedir perdon y prometer no volver a hacerlo. De rojo y avergonzado que estaba apenas pude decir cuatro palabras bien, y la estanquera conmovida le indulto a mi padre la cuenta de todo lo robado. El chollo se habia acabado, y me puse a trabajar al dia siguiente para conseguir lectura y diversiones nuevas durante el resto del verano. Nunca volvi a mangar nada, ni siquiera polos de a peseta.
Sinceramente, no me considero culpable por eso, fue lo mismo que cuando robaba comida de la nevera en Finlandia, simplemente porque tenia hambre, o cogia los platos casi completos que dejaban los estudiantes Fineses sin acabar. Lo que si me arrepiento es de no pensar

soluciones diplomáticas para solucionar el hambre de lectura o de papeo, eso si que es un fallo. Ahora, cuando veo a mis sobrinos leyendo les animo a seguir, y a veces me acuerdo del escalon del Estanco en esos veranos que no pueden volver. Cuanto echo de menos a Goofy y sus amigos en mi imaginación.

La Colina del Rif. El Intervalo de Despegue

Cuando mi bisabuelo se arruino, su hijo, que era mi abuelo, estaba en los cursos de ingreso para la Escuela de Ingenieria Industrial, según los papeles que he podido encontrar. Saco a su hijo del Colegio Preparatorio, lo llevo a la estacion, y le solto dinero para mantenerse, la pension, y la matricula del examen de la Academia Militar. Al despedirlo junto al tren, le dijo que solo tenia fondos para una oportunidad, es decir, buscate la vida como puedas hijo mio, que esto es lo que hay. A pesar de un par de zancadillas, mi abuelo aprobo el examen y empezo su carrera Militar con la Ingenieria entre sus recuerdos. Llegaria hasta General de División, por dos motivos principales: era listo y honrado, y en la guerra opto por el bando de los vencedores. Tuvo la suerte de cara casi toda su vida, quitando algunos inconvenientes. Lo apartaron entre los moribundos cuando tenia la barriga llena de metralla y peritonitis, pero asombrosamente sobrevivio a la situación. Nunca, por mas que yo le insistia, me contaba sus andanzas en el frente. Ni de la guerra de Marruecos, ni de la Civil. Era extremadamente reservado para los asuntos profesionales. Conmigo no se comportaba como un militar. Me enseñaba y preguntaba Química, Matemáticas, y Geografia. Tenia libros de Geometria, Algebra, Ingenieria, y un gusto especial por regalarme brujulas. Tal vez me vio despistado desde el

principio. Su pasión eran las palomas, y hasta en el balcon de su casa instalaba palomares improvisados. Tolerante, cariñoso, no solo conmigo, sino con todos sus nietos y familia. De muy buen humor casi siempre, buscaba continuamente el lado positivo de todo. Cuando le he buscado inconvenientes apenas he encontrado alguno.
Después de muerto, empezaron a caer en nuestras manos datos y cartas sobre su vida en la guerra. La mas interesante contaba que cuando era capitan, tenian que asaltar una posición en la cumbre de una colina. Mientras subian la pendiente, les llovia plomo y metralla desde arriba. Al ver que sus hombres no avanzaban, se puso de pie pistola en mano, y empezo a subir el primero monte arriba. El sargento le gritaba que se agachase, y mi abuelo contesto que si lo hacia, nunca llegarian arriba. Tomaron la posición con pocas bajas, aunque les costo trabajo. Supongo que historias de este tipo debe haber a cientos en todas las guerras. No hay una demostración especial de valor en este caso. A mi lo que me interesa son los momentos en que decidio ponerse en pie sabiendo lo que arriesgaba. Es el Intervalo de Despegue, entre lo normal y lo extraordinario, o lo lógico y lo aparentemente ilógico. Físicamente, es lo que se siente cuando el avion despega las ruedas de la pista.
Lo mismo pasaba cuando el Buitre comenzaba un movimiento imprevisible, y el bronco rugido del Bernabeu cambiaba el tono por unos instantes. O Ronaldo que se inventaba una jugada donde no la habia, Cruyff desbordando la defensa a golpe de velocidad, Messi pasando uno tras otro, y tantos casos geniales. Perico los dejaba clavados en segundos de un astuto golpe de pedales en el Alpe D'Huez, cuando nadie se lo esperaba. Igual sucede en otras profesiones, cuando quien menos se supone surge con una idea nueva que hace callar al resto en la reunion, o incluso en el teatro con las improvisaciones. No entiendo cuales son las claves entre la situación inicial y el despegue cuando esto se produce, lo que me consta es que es mas propio de los humanos que de los animales. Es mas

bien una explosión de creatividad que ganas de presumir. Cuanto me hubiese gustado saber mas de mi abuelo sin tener que rebuscar papelotes. Hubiese aprendido mucho.

Las Palomas de Marques de Valdecilla

En el barrio de Malsaña, la Complutense tenia una antigua biblioteca con su nombre, que ocupaba dos o tres plantas de un tipico edificio viejo de esa zona de Madrid. Al llegar los segundos parciales por Mayo, iba alla todas las tardes a hacer problemas para preparar los examenes, e intentar encontrar algun libro que fuese util. Eran los años 92, 93, y 94, oscurecia mas tarde, y ya se podia ir en manga corta a la entrada del verano. Marques de Valdecilla era una biblioteca llena de mesas grandes de madera, funcionales, y ya bastante desgastadas. No era raro encontrar desconchones en las paredes o ventanales que daban al patio y no siempre cerraban bien. En la escalera un par de cuadros renacentistas, y un grupo de funcionarios gruñones de la Universidad que estaban hasta las narices de unos estudiantes que les robaban hasta las papeleras.
Llevaba los apuntes, los libros, y un par de bocatas de atun con tomate. Poco a poco empece a rebuscar entre los estantes, y encontrar libros que parecian extraños al principio, pero eran autenticas minas de soluciones. Asi una tarde de suerte descubri a Ralston y el Calculo Numerico, junto con numerosos panfletos y monografías de Mecanica, Automatica, y Matemáticas en general. Al final me di cuenta de que alli habia de todo, y simplemente era cuestion de encontralo con paciencia. Era lógico que la biblioteca se llenara hasta los topes antes de los parciales de Febrero tambien.
La hora del descanso me iba al callejón contiguo, donde habia un bordillo amplio, a devorar los bocatas con

tranquilidad. Las palomas me rodeaban pidiendo migajas, y yo cada tres bocados las echaba un trozo de pan que cazaban entre peleas. Nos hicimos excelentes amigos durante esos meses de examenes, y no dedeñaba en absoluto su compañía, mientras pensaba en los errores que habia cometido durante el estudio. Después del bocata me acercaba al bar de la esquina a por un café, y el dueño me lo ponia a regañadientes, mientras miraba la caja registradora de reojo. Llevaba el pelo muy corto, las mangas remangadas, y en ese barrio nadie se fiaba de los desconocidos. Mientras disfrutaba del cortado, echaba un vistazo al Giro, porque era la epoca de Indurain y los suyos. Las nenas progres con dinero de Malsaña pasaban luciendo palmito, y después de ver una o dos volvia al hoyo para seguir la tarea. Me encantaba esa rutina.

Al volver a casa de paseo por la calle San Bernardo, sobre las nueve, me dedicaba a disfrutar del Madrid Antiguo antes del verano. Mucho ruido de bencejos, y la gente que ya salia de compras por la tarde aprovechando el buen tiempo.

Pues de pronto nos dijeron que la biblioteca se cerraba para convertirla en archivo. La mina se clausuraba, y las tardes de estudio en Malasaña tambien. Creo que ni siquiera hubo protestas entre los estudiantes, el lugar de trabajo y reunion desaparecio el año 95. Pasa con todo lo bueno, parece que durara siempre, y de repente se acaba. Cuando mejor funciona un matrimonio, surgen los cuernos. Los mejores amigos de la Universidad llega un dia que se piran, y las nuevas reformas que empiezan en tu casa te obligan a cambiar de piso cuando menos te lo esperas. El ultimo telon, supongo, es ser un pensionista feliz que disfruta de su descanso, hasta que de pronto se acaba la película. A mas años que cumplimos la vida se saborea mejor, pero enfrente siempre esta el aviso de que las despensas no son para siempre.

Supongo que los que vayan al archivo de Marques de Valdecilla, algun dia se tropezaran con los fantasmas de estudiantes agobiados por los parciales, y buscando libros en las estanterías.

Las Visiones Misticas del Colegio Almirante

Redondo era muy alto, fuerte y elegante. Casi pijotero, porque en 1975 usaba castellanos y tenia un abrigo Loden hasta para ir a clase. Incluso iba a Princesa a ligar los sabados y domingos con el Trompo, los dos igual de bien vestidos. Excelente jugador de baloncesto, siempre bien peinado y con asombrosa habilidad para camuflar cualquier truco. Gran sentido del humor, y sobre todo capacidad para disfrutar de todo. Reconozco que habia momentos en que me acomplejaban sus habilidades sociales, y aptitud para improvisar sobre la marcha. En sexto bachillerato, el año mas duro, yo me dedique básicamente a estudiar y competir por los primeros puestos. El poco tiempo libre que tenia lo dedicaba a leer a Mark Twain en los recreos, cuando no habia pelota de plastico para echar un partidillo. Eramos tan diferentes, que nos caiamos bien el uno al otro, porque nos unia el sentido del humor y comentar todo lo gracioso que pasaba. Las astucias de Redondo llegaban hasta colarse en el colegio por la noche para mirar las notas de los examenes, o espiar a los profesores en los descansos cuando escribian las preguntas del examen. Con la edad fue mejorando en calidad, y en los ejercicios de guerrilas de verano en la Academia Militar, rodeaba al grupo enemigo de noche con tiras de pertardos, haciendolos creer poco menos que estaban ya completamente asediados.

Total, que tan sobria era mi vida en la clase que cuando en Literatura llego la etapa de los Místicos San Juan de La Cruz y Santa Teresa, el Largo resolvió apodarme el Mistico. El mote se extendio incluso hasta el colegio femenino Almirante, contiguo al nuestro. Decian que iba para

sacerdote, pero creo que mas que cura, siguiendo a Machado, hubiese sido un buen Sacristan, pero sin chorizear el vino de la Sacristía. Aquello era franquismo puro y duro, los niños con los niños, y las niñas con las niñas. Sin embargo, a veces habia que entrar en el Almirante para encontrar un aula vacia, o hacer algun examen mas separados. Eran momentos de relax durante el aburrido invierno Madrileño.
Margarita A era alta, de magnifico pelo moreno brillante, con figura y piernas de vertigo. Como todas las bellezas perfectas, un tanto fria y distante, imponia respeto para acercarse a ella. Vivia en el portal de la esquina de al lado, y nuestra relacion se limitaba a cruzarnos de camino a clase a las nueve de la mañana. Yo siempre la vi como algo demasiado inalcanzable. Esa mañana hubo que cambiar a un aula del Almirante para ver diapositivas, creo. Al pasar por un recodo del pasillo, me tope de bruces con Margarita A, la falda subida hasta la cintura, recomponiéndose y ordenando sus magnificos interiores. Pasaron cinco minutos hasta que pude codificar la imagen en mi cerebro, menudo flash.
Cuando se lo conte a Redondo al principio no me creia, pero poco a poco empezo a levantar las cejas y contraer el gesto de excitación, la verdad todos estabamos muy salidos por esa epoca. En seguida asocio mi mote con lo sucedido, y empezo a correr el rumor de que yo habia tenido una Vision Mistica al estilo de San Juan de La Cruz, pero con Margarita A. Aquello no podia ser real, decian al principio. El suceso se hizo famoso, y al salir de clase nos sentabamos en un corrillo en el patio, y Redondo me pedia que contase la Vision con lujo de detalles. Todos en silencio y con una media sonrisa de quinceañeros salidorros, alguno al final me preguntaba otro detalle añadido. Cuando estaba de buen humor le echaba imaginación y arte al asunto, de manera que la Vision Mistica se convertia casi en un relato erótico. Después de dos semanas llego la tercera evaluación, y todos nos sumergimos de nuevo en la monotonia del curso.

Asi pasaba la vida durante el bachillerato, y anécdotas de este tipo nos hacian romper con la rutina y pasar un buen rato. Lo que aprendi de alucinaciones parecidas, con el paso del tiempo y una buena dosis de calabazas, es ver el tema con mas sentido practico y menos chascarrillo de taberna. Es decir, cuando te gusta una chica, lo primero que hay que saber seguro es si te gusta mucho, y luego decirselo cuanto antes de modo logico. Las empanadas mentales son de la epoca del patio del cole, y la imaginación es para cosas utiles y divertidas. Ademas, creo que a ellas les gustan mas los hombres que hablan que los que se dedican a convertir las Visiones Misticas en temas esotericos.

El Operario Anonimo del Hospital de La Reina

El comedor del Hospital de La Reina es como cualquier otro de los grandes hospitales. Decoración relajante, funcional, limpio, y ordenado. La comida excelente, sin trucos gastronomicos, y de menu saludable casi siempre. En las mesas del fondo, se puede disfrutar del almuerzo a la vez que convives con la gente y demas posgraduados. Unos leen, otros trabajan con el portátil entre bocado y bocado, o bien repasan papeles para cualquier cosa. Nada especial, un ambiente comodo sin conservantes ni colorantes excesivos.
Fui asiduo a este comedor, no solo por la buena comida, sino tambien para cuidar mi salud, durante dos años. Luego la beca se acabo, y tuve que volver a la cueva y las latas. Habia un Operario del hospital, que aparecia sobre las doce con su periodico y el tupper. A veces vestia el mono azul de trabajo, era medio calvo, pelo canoso, y grandes patillas y cejas oscuras. El Operario Anónimo se sentaba solo en una mesa, y comia pausadamente hojeando el periodico. Su

aspecto era de lo mas comun, y podia confundirse con muchos similares. Sin embargo, el Operario Anónimo destacaba por su tranquilidad y aspecto relajado. Parecia como si le diese igual cualquier desastre imprevisto que pudiese ocurrir en el hospital mientras vaciaba su tupper. Si dos chavales de la mesa de al lado corrian alrededor jugando y gritando, ni se inmutaba. A veces se sentaba con otro currante de mono azul, y charlaban en tono bajo durante la comida.
Durante todo este tiempo, el Operario Anónimo se convirtió en una señal inequívoca de que ese dia el comedor estaba tranquilo, y no pasaria nada, incluso al volver al Laboratorio para seguir la tarea. Las personas se clasifican en dos grupos principales con respecto al estrés. Unos lo provocan, como el jefe o los competidores, y otros lo eliminan, como la secretaria pichurron de escote atacante, o la camarera sonriente que muestra el pandero después de poner el plato en la mesa. Hay otros neutrales, que son signo de que las cosas van bien, y ese dia lo mas que se va a encontrar uno es la señora de la limpieza en el pasillo, diciendo buenos dias mientras agarra la escoba. Son mis dias favoritos en Inglaterra; invierno, bruma de dos bajo cero, calzoncillos largos calientes, y puesta de sol a las cuatro. El camion de paqueteria esta perezosamente aparcado frente al Laboratorio, y en la biblioteca los empleados charlan en grupo porque los estudiantes estan arriba leyendo. Todos estan centrados en lo suyo, y las horas del dia fluyen como un manso riachuelo. A la hora del te miras por la ventana pensando en el partido de Champions de esa tarde, y se te ocurren un par de mejoras para lo que estas haciendo. Simplemente, no pasa nada.
En esos dias el Operario Anónimo aparece con su tupper en la esquina del comedor, y se sienta dando la espalda a la multitud. Después del almuerzo seguira trabajando hasta irse a casa a las cinco. No es un trabajador especialmente brillante, pero es honrado y cumple con su tarea de lunes a viernes. Tampoco es distinto de los que beben un par de

cervezas el sabado en el pub de su barrio, mientras ven el resumen de los partidos. El Operario Anónimo es el tipo de pieza responsable de que la industria, la sanidad, y los servicios del pais funcionen, y ese éxito se lo atribuyan los políticos. Este Operario ni discute ni protesta, hace su trabajo y acepta que su jefe es el mal menor del mundo que le ha tocado vivir.
De este modo se contruyen las economias sólidas y los paises estables. Los dias en que nunca pasa nada cuando vivo en Midlands, el Operario anónimo nunca falla, poniendo su imagen de calma a la hora del almuerzo. Llego a casa tranquilo, y al caer en la cama se me cierran los ojillos en una nube de sopor hasta el dia siguiente. Verdaderamente magnifico. Ojala todo fuese asi siempre.

La Ley del Hijo Puta Maximo (HPM) (1)

El concepto es muy simple: el HPM es inalcanzable. En palabras pedantes, el HPM es el limite de una sucesion de Cauchy, por mucho que nos acerquemos, mediante Hijos de Puta Aproximados (HPAs), nunca alcanzamos el HPM. Es decir, siempre hay otro HPA mayor antes que el HPM. O dicho sin petulancias, como decia mi Catedratico de Otorrino, que despues de ingresar en la Real Academia de Medicina, un buen dia decidio quitarse de enmedio. Existen muchos HPAs, como los numeros, racionales (los mas peligrosos), o irracionales (los mejor identificables). Pero el HPM, racional o irracional, siempre esta por encima de todos.
En la historia de la Humanidad se han ido sucediendo HPAs uno tras otro. Empezaron los Faraones sangrientos enterrandose con la familia, despues los tiranos de Roma, luego llegaron los Barbaros. Los Emperadores Romanos

diseñaron un espectaculo interesante a base de fieras devorando Cristianos, mietras ellos se daban un banquete. Unos fueron mas sofisticados, otros mas salvajes, pero todos con afan de joder como ultimo objetivo. Los Chinos fueron muy sutiles y elegantes, y los Wikingos mas directos y agresivos. Los Españoles al colonizar elaboramos nuestra Leyenda Negra, incentivada y propagada por los Ingleses, que a su vez inventaron la Esclavitud Industrial de los negros africanos, y luego lo ocultaron. Los Americanos exterminaron a los Indios, y les echaron dos bombitas a los Japoneses, que a su vez utilizaron en la guerra a las mujeres Chinas como prostitutas para la tropa. Todos somos responsables, nadie puede tirar la primera piedra, porque ninguno esta libre de culpa. Vayamos donde vayamos en los capitulos de la historia, la mayoria de las peleas estan protagonizadas por HPAs. Los buenos, o aproximadamente buenos, siempre pierden en estos casos, o bien los matan. Habiamos visto toda clase de horrores, y el siglo pasado los Nazis inventaron los hornos crematorios y las camaras de gas. No niego que algunos capitalistas Judios por esa epoca se comportasen con saña. Pero la inmensa mayoria no tenia culpa de nada. Que me digan que habia hecho esa familia Judia que regentaba una tienda de ultramarinos en las afueras de Amsterdam, para acabar todos en una camara de gas. Igualmente, que tienen que ver los chavales Palestinos o Judios que juegan en el patio de su casa, para que les llueva plomo. Como me decia el Turco con sabiduria, todas las guerras son la misma guerra.

El siglo pasado ya pensabamos que habiamos acabado de ver HPAs nuevos al terminar la guerra mundial, y un buen once de Septiembre del actual, la gente se creyo que dos aviones se estrellaban contra las Torres Gemelas en una ficcion de Hollywood. El siguente HPA, Bin Laden, habia surgido. **Lupus est homo homini, afirmo Titus Maccius Plautus, y se quedo corto. Me pregunto si la secretaria de la planta 120, que lo unico que queria era terminar la jornada para recoger a su hijo del cole, y volver a casa**

para cenar y un buen kiki con su marido, estaba estrechamente relacionada con el Capitalismo Salvaje y Opresivo. En absoluto. O el contable de la mesa de la ventana por la que entro el morro del avion, y solo pensaba que esa tarde veria su partido de beisbol con una cerveza. Justos por pecadores, asi es la vida. Cuatro años despues en Madrid, un Partido invento el golpe de estado democrático (el 23F fue clásico y chapucero), preparando el 11M en colaboracion con la policia corrupta. Varios cientos de currantes pagaron caro para que la mafia del Gal volviesen al poder. Una nueva forma de ganar las elecciones se habia inventado. En mi profesion de investigador (como en todas), los HPAs constituyen la rutina diaria. El primer supervisor que tuve me lo decia cuando tenia veinte años, y yo no le hacia mucho caso. Según sus palabras, estan con el palo, afirmaba, y cuando sacas la cabeza del hoyo te arrean para que bajes. Ahora, ya viejo, me doy cuenta de la razon que tenia. Empiezan dando el hachazo en segundo de Carrera con listas de veinte aprobados sobre trescientos, y siguen en el Doctorado con sofisticadas putadas para estresar al esclavo hasta el limite. Luego vienen los convolutos para adjudicar plazas, rechazos al mandar los articulos para publicar, y despues la agonia economica al despreciar proyectos o solicitudes de becas. Una investigadora que me invitaba a comer un buen filete de vez en cuando en Finlandia, extremista de izquierdas pero afable y simpatica, me abrio los ojos cuando yo admiraba a los que estaban arriba. Decia que el de la piedra angular, o bien es un genio unico todo- terreno, o en la mayoria de los casos es un sofisticado y elegante HPA, que ha pisoteado a todos los de abajo antes de llegar al tope. Tampoco me lo creia, y llegue a Inglaterra para experimentarlo crudamente al cabo del tiempo. En lo que se refiere a la enseñanza y selección en la Universidad, tengo ideas mas peligrosas aun para el Sistema del Status Quo. He instruido poca clase, tan solo de ayudante de Laboratorio. Ademas, he pasado como estudiante, postgraduado, o investigador, mas de 25 años en diversas Universidades. Pero dando clase, todavía no he suspendido ninguno. Exigirles, mucho, porque el notable y el sobresaliente en la Universidad hay que currárselo. Pero de suspensos nada, a mis alumnos les dije una y cien veces lo que tenían que hacer para corregir los errores, y como minimo, aprobar. Se quejaban de notas bajas, pero por mi mismo no suspendi ninguno. Tienen todas las oportunidades y el tiempo que quieran para mejorar y demostrar lo que saben, o de lo que son capaces. A la Universidad se viene a trabajar todos los días 8 horas, de lunes a viernes. De este modo se construye la Economia de un país en la vida real. Es decir, al estudiante se le exige que se sepa todo el temario, o un alto porcentaje para aprobar, y además trabaje diariamente con regularidad. En los examenes se pregunta de todo, y niego rotundamente la eficacia selectiva de los exámenes en que se hacen tan solo unas pocas preguntas, escondidas y aisladas del temario. Este método es aleatorio e injusto para el individuo normal que se ha estudiado el 80% de la asignatura. Si un alumno esta acostumbrado a trabajar 8 horas de lunes a viernes, llegado un caso comprometido en el que tenga que hacer un esfuerzo especial de 24 horas, tiene todas las papeletas para resistir el reto con éxito.

A pesar de mis peleas con los Fineses, aprendi mucho de su Sistema Educativo. Finlandia, por un grupo de motivos Históricos, Culturales, Políticos, y de Equilibrio Internacional, es un País semi-independiente, y semi-definido internacionalmente (y yo espero que esto acabe con el tiempo). Una de las mas importantes soluciones que tienen ellos para afrontar este problema de identidad e independencia, en un pueblo que viene de campesinos, y aunque no nos lo parezca, muy distinto de los Suecos, es que la gente estudie y se forme. Individuo que entra en la Universidad (una vez superados los criterios de selección), lo hace para terminar la carrera, con un 90% de posibilidades, o mas.

Si no puede con una asignatura, se cambia el libro, se busca un tutor, se sustituye el examen por problemas, o en todo caso los Profesores se reúnen para buscar una solución alternativa. Los Fineses me demostraron con su comportamiento y hechos, insisto, a pesar de mis desacuerdos con ellos, que los cerebros humanos, y también las aptitudes físicas, son campos petrolíferos por explotar. La cuestión esta en saber hallar donde esta el yacimiento y como optimizar el flujo de petróleo hacia la superficie. El Sistema Educativo nunca debe ser férreo, sino adaptable. Quiero decir que no hay que confundir autoridad y disciplina con cabezonería y tradición inoperante, y estúpidas exhibiciones de excéntrica autoridad. La Universidad se adapta al estudiante, y el estudiante se amolda a la Universidad. Se debe buscar siempre la coincidencia de criterios, aplicando un margen de tolerancia lo mas ancho posible. Esto también lo hacen perfecto los Yanquis, que a todo recurso humano le sacan utilidad social y economica, y si no es útil, lo modifican hasta conseguirlo. Todos los que forman parte de la sociedad son aprovechables, en función de sus características y capacidades.

En resumen, ni criterio es muy sencillo: Tolerancia Cero de Putadas Unversitarias. No a los exámenes con un 10% de aprobados. Tampoco a las Universidades-Negocio que llenan las aulas para que los estudiantes paguen matriculas y consuman en la ciudad, y luego desmoralizarlos, suspenderlos, para obligarlos a abandonar, previo desembolso de su dinero o el de su familia. Tolerancia Cero en 'misteriosas' maquinas estropeadas en los Laboratorios, formulas borrosas en el impreso de los examenes, maniobras de distraccion y confusión la semana previa a los exámenes, cambios repentinos de aula y horario en clases clave, camarillas y plots para bloquear a un estudiante o postgraduado, instrucciones falsas en la pizarra, fotocopias de apuntes mal hechas o equivocadas, y un inmenso etcétera. Mi criterio es que la vida castigara suficiente a los

estudiantes cuando salgan de la Universidad, y por tanto, lo mejor es que acaben la carrera con las menos banderillas posibles en el lomo. Individuos sanos psicológicamente, sin resentimiento ni ganas de venganza, para trabajar construyendo positivamente la Sociedad. Un ejemplo reciente y concreto, es el caso de France Telecom (junto con muchos parecidos y no publicados en diversos países). La bestialidad que hicieron los Directivos corruptos, para hacer correr a los caballos hasta el limite, solo es comparable con la Prehistoria. Dinero, no dudo que sacasen, pero el daño secundario y los efectos colaterales anula totalmente el beneficio a largo plazo, desde un punto de vista tanto Economico como Etico.
Este tipo de hechos también sucede en la Conferencias Cientificas, donde he podido ver escenas verdaderamente asombrosas, y a veces comprobado que la competitividad es tan feroz que algunos no llegan a agarrarse porque están vigilados y hay testigos. Es decir, que el Bien triunfe sobre el Mal, derrotar el Cainismo tras dura batalla. Eliminar a la gentuza del cigarrito y las llaves, utilizando el cerebro y las leyes democráticas.
Pues bien, todo lo que afirmo en estos párrafos, es la mejor garantía para no tener nunca un puesto de responsabilidad donde poner en practica mis ideas. Eso si, publicar, puedo hacerlo el resto de mi existencia profesional, porque ideas y tarea me sobran.
Con todo, hay una caracteristica para identificar rapidamente al HPA y no perder el tiempo. En investigacion, el HPA lo primero que aprende son la pedanteria, las excentricidades, y el aprovechamiento del trabajo ajeno. Luego, si acaso y muy tarde, los conceptos y la ciencia. Esto sirve para ahorrar tiempo y dinero, a la vez que te das cuenta de que yendo solo se avanza mas seguro. Pero hay un especimen de HPA particularmente peligroso, es el psicopata de organización. Este hace que trabaja placidamente en su despacho, y cada vez que coge el telefono machaca a alguno con ironicas y educadas instrucciones. Parecido a Stalin, que aguantaba

hasta el amanecer firmando sentencias de muerte para pringaos sin culpa.
Finalmente, cuando los HPAs se esfuman de las proximidades y te llegan los homenajes y premios, solo existen varias razones logicas. O bien tienes cancer, estas ya jubilado, o se ta ha ido la olla por completo a base de putadas. El éxito profesional es el mejor cebo para que los HPAs te rodeen como tiburones. En definitiva, el trabajador o profesional que va sobreviviendo, acaba la jornada sentado en el sofa de casa, acojonado por la hipoteca, y pensando la solucion del dia siguiente para aplacar la ira del jefe. Despues cena delante de los crimenes del telediario, y sueña que se esta beneficiando a la secretaria (ellas hacen lo mismo cuando quieren con el gran maromo de su oficina, no hay sexismo en este punto) mientras arrea a la parienta. La vida, desde luego, es maravillosa. Porque las otras alternativas son que te obliguen a pagar a la mafia para poner un puesto en el mercado, tengas internet censurado, o te fusilen y aprovechen tus organos por decir lo que opinas. Si tengo que elegir me quedo con nuestro castigo occidental. Por lo menos hay un momento de respiro en cada planta al salir del sucesivo infierno, y buscar la proxima puerta de escape que te lleva al siguiente infierno.
Pero como por suerte he nacido optimista en naturaleza, a pesar de ser un soso, creo que encontre una solucion aproximada a mitad del camino de la vida, como decia el de Florencia. Es la Formula del Poligono Personal (FPP), que se explica en el siguiente capitulo.

La Formula del Poligono Personal (FPP) (2)

Desde siempre se ha buscado La Piedra Filosofal para apañar la convivencia entre nosotros. Se invento la Democracia solo para los libres en Grecia, El Imperio, La

Monarquia Absoluta, La Constitucional, El Comunismo, El Nacional Socialismo, y finalmente nuestra renqueante Democracia Occidental.
Todos buscan la Formula Magica que lo arregle todo, la Ecuacion Perfecta, la Extraordinaria Teoria del Campo Unificado para nuestra Sociedad, y de tanto buscar, tal vez nos hemos olvidado de preguntarnos si realmente existe en la actualidad. No creo que haya nada mas que rudas aproximaciones, la Solucion Analitica no existe, es necesario intentar Metodos Numericos en sucesivas etapas. La superficie del globo mundial esta recubierta por personas, y cada persona tiene un Poligono Personal. Unos con muchos lados, otros con menos, de modo que un lateral es para su mujer (o marido), otro para el jefe, para los amigos, y alguno para el tendero de todos los dias. Asi que el mundo esta dividido en millones de celdas de abeja individuales que definen la relacion entre las personas.
Lo que motiva a un individuo es su mente. El arma mas poderosa que se ha inventado. La gente lo que quiere es decidir sobre sus asuntos, y las imposiciones a la larga son tortuosas, cuando no causan enfrentamientos. Persuadir a todos, o una parte de esa Superficie Global, para que arregle su Poligono, es la clave. De esa manera, si se empieza coordinando y convenciendo zonas pequeñas, en una primera fase, luego se podran unir grandes Poligonos formados por millones de Poligonos Personales para cubrir una zona mas extensa. Asi, idealmente, hasta abarcar todo el Globo. Simplemente, es como resolver un inmenso puzzle. Creo que esta idea la tienen hasta los chavales de Primaria.
El Verruga, que tenia una enorme cerca de la mejilla como su nombre indica, era nuestro profesor de Formacion del Espiritu Nacional. Ni mas ni menos. Un aguerrido Comandante de Estado Mayor al final del Franquismo, esto es, como decia mi padre, en la epoca de la Dictablanda. Cuando los Rolling Stones y todo lo que llegaba de fuera nos parecia deslumbrante. Habia estudiado Ciencias

Politicas Descafeinadas de aquella epoca, y nos daba una charla de una hora a la semana para coordinarnos con el Regimen Decadente. Mientras recitaba su discurso, a los que llevaban melenas los llamaba mujerzuelas baratas, y de vez en cuando se le escapaba un pequeño lapo que iba al careto de los de la primera fila. El Largo un dia decidio que todos nos pusiesemos gorritos de papel, mientras lo escuchabamos con gesto de imbecilidad. Aguanto diez minutos, y luego empezo a eliminar sombreros a sopapos mientras continuaba implacable con su discurso. Ahora la Educacion para la Ciudadania es el mismo lavado de cerebro, pero en el lado opuesto. En definitiva, se trata de moldear a gusto del Poder las mentes y la conducta de los que van creciendo, para que al ser mayores sean previsibles, utilizables, y aprovechables. Puestos a elegir, me quedo con la democracia, por lo menos se puede protestar razonablemente y tener algun momento de tranquilidad.

De vez en cuando nos daba revistas y panfletos que explicaban las Instituciones, la Administracion, o las Leyes de entonces. Los usabamos para hacer operaciones, los folios todavia eran caros, y la parte dedicada a los deportes, hobbies, y cosas utiles o divertidas la leiamos con interes. De entre todas las sublimes frases que repetia hasta la saciedad, para justificar la famosa Democracia Organica, estaba aquello de que la participacion politica en le Regimen era a traves de la Familia, el Municipio, y el Sindicato (vertical por entonces). Nosotros nos cachondeabamos de la Familia, el Municipio, y el Sindicato, en cualquier rato libre. Al volver de cada partido de futbol, siempre habia un chiste en el autobus sobre la famosa frase, o alguien justificaba sus actos con sorna basandose en su significado.

Pero ahora, cuando lo pienso, no veo esa solucion tan mala, porque define perfectamente la FPP. El Poligono de cada uno, salvo los peces gordos, limita con la familia, el municipio (los vecinos y amigos), y el sindicato (hoy horizontal, esto es, los compañeros del trabajo). El que tenga resueltos todos esos lados, alcanzara la convivencia perfecta. No era mala la idea del Verruga, en Democracia no todo es bueno, ni en Dictablanda todo es malo. Hay que ser practicos y aprovechar los tornillos sobrantes. Aparte de esto, existe una gran diferencia entre sexos. La naturaleza ha dotado al cerebro de las mujeres de mayor capacidad para coordinar los lados de su poligono, tanto en el trabajo profesional como en casa.

Mi Poligono es desastroso, pero por experiencia de lo que veo, la gente de éxito son los que mejor coordinan todas las fronteras. Existe, ademas, otro lateral formado por la Tele y los Medios de Comunicación. La solucion para ese lado es mirar sin creerse nada, y aprovechar lo divertido que nos ofrece la Tele, definida por el cuarteto clasico de la España Cañi, usease, una folklorica, un periodista colgado, un poli corrupto, y un tralara. El sentido del humor es fundamental para no intoxicarse la mente con la informacion basura.

Personalmente, he logrado mayor tranquilidad aplicando en mi zona la regla de exclusion de la P. Es decir, eliminar, Psicologos, Psiquiatras, Profesores, Periodistas y Artistas Colgados, Policias, Politicos, Public Servers (funcionarios), Porteros, Payasos de Turno y Graciosos, las Pichurronas Parlantes de ultima hora en el trabajo, y finalmente las Prostitutas del Servicio de Inteligencia. Este punto es importante, a medida que subes, mas trampas te encuentras. Consiguen informacion, y luego pueden empapelarte o chantajearte. Estan en aeropuertos, aviones, trenes, hoteles, y Conferencias. Nunca he pagado o recibido dadivas por sexo, y me han sucedido ambas situaciones. Lo poco que tengo lo he ganado trabajando con mi cerebro, no hay trapicheos de sexo, y por todo ello y ser sincero colecciono palos, zancadillas, y soy pobre. Mezclar dinero con sexo, primero, es muy peligroso (tarde o temprano te pillan), y segundo, soy creyente. Con las berbeneras normales se puede charlar amigablemente, no pasa nada, hablar no es delito, son chicas simpaticas. O como dice El Turco con sabiduría, nunca hagas en privado aquello que no

puedas asumir en publico. Por suerte me voy haciendo viejo, y este tipo de problemas va desapareciendo. Tampoco es que tenga mucha mas calma aplicando esta regla de exclusion de la P, pero parece que la cosa va mejor. Un café y un buen libro en vez de todos esos lios, resulta mas saludable e instructivo.
En definitiva, mientras voy intentando aplicar la FPP, copiando lo que aprendo de la asertividad ajena, se disfruta de la vida en los ratos libres.

El Anarquista Manolo

Por Segundo de Bachillerato empece a sacar aprobados raspados en Matematicas, y en una evaluación me suspendieron. Era una época en que andaba bastante despistado, once o doce años, y además me peleaba con la profesora. Entonces mi padre decidio buscar un profesor particular para que evitase un desastre mayor, o una caída en picado. Como yo era el primero de los varones, y crecia a la vez que mi padre era joven y con el temperamento fuerte de los cuarenta años, pues en cuanto me descarrilaba un poco o dejaba de sacar notables, arremetia contra mi sin tregua. Los últimos Cuellos, sin embargo, tuvieron mas suerte, y hacían prácticamente lo que les daba la gana. Encontraron un tal Manolo, estudiante de segundo o tercero de Arquitectura. Este elemento subio desde el bar de abajo una tarde-noche a nuestra casa, para presentarse y ver como se podía empezar a arreglar el asunto. Mis padres alucinaron al ver entrar un barbudo-melenudo, con abrigo largo de solapas, y un look de los años Beat y el Flower Power cuasi calcado de las portadas de los discos de la época. La cara de mi madre al principio se desencajo un poco, pero luego charlaba con el normalmente. Mi padre lo único que me diría luego es que las barbas producen picor, lo cual es cierto. Entonces se pusieron de acuerdo en el

sueldo y los horarios, y ahí empezó mi educación en Matematicas a golpe de latigo.
Al ver su aspecto, pensé que las clases serian divertidas y fáciles, menudo iluso. Comenzaba poniendo todos los dias un problema que yo tenia que resolver solo delante de el. Al principio, siempre cometia algún fallo, unas veces grande, otras menor. Me criticaba cuando corregia, e incluso se enfadaba por los errores. Habia días que sinceramente lo odiaba, tenia muy pocas o ningúna frase positiva cuando conseguia resolver un ejercicio casi completo. El también sufria lo suyo en la Escuela de Arquitectura. Una vez le cargaron un examen con un dos, y se paso la hora rotulando el numero dos con rabia, mientras miraba al papel. Poco a poco empece a aprender a pensar por mi mismo, y comenzar con un buen planteamiento del problema razonado. Precisamente, insistia mucho en hacer un buen
planteamiento inicial, según asimile muy bien y para siempre. Despues de varios meses empezó a charlar conmigo cinco minutos después de la clase, por entonces yo tenia ideas muy tradicionales, como me habían instruido en mi familia y ambiente social. Ademas, era muy religioso con trece y catorce años. Hacia preguntas, y pensaba después de mi contestación, pero en general eso no lo criticaba. Yo no supe nada acerca de sus principios revolucionarios hasta pasados los primeros años. En resumen, empece a aprender Matematicas bajo el yugo de un Anarco-Sindicalista que aplicaba disciplina Nazi en sus clases, y en un barrio Militar. Manolo el Acrata era muy listo y de inteligencia rápida. Siempre sabia encontrar lo mejor. A ambos nos entusiasmaban las motos, y se las apaño para encontrar una Lube de segunda mano negra, gran cilindrada, y muy bonita, yo lo admiraba por ello. Un dia apareció con un Temario de Revalida de Problemas. Digamos que por esa época, conseguir un Temario de Revalida era como hacer una quiniela de trece aciertos. Se lo pedi prestado, y solo me lo dejo un dia.

Tambien elegia las mujeres con gusto, casi perfectas. Cuando estaba en sexto, empece a verlo por las mañanas, a la hora del recreo, con una estupenda rubia natural, casada, que vivía en Linneo, en las viviendas de Suboficiales. Ni idea de como logro engatusarla, y menos aun de su método para coordinar la carrera de Arquitectura con esa rubia bombon, a las doce de la mañana de un miércoles.
Mi abuela paterna Concha venia a visitarnos y pasar una temporada en casa para estar con su único hijo varon, al que apreciaba mucho, mi padre. Era alta, delgada con buena figura, y pose elegante y serio de Señorona de provincias. Se peinaba con moños, muy de derechas, tradicional, y mujer de prejuicios pero sin mala leche. La encantaba esperar en el cuarto de estar la entrada y salida de Manolo el Anarquista cuando venia a dar clase. Después de que cerrase la puerta al irse, encendia un cigarrillo, y empezaba a horrorizarse de su aspecto delante de mis padres. La mayoria de las mujeres tiene una vena masoquista oculta, y necesitan buscarse un sadico para criticarlo en publico mientras se atacan de los nervios[9]. Mi abuela había encontrado su sádico perfecto. Mientras daba grandes caladas al cigarrillo, manchando la boquilla de carmín oscuro, ponía a parir a ese individuo de barbas y melenas, con look de Creedence Clearwater Revival, en una casa de Militares de Derechas de toda la vida. Manolo el Anarquista había tambaleado sus principios de comportamiento Corin Tellado, la había insultado con su presencia, y merecia ser incluido en el grupo de los marginales sociales.
A mi esta película no me importaba mucho, y ni siquiera me

---

[9] Como decía, en sus memorias filosóficas, el Turco sabiamente, arrealas un pequeño y suave cachete de vez en cuando, que lo disfrutan a tope.

daba cuenta de que mi abuela simplemente estaba montando el tipico numero teatral femenino. Pensaba tan solo en lo que no había entendido por completo durante la clase, y los errores que había pifiado. Pero ahora, pasados los años, comprendo algo lo que ocurria. Luego se tranquilizaba, y todos merendaban juntos, siempre he querido mucho a mi abuela Concha.

No solamente Manolo el Insurrecto tenia problemas sociales con mi abuela, porque aunque el no hacia propaganda de sus ideas, su aspecto lo delataba claramente. Como estábamos al final de la Dictadura, en el Bar Ancla había siempre un Poli Secreta medio pasado de rosca, controlando y al acecho. El me contaba como se le sentaba en la banqueta de al lado, y disimuladamente dejaba que se viese la funda sobaquera de la pistola con la chaqueta desabrochada. Entonces intimidaban los Polis del Regimen Dictatorial, y ahora intimidan los Polis de los intereses de los Partidos y Sindicatos, siempre hay un zumbado jodiendo la vida a la gente que piensa por su cuenta.

Pero Manolo el Anarquista se bebia su caña picando unas bravas tranquilamente, y volvia a casa para seguir con la tarea en su enorme mesa para dibujar planos de Arquitectura.

Sin embargo, lo mejor de todo era cuando ya habían pasado la mayoría de las Evaluaciones en Mayo, y charlábamos después de una clase relajada, con el sol de la tarde en la habitación. Apenas quedaba un paso para terminar el Curso, y a ambos nos esperaba un largo verano para hacer lo que nos diese la gana.

Despues de esa hora bajaba con los colegas del barrio a dar una vuelta y echar un vistazo al material femenino, que empezaba a despendolarse con el cambio de tiempo. Habia polos de vainilla, pipas, y muchos comentarios en alto cuando nos cruzábamos con ellas. La vida nos besaba en la boca, y el verano estaba delante.

Un par de años después, en COU, ya sacaba sobresalientes en Matematicas, y mi padre decidio, dado el éxito de

Manolo, que continuase dando clase a las siguientes generaciones de Cuellos. Enseñaba a mi hermano mientras charlábamos un poco, y como ya Franco se había muerto y todos hablaban febrilmente de Politica al final del Bachillerato, me empezaron a parecer interesantes las ideas de Bakunin y Compañía. Era la moda de la Transicion. El me recomendó leer Ajoblanco, y hablábamos sobre poder escapar de aquel Sistema Social Opresivo e injusto, para ir a vivir al campo con lo necesario. Me explicaba su plan de alquilar una granja en Santander, y vivir de la venta de lo producido con su novia.
Pues lo logro al cabo de una década. La ultima vez que lo vi fue cuando viviamos ya en Chamberi, y estaba diseñando una Residencia de Tercera Edad en Cuatro Caminos. Me hizo poco caso (digamos nada), andaba pensando en sus asuntos.
Casi todos los Acratas de boquilla de los años setenta han terminado de funcionarios-carnet politizados, que a la hora de las cañas después de la jornada, comentan su disconformidad con el Sistema Social, para luego volver a casa y hacer cuentas y previsiones sobre su hipoteca y el Escalafón del Ministerio.
Pero Manolo el Acrata ya vivía en Santander, con sus vacas, corderos, y gallinas, sentándose a ver atardecer con su piba los días de verano. Una existencia totalmente natural, merece su premio por conseguirlo, aunque yo ahora, después de ver algo de la gente, ya pase de esas ideas acratas.
Lo recuerdo por lo mucho que me enseño en una edad crucial, y su buen método para hacer comprender las Matematicas. Un gran Profesor para siempre. En resumen, mi existencia, como casi todos, esta llena de mezclas y contradicciones. Un Acrata me instruyo en Matematicas en un barrio de Militares Conservadores, durante el final de la Dictadura. Era sobre todo un tipo simpático, constructivo, y muy tolerante, no se dedicaba a imponer sus ideas a nadie.
Los Españoles me echaron para que no llegase a Fisico, irritando el orgullo de 4 caciques de la Universidad,que al

final perdieron la lucha por goleada. Los Rusos casi me matan por acostarme y proponer matrimonio a la mujer que mas he querido, pero escape por patas corriendo los 200 metros como nunca lo he hecho. Jamas he sido un buen sprinter, peso demasiado y soy muy torpe, pero esa noche del 27 de Febrero de 1999 un carreron chapucero tal vez me salvo 'el cuello', valga la redundancia. Los Fineses, (ayudados por un informe falso de casi cien folios de la Poli (las conexiones de la Inteligencia corrupta Finesa-Española, o los Diplomaticos dedicados a tareas mafiosas, por los datos que afortunadamente pude averiguar y vamos consiguiendo)), hicieron su órdago.

A instancias del peor y mas podrido Departamento de la Universidad, me encerraron en el Hospital al modo Sovietico de Stalin, por sacar sobresaliente en la asignatura de un Profesor xenófobo y mafioso.

El gran Don Jarri Kariphio. Muchos Ingleses se dedican a insultarme, copiarme, y atribuirse todo lo mio despues de decir que esta mal. La verdad, no se que ocurrira con los Americanos si consigo escapar a Estados Unidos. Tal vez haya suerte y en el futuro no vuelva a ocurrir lo que paso en el Frente del Este[10].

---

[10] Por los datos que llevamos investigado hasta ahora, la maniobra (el Plot, como dicen en su vida diaria los Ingleses, llamémoslo el Plot de Julkula-Lubyanka (PDJL)), fue llevada a cabo por varias personas clave. Estaba destinada a conseguir echarme de Finlandia, sin acabar la carrera, declarándome 'oficialmente' enfermo (cosa que por supuesto no sucedio). En segunda aproximación consistía en hacer la misma declaración oficial, basada en falsos y/o terriblemente exagerados testimonios de un Dossier que vi, de al menos 100 paginas, entregado por la Poli, y probablemente elaborado en conjunto con la Inteligencia de Finlandia y España, junto con Diplomaticos mafiosos. El objetivo, en caso de no expulsarme del país, era declararme 'oficialmente' no apto para trabajar como Fisico. Parte de estos datos fueron recogidos enviando a vivir a España, al lado de familiares mios, a 'turistas' Fineses. Uno de ellos hizo 'amistad de vecino' con mi cuñado, y probablemente recogio y transformo muchísima información. Otro, el magnifico Dentista Fines Lippipasti de Madrid, tal vez recogio información de mis hermanos, sus clientes (muy buen dentista, que conste). No hay mejor espia que un dentista de elite o caro para recoger información (mas que espia viene a ser cosechero-correo). En el Dossier había hasta información, según mis datos, de varias de mis novias o affairs de algunos días en Madrid, mi habitación, mis costumbres, e incluso los libros de mi biblioteca cutre de Madrid. El grupo PDJL estaba formado, entre otros, por racistas Polis locales, y Profesores, especialmente el tarado de Halik-Hali, un Lecturer que hacia

1999, ya se dedicaba por las mañanas a empujar el carro de la limpieza por el pasillo del Departamento de Fisica durante media hora, adornado con un par de pequeñas coletillas cogidas con gomas en el peinado. Recuerdo el brillo de sus ojos cuando estaba apunto de graduarme, muy a su pesar. Los Escandinavos dejan ver poco o casi nada el odio, pero en 5 años cogi algo el truco. Por supuesto, era poderoso en las decisiones para decidir quien podía llegar a Bachelor, y estaba apoyado Institucionalmente por la Universidad. Este demente tenia conexiones con el grupo de Psicologos de la Universidad, investigadores de Campos Electromagnéticos Cerebrales, terreno que yo estaba empezando a tantear. El cerebro de la operación, al nivel que podemos llegar por ahora, fue Kariphio, amigo de los Psiquiatras del Hospital, y en tratamiento desde hacia años. Estos a su vez habían sido empezados a ayudar por un tal Erasmus de Medicina Antonio Pherrez, Valenciano, hijo de dos Catedráticos de Matematicas de Valencia (mismo Departamento, mismo convoluto), y militante politizado de Médicos ProMundi (su labor fue diseminar en 1998, tras instalarse en la habitación de al lado cuatro meses, toda una serie de calumnias sobre mi entre los estudiantes (justo en ese año yo iba lanzado de sobresaliente en sobresaliente, sobre todo en Matemáticas)). Se dedico, según sus palabras, 'a la Revolucion', organizando estruendosos mitines en el Salón de Actos de la Universidad contra Estados Unidos, el 'facha' Clinton, y 'El Capital'. Afirmaba que mis buenas notas se habían conseguido copiando, entre los miembros y estudiantes de la Comunidad Internacional. Hizo varios trabajos 'calificados como sobresaliente', en colaboración con los Psiquiatras del Hospital, probablemente amigos de sus padres. Por supuesto, tenia 2 becas, una de Caja Madrid, y otra Erasmus, mucho dinero, estimulantes que repartia a diestro y siniestro 'para estudiar mejor', y magnifica comida. Fardaba de haber conseguido una medalla de Full Contact, y era muy fuerte. Tenia una especial obsesion por la Guerra Civil, pero no en estrategia. Le importaba sobre todo el tema de los agentes dobles, y las traiciones de cada bando. Lo recuerdo especialmente, mirando cuando yo regresaba cansado, pateando exhausto la nieve de 15 bajo cero, de programar Fortran en el Centro de Calculo a altas horas de la madrugada. Estaba observando por la ventana mi llegada al portal casi todos esos días (por lo menos había unas Liebres del Norte, blancas y superdivertidas, que comían de noche desperdicios y me alegraban el camino). Decia a los otros Erasmus, que yo estaba desesperado por conseguir una novia (por entonces ya había vivido una semana larga con Natasha en Petersburgo, estábamos conectados continuamente a carta mensual y/o telefono, y planeábamos casarnos. La queria mucho. Me sobraban las oportunidades con las Finesas). Kariphio relleno chapuceramente unos cuantos papeles, ayudado por un funcionario 'sustituto' de Relaciones Internacionales de la Universidad (un tal Makelela), que ni me conocía la cara. Mando los papeles, después de mi sobresaliente en Problemas Inversos, a un medico generalista que 'ejercia' de Psiquiatra Comunitario sin la especialidad oficial, en conexión con la Universidad. Mi supervisora de Tesis de Master, la eminente enchufada Tiina Turner- Lyyranen, que me quito el programa de Optimización nada mas empezar a obtener resultados, junto con la llave del despacho para trabajar en el ordenador, firmo otro papel, (misteriosamente 'desaparecida' del Departamento después de la maniobra, no volvió a dirigir mas Tesis). Kariphio (actualmente, 'fuera de Europa', tal vez por si acaso), a su vez envio el grupo de papeles a una medico general de la Clinica Universitaria (especialista en gripes), y esta organizo la detención ilegal. El apoyo Institucional en el Hospital, durante un puente con viernes y lunes festivos en

Finlandia (el fin de semana de las Elecciones Americanas), a su vez fiesta en Madrid (totalmente incomunicado), lo llevaron a cabo la Dra Tuija Manteles (DTM) el enfermero Jukka Baananas (JB), y la jefa que era una inmensa señora que lo único que hacia era dar gritos y ponerme papeles en Fines para firmar o me mandaba a España y anulaba mis estudios. Recuerdo como la gran DTM ('ambicioso', repetia continuamente la podrida Psiquiatra, 'para que quieres ser Fisico') ponía a el JB en las reuniones a chillarme y llamarme 'bi' una y otra vez ('el' declaro un dia que 'el, digamos el' mismo era tralara, cuestión que me la refanflinfa, como decimos en Chamberi, ni venia a cuento), y preguntando cien veces porque no sonreía y si me estaba poniendo nervioso. Lo peor de este profesional despreciable, era como continuamente se burlaba de mi madre, diciéndome como estaba de nerviosa en España la 'mamma'. Muy típico, cuando se acosa a alguien (de manual). El acosador tiene categoria mas baja, y esta dirigido por el superior. El superior no acosa, pero lo permite al subordinado delante de el o ella. De este modo, si cae el peon, la supervivencia del interés del grupo esta garantizada, se busca otro peon, pero la cabeza sigue agarrando el poder. Ahí me entere por primera vez de que la película del Cuco tiene partes reales de verdad. La DTM tenia especial obsesion por los suicidios, y me preguntaba continuamente por ello. Ese Noviembre yo estaba feliz, gozando con mi salto cualitativo en Optimizacion, y era el tipo mas suertudo del mundo, preparándome para el largo invierno. A esta 'Psiquiatra' se la fue la olla confundiendo Madrileños con Fineses. Ella, en su ignorancia, pensaba que todos son como los Fineses, que alcoholizados en invierno con el dinero del 'Estado del Bienestar', acaban suicidándose. El Madrileño es alegre por naturaleza. La guinda la puso la 'Traductora Oficial' del Servicio de Inteligencia. Esta nominalmente 'empleada en una agencia de viajes', sabia un 20% de Castellano, y pasaba a los documentos lo que la daba la gana. La eminencia DTM me preguntaba por mis amigos, y yo la contestaba que un Mallorquin panadero-butifarro y su mujer Finesa eran mis magnificos colegas de las tardes de Kaamos-Cafe una vez al mes, pero lo negaba y me llamaba mentiroso. En Inglaterra paso igual con el Jefe de Seguridad, alias 'El Cebollo', en una reunión para sancionarme por decir que el racista de Seguridad del Departamento me había llamado criminal después de sacar un notable en una asignatura infantil. La reunión era con una Oficial-Seguridad de la Asociación de Estudiantes, Clarita Tompronson. El Cebollo salía del despacho 'a por algo', y Clarita me decía 'tienes el futuro negro', 'estas en el circulo de los infiernos' (uno de mis libros de cabecera es la Divina Comedia de Dante), o frases semejantes. Siguiendo con Finlandia, de la Comunidad Latinoamericana de extrema izquierda, muchos de ellos exiliados en Finlandia y politizados, salio el fabuloso Psicologo Roger Silverado (RS). Este estaba casado con una Finesa, especialista en Capacitación Laboral, (en mi casa yo ya tenia varias cartas de ofertas de empleo en Finladia de distintos Hospitales). Ella era Leevita Merjita Silverada. RS apareció el ultimo dia con un fajo de papeles, y me dijo que los firmase para darme de baja bajo amenaza de anular estudios y mandarme a Madrid. Como se puede deducir, puro y duro estilo Sovietico-Escandinavo. RS, expresamente contratado por el Hospital, cobro un sustancioso sueldo por la maniobra. Curiosamente, el

28 de Diciembre apareció un casual 'enfermero visitante Ingles' en una reunión con JB, preguntando insistentemente si iba a terminar la carrera (yo ya había enviado, antes del PDJL, varias cartas para plaza de Doctorado en Bioelectromagnetismo, por ejemplo, en la Universidad de Aston). Asombrado, le dije que ya había escrito 50 folios de Tesis de Master, y se quedo helado. En resumen, legalmente no pudieron demostrar nada, engorde 5 kilos en

Viva Azaña

Cuando mi padre era ya bastante mayor, se me ocurrio preguntarle por el dia en que 'liberaron' su ciudad durante la guerra civil. O mejor dicho, el dia en que su ciudad cambio de bando, me da igual cual sea. Escribo sobre anecdotas, no de politica. Pues segun refiere, ellos habian bajado al refugio antiaereo sobre las nueve de la mañana, y llevaban varias horas encerrados y aburridos adentro.
Durante la guerra civil, mi padre era un chaval ni siquiera quinceañero. Para ellos, el tiempo de contienda era unas grandes vacaciones, y todo resultaba nuevo y divertido. Justo lo contrario de los mayores, que vivian atemorizados pensando en el futuro que les esperaba al final del conflicto. La familia de mi padre, segun contaba, tenia sacos de higos secos (usados muchas veces para hacer pan de higo), que mas o menos les ayudaron a sobrevivir durante la ocupacion Republicana (o socialista-comunista, segun cada cual que elija). La calle principal de la ciudad, cercana al puerto, acumulaba edificios medio derruidos por el cañoneo desde alta mar. Esto era porque el Puerto Maritimo quedaba bloqueado por la Armada del Bando Nacional, (o fascista-nacionalista, tambien se puede elejir segun gustos). Coleccionar municion, panfletos de ambos bandos, escudos, y demas utensilios de guerra, hacia la rutina de los chavales divertida. Otros aprovechaban las vacaciones para jugar a lo que les diese la gana, o aprender nuevas formas de disfrute. Muy distinta una guerra segun la edad del individuo, o las preferencias de cada cual.

---

diez días con la magnifica comida del Hospital del Estado del Bienestar, y me lleve el Titulo de Físico (Master y Bachelor con buen expediente) bajo el brazo. El GAL se trago la derrota de nuevo, y les entro la extremidad del Jamon Pata Negra por ahí. Como dice el Turco en sus Sabias Reflexiones, los verdaderos Locos Sociales tienen dos soluciones, una, el Manicomio Oficial, otra, el Grupo **5P** (Psiquiatras, Psicologos, Periodistas, Polis, o Politicos). Cada cual que saque sus conclusiones.

En el inmueble donde vivia mi padre y su familia, una casa antigua en el centro de la ciudad, habia una tienda al lado del portal con un sotano. La dueña era republicana, y habia construido el refugio para uso de todos los vecinos de ambos bandos. Al sonar las sirenas de aviso, todos los vecinos bajaban rapidamente con comida, a pasar alla las horas necesarias. No puedo asegurar si el refugio era util o no, porque la casa nunca fue alcanzada por bombas. Supongo que era incomodo tener que bajar a veces de madrugada, y esperar largas horas al toque de sirenas como final del bombardeo. Probablemente era cuestion de acostumbrarse. Entonces, el dia en que las tropas del Bando Nacionalista-Fascista entraron en la ciudad, los habitantes del refugio no sabían realmente quien estaba ganando la batalla. Para ellos era un bombardeo mas, y por suerte no los habian levantado muy temprano. De repente, comenzaron a oir disparos aislados y ruido de carreras con tintineo metalico de material pesado. Minutos despues, se oyeron gritos y ordenes militares. Al final, eran voces que gritaban,

Viva España!

Pero surgio el desacuerdo entre los habitantes del refugio, segun su bando politico. La dueña republicana de la tienda aseguraba convencida con los otros habitantes del sotano de su bando, que las voces decian,

Viva Azaña!

Comenzo la discusion Otorrino-Politica entre el personal del refugio. Los rojos que viva Azaña, los nacionales que viva España. Como dice El Turco con sabiduria, el oido se ajusta al beneficio de la mente. La dueña de la tienda era la mas ardiente defensora de Azaña, mientras que la familia de mi padre y otros vecinos, conservadores, defendian con menos visceralidad el viva España[11]. No hubo tortas, sobre todo porque la hambruna y el cansancio de las guerras suprime la agresividad entre la poblacion civil. Al cesar los disparos y el ruido de fuertes pisadas, se decidio abrir la puerta. Lo que se encontraron los sorprendidos habitantes del refugio no eran ni republicanos ni nacionales. Soldados Italianos del Duce comentaban en corrillos la toma de la ciudad, mientras fumaban un cigarro con tranquilidad despues de los tiros. Ninguno del refugio se decepciono, incluidos los rojos. Segun cuenta mi padre, todos estaban mas que hartos de la vida cutre y los bombardeos de madrugada. Se fueron a charlar con ellos chapurreando en ambos idiomas, mientras les ofrecian vino sacado de la bodega. Tal vez venia una etapa por lo menos mas tranquila y con mas comida. La guerra termino, y la dueña de la tienda transformo el refugio en un almacen. Comenzo la postguerra, y ambos vecinos republicanos o fascistas se dedicaron a reconstruir y arreglar el edificio, recuperando la normalidad en lo posible. Azaña se fue al exilio injustamente, y la Dictadura empezo sus cuarenta años de cosas buenas y malas en un ambiente sin libertad. Una etapa de la historia nueva comenzaba, y segun cuenta mi padre, la mayoria del vecindario lo que queria era comer normalmente y recuperar las costumbres de siempre. La vida rutinaria de la gente habia superado la politica. En conclusion, lo que yo saco de esto, es que cada cual interpreta muchas veces la realidad segun conviene. En este caso las ondas acusticas. Si yo hubiese sido mi padre, volver al cole y dejar de jugar el dia entero, haciendo lo que me daba la gana, pues no me hubiese gustado. Si me hubiese pillado adulto, dejar de comer higos, (de los

[11] Despues de pensar profundamente en la filosofía del asunto, he llegado a la conclusión de que tal vez ambos bandos tenían razón. Es decir, puede que a mas de un soldado nacional se le fuese la olla por el esfuerzo y el fragor de la batalla, y gritase Viva Azaña en vez de Viva España. El Síndrome del Stress Post-Traumatico les estaba pasando factura. Como decía Don Felipe Decimo de Carlomagno (usease, Don Felipe X, que es hijo de ganaderos), confundieron las churras con las merinas en un lapsus Freudiano. En resumen, el cerebelo en guerra a todo el mundo le juega malas pasadas.

fruticolas), me hubiese parecido un mal menor, no importa si hubiese sido comunista o fascista. Para mi, lo que entiendo de esto es tener mas cuidado en no moldear la realidad a mi gusto, y sobre todo comprobar todo con lupa antes de sacar una conclusion. Precipitarse no es prudente ni logico. Azaña y España son partes iguales de la Historia.

Chencho el Autista

Mi tia Manola estaba casada con un fuerte y tradicional oficial de la Guardia Civil, con imagen de serio, autoritario, y nada temeroso. Ese era mi tio Enrique, por entonces Comandante cuando yo tenia alrededor de cuatro años. Participo en la guerra civil con valor, fue justamente condecorado, y su mision de postguerra consistio en limpiar de bandoleros los montes de la Sierra de Velez. Magnifico jinete, paso varios años tendiendo astutas emboscadas en los valles y caminos a los Maquis, hasta que elimino una gran parte de ellos. Cuando yo tenia quince años, de vez en cuando seguía montando en el picadero de su cuartel, no se si para preparar actos oficiales o por nostalgia. Tenia la imagen a caballo que la Guardia Civil esperaba de sus oficiales, con un gesto grave y recio bajo el tricornio. Conmigo y mis hermanos siempre fue muy simpático y generoso. Al visitar a mi tia en el cuartel, siempre nos invitaba a lo que nos apeteciese, chocolate con picatostes y bollos incluidos. Ellos siempre tuvieron mas cargo y dinero que nosotros, y a mi me encantaba cuando nos dejaban montar al paso el caballo manso y viejo del cuartel.
Sin embargo, mi tia Manola tambien tenia a veces aires de Generala, debido a la importancia de los cargos de su marido. Tampoco se lo reprocho, porque subirse a la tarima del marido es una costumbre muy femenina, va con la naturaleza de ellas, que suelen mojarse las bragas cada vez que su Darling escala de estatus. Fue brillante en sus estudios, aprendio idiomas, lógicamente desarrollo sus

ambiciones, y supongo que también fascinación por el mundo de la gente famosa e importante. Yo con cuatro años era un chaval monisimo, porque todavia no habia empezado a constituirme en Rey Taifas y hacer mi vida en el Castillo de mi cuarto, con los escasos juguetes que nos traían los Reyes Magos. Tenia un buen pelo (no calvo como ahora), de color diferente a los típicos Españoles, y en general todo el glamour de los niños de cinco años, que hace que nos ahoguemos entre los escotes y pechugas de las señoras cuarentonas que nos estrujan. Era terriblemente travieso, casi ya gamberro, pero con cara de buenazo e inocente total. Ni idea de como mi tia se entero de que pedían un chaval para el papel de Chencho, en la emblemática película del Regimen 'La Gran Familia'. Pero el caso es que decidio por su cuenta, sin contar con mi madre nada mas para que me pusiese la ropa de los domingos y el abrigo, presentarme al Casting. Ni mas ni menos que el primer y ultimo Casting de mi vida, del que por suerte solo tengo recuerdos borrosos de imágenes y sonidos. Me entusiasman los Horoscopos, el Tarot, la Astrologia y muchas cosas Esotericas. Es superdivertido leer el Horoscopo el lunes para animarte si hay algo bueno, aunque para mi es simplemente un hobby, en la practica solo aplico la racionalidad. Los Milagros y Acontecimientos Planetarios, creo que están reservados para gente importante. Sin embargo, a lo largo de mi vida he sido testigo de hechos 'no racionalmente explicables' que ahí se quedan, en la Carpeta de Problemas por Resolver o Asuntos Archivados.

Pero ese dia, afortunadamente, debio darse una extraña Conjunción Planetaria para que no me seleccionaran. Al final de la criba, tan solo quedábamos dos Candidatos, otro chaval cuya imagen he olvidado, y menda lerenda. Lo que recuerdo es que yo andaba en el centro de un grupo de señores que hablaban entre ellos y me observaban, haciendo preguntas o dando instrucciones de vez en cuando. Iban de cráneo, porque yo me dedicaba a pasear por los huecos libres de sillas con individuos trajeados,

haciendo simplemente lo que me daba la gana. Pasaba absolutamente de ellos en plan Autista, y mi objetivo no era otro que explorar los alrededores. En resumen, eramos dos Candidatos Finales, y La Diosa Fortuna quiso que escogiesen al otro. Desde un punto de vista practico y Politico, los Casesnoves tuvimos una suerte morrocotuda con ese 'dulce fracaso'. Si mi familia ya se lleva leches por todos lados porque descendemos casi todos de Militares, no puedo imaginarme que hubiese sucedido si yo estuviese incluido en la Filmografia Propagandistica del Regimen. Me perdi los pasteles del Padrino Bufalo[12] en la película, y supongo que bastantes acontecimientos sociales del gran mundo del cine.
La tragedia que lio mi tia Manola fue monumental. Tuve que soportar días y semanas de interrogatorios con los mayores, en los que se me preguntaba que había hecho, contestado, o lo que habían dicho los del Casting. Por suerte todo termino al cabo de un mes, y yo volvi a mi clase de párvulos, con mi babero lleno de churretes, y las escapadas al jardín para cazar babosas y caracoles cuando la maestra se despistaba.
Como dice El Turco con sabiduría, en relación con el famoso pensamiento filosofico, Vanidad de Vanidades, la Tentación es la Vanidad.
Ya mayor, a través de amigos farandufleros de mis hermanos, se me ha insistido en mas de una ocasión para ir a algún Casting, o propuesto alguna entrevista o papel inicial. Como decimos en Chamberi, 'Ni Harto Copas' siempre ha sido mi respuesta. Si hubiese empezado mi carrera como farandulero con Chencho, o aceptado esas otras ofertas, tal vez ya estaría bajo tierra o con la olla totalmente perdida. Con lo vanidoso, egocéntrico, comodo, y

[12] Este Capitulo esta dedicado al gran actor Español y brillante profesional Jose Luis Lopez Vazquez. Cuando empece a ejercer la Medicina, a veces venia a mi consulta en vacaciones, cercana a la calle Alonso Cano durante el mes de Julio. Naturalmente, se iba al ver que su Medico estaba de veraneo, no me siento ofendido en absoluto. Todos en Chamberi sabíamos que le gustaba ir tranquilo por el barrio, y yo lo miraba de reojo con discrecion y respeto al verlo cruzar el semáforo. Puede que esa cabina en la que se quedo encerrado, la consigamos abrir entre todos los que nos gusta La Libertad, algún dia, en el futuro.

fantastico que soy, hubiese acabado de Centro de Rehabilitacion en Centro de Rehabilitacion, pasando por excentricidades, chorradas, y demás asuntos reservados para la gente de los Platos. Si se quiere ser actor hay que tener, imagino, una buena cabeza rellena de logica e humildad, y los pies bien en tierra. La mayoría que no son asi acaban mal, y si no, basta leer el periódico de vez en cuando para comprobarlo. Aparte de todo, soy demasiado sincero y directo para actuar, no soporto la hipocresía, lo pasaría mal trabajando en eso. La Farandula es para disfrutar de la imagen y glamour de las actrices que mas gustan, y sonreir con sus noticias chistosas y comentarios. Ademas, las actrices famosas no son las mujeres mas guapas y perfectas. Son, de entre las mas guapas, aquellas que han aprendido con inteligencia y se las ha pulido y aleccionado hasta el ultimo gesto. En la calle y en el supermercado hay autenticas bellezas en bruto, que muchas veces están mas saludables y menos colgadas. A veces preparando café me acuerdo de Chencho, y se me escapa una risa interior socarrona, dando gracias a las Conjunciones Planetarias de aquel dia.

Las Orgias de Santa Cruz de Marcenado. El Bruto, el Timido, y el Cerdo.

Nunca he disfrutado (o sufrido a ratos, por exceso de aceleracion) de un nivel de tanta energía como durante la década de los veinte años. Reventábamos hasta caer rendidos en la cama siempre que había una misión. A pesar de la crisis, el verano de 1980 fue absolutamente desparramante, tanto con mis colegas de Madrid como con los del pueblo. Alla me ligue (o me ligo ella) a Maruja, y al volver a Madrid en Septiembre eramos como una especie de pareja con peleas constantes. Llego el Otoño[13], y ya era urgente para mi curriculum (y tal vez el de ella), que me la beneficiase (o nos autobeneficiasemos, sin sexismo). Pero claro, no había un sitio tranquilo para la maniobra. Mucho concierto New Wave en la Universidad, borracheras de cerveza y marcha hasta la madrugada, pero faltaba una buena cama libre para una tarde completa. Los Ochenta en Madrid fueron el punto de inflexión de una nueva generación, la mia, que en realidad se desarrollo a tropezones y superando obstáculos de todo tipo. Sinceramente, tampoco creo que eso importe mucho a la gente de hoy, la nostalgia es de los que van envejeciendo.

En pleno extasis después de un par de exámenes de Septiembre que aprobé por los pelos, decidi fundar la rama del Komando Negro en Madrid. Eramos seis miembros iniciales, Tio Emi, Chicho (o el Gordo), el Ferenc (Porky o Juanito), El Chino, El Largo, y un menda al que pusieron jocosamente Capitán Spolding, por ser yo el Jefe (sobre todo en cuestión de dar ideas, la practica era de los cuatro). Tio Emi estudiaba Ingenieria con Porky, y era el niño rico del grupo que alucinaba con nuestras gamberradas. El Largo hacia Derecho, y El Chino estaba en la Academia Militar. Chicho estudiaba Fisicas, y junto conmigo, El Largo, el Chino, y Porky procedíamos de nuestro antiguo barrio y Colegio en el Manzanares, aunque ya nos habíamos cambiado a otras zonas de Madrid. Se solaparon dos misiones, la mia personal de perforar a Maruja, y la de todos ellos que padecían el Sindrome Sin-Rosquen-Putaden por mono de pibas. Porky ya vivía en la fortaleza de hormigón de Santa Cruz de Marcenado, y sus padres y hermanas se habían ido a Paris por el nuevo destino de Agregado Militar en la Embajada para su padre. La casa estaba vacia, y alla que estaba la oportunidad.

Rellene el impreso de solicitud para Ferenc y Tio Emi (que tenia gran influencia en las decisiones del primero), pero no

[13] Como dice El Turco con Sabiduria, en verano dalas por el ano, y para el Otoño busca un buen coño.

recibi contestación alguna durante una semana. Un miercoles soleado de Octubre se presentaron ambos en mi casa, con gesto duro de negociación. Nos metimos en el despacho de mi padre, y Tio Emi, que era un magnifico diplomático, me dijo educadamente y en tono suave, que había dormitorio libre a cambio de las amigas de Maruja para ellos.
Si esto me pilla hoy dia, les habría abierto la puerta para echarlos de inmediato por chantaje. Pero en aquella época estaba deseando estrenarme, y tenia que ceder. Como dice El Turco con Sabiduria, no muerdas la mano que te alimenta. Hice un calculo aproximado, y como Maruja siempre me estaba contando historias de sus amigas de Filosofia y Letras, pensé que si había yacimiento de petróleo. Llegamos a un acuerdo en menos de media hora, y quedamos para cerrar flecos y cenar la noche del sábado en casa de Tio Emi.
En esa cumbre dividimos las pibas en dos grupos, Pijoteras y Comunes. Habria una fiesta cada Sabado alterno para un grupo, y nunca se mezclarían los dos frentes. Las Pijoteras procedían de Tio Emi y Porky, y en general eran tias de zonas de pasta de Madrid difíciles de engatusar. Las comunes eran mi parte del trabajo, tirar del hilo de Maruja, que por suerte funciono[14]. Al avanzar la reunión, empezamos a seleccionar los invitados, no podía haber mas de treinta porque los vecinos podían cantar el pollo a los padres de Juanito si había mucho jaleo. Tanto Tio Emi como Porky comenzaron a hacer una exposición de amigos eminentes y meritorios, la crema y nata de la sociedad Madrileña. Unos eran ilustres compañeros de la Escuela de Ingenieria, otros vivian en la calle Orense, muy de moda por esos tiempos. Tio Emi también cribaba las tias, escogiendo nenas de bragas caras que solian vivir en calles céntricas o en el barrio de Salamanca o Arguelles. Lo bueno de Tio Emi era su manejo de la negociación, y lo bien que sabia

[14] Visto el asunto al cabo de decadas, pienso que era una cuestion de pico de hormonas en ellas y nosotros, mas que de suerte o habilidad. Con veintitantos es difícil frenar al personal.

conseguir sacar mas amigas de sus amigas (aunque por lo general eran pibas muy posh que tragaban poco y gastaban mucho, pero estaban buenas y eran simpáticas. Me caian bien). En esto llego mi turno, y note como los ojos de Porky, Chicho, y Tio Emi se clavaron en mi rostro preguntando seriamente que invitados iba a escoger.
Lo solte sin complejos y rápido. Iba a traer a tres colegas del Clinico, compañeros de faena desde que nos empezaron a putear con la Fisiologia. El Bruto, El Timido, y El Cerdo.
Observe al menos dos rostros desencajados (Ferenc y Tio Emi), y uno que no se sabia si reia o le parecía una situación mezcla de broma y desproposito (El Gordo, que como buen Fisico, ya empezaba a ser contestatario en temas sociales). Inmediatamente me exigieron explicaciones sobre esos individuos, y a que venían esos motes.
Como estábamos en casa de Tio Emi (Chicho le puso Tio Emi por aquello del Tio Sam, en cuestión de dinero y poder), le pedi una Mahou 5 estrellas de su nevera repleta, y me recosté en el sillon para soltar el rollo.
El Bruto era mas bien bajo, fornido, pero apuesto y de sonrisa un tanto terrible. Usaba botas de montaña, camisas de franela, y un anorak plumas para no pasar frio con la Vespa 250. Yo admiraba su moto de gran cilindrada, y me encantaba cuando subiamos en ella de la Facultad al Clinico, o cruzábamos el Scalextric de Cuatro Caminos acelerando a tope. Sin embargo, lo mas sorprendente de el, que me hizo admitirlo entre mis colegas desde el principio, era su frialdad para superar situaciones limite, y descaro para hacer lo que le daba la gana sin testigos. Siempre que sacaban una hoja con calificaciones en un tablón de anuncios, arreaba un puñetazo después de leer las notas, y se cargaba el cristal, o lo que hubiese por medio. Daba lo mismo aprobado o suspenso, por su manaza pasaron los tablones de Fisio, Anatomia Patologica, y Farma, entre otros muchos. Cuando El Bruto decidia romper algo, ese objeto estaba sentenciado a la extinción. Añadire un ejemplo que ilustra su capacidad profesional para ser un buen Komando.

En Farmacologia había dos grupos, el de puteo del Profesor Amargo, y el bueno del Profesor Lorenzano. Como todos querían irse al segundo para poder aprobar, había que hablar con Lorenzano para poder acceder al sorteo de plazas de su grupo. Fuimos los tres en misión, El Cerdo, El Bruto, y yo, a primera hora, y nos metimos en el recibidor de la Catedra, donde ya habían puesto un árbol de Navidad. El Bruto inmediatamente arranco una bola plateada para hacer malabarismos mientras esperábamos, y El Cerdo intento sujetarlo sin éxito. De repente, apareció el Profesor Lorenzano con su Guardia Pretoriana de Esclavos de Catedra, todos en bata blanca impecable. El Bruto giro con agilidad y puso la bola a su espalda mientras seguia pasándola de mano a mano. Lorenzano empezó el interrogatorio desconfiado, acusándonos de que eramos los que nos apuntábamos a todo y solo queríamos medrar el aprobado cuanto antes. Era una situación difícil, y nos había pillado por sorpresa.

El Cerdo, que siempre fue un acojonado en esos asuntos, comenzó a llamarlo Profesor con admiración y respeto, intentando que cambiase su actitud a base de coba. Pero El Bruto fue mas frio y astuto. Puso su sonrisa terrible enseñando los dientes picudos, y comenzó a soltarle un rollo de Fisiologia mezclado con Farma, mientras ensalzaba sus cualidades de maestro con voz grave. Yo veía como jugaba con la bola del árbol, y hasta fue capaz de arrancar dos mas mientras convencia a Lorenzano de que nos admitiese al sorteo, una con estrellas y la otra verde fluorescente. Me mordia el lado derecho de la lengua hasta hacerme daño para no soltar la carcajada (conste que digo el lado derecho por mi costumbre de usar las muelas, no hay ironia política en el tema). Por esa época las situaciones thriller me ponían absolutamente cachondo. Ahora me ponen desinquieto, aunque supero la mitad de ellas con experiencia, y cuando pasan me indigna que hayan podido ocurrir (porque las cosas cambian con el tiempo). En esto que aparece una Ayudante de Lorenzano por la puerta del recibidor, y se une

al corrillo desde un angulo en el que divisaba el numero circense del Bruto con claridad. Buena chica de Catedra, no dijo nada por suerte. El rostro de Lorenzano comenzó a transformarse, y con un par de frases mas de peloteo convincente del Cerdo nos acepto para optar a su grupo. Como decía Hannibal del Equipo A, aquella mañana de chorra sali por el Ala Norte del Clinico diciendo me encanta que los planes salgan bien. El aprobado en Farma estaba garantizado.
Aparte de la broma, hay que decir que Lorenzano era un buen Profesor, justo y noble, de los mejores que he tenido. Me gustaba la Farma porque todo era muy razonado, y flipaba viendo como se podia modificar la Fisiologia con fármacos. Nunca pensé que me llegaría a interesar esa asignatura con la fobia que me creaba la Bioquimica, pero de pronto suceden hechos que sorprenden a cualquiera.
El Cerdo se gano su apodo en una fiesta de Primero de Medicina, alla por 1978, cuando hacer números Libertarios estaba de moda. Se puso en calzoncillos con el abrigo encima para bailar con las tias, mientras soltaba discursos ejemplares sobre la liberación de la mujer. En esa fiesta se curro el sobrenombre de Guarro, aunque no hubo escandalo de ningún tipo. Sin embargo, El Cerdo en general era obediente con los Profesores, no brillante, pero aplicado. Tenia tendencias sexuales anfóteras, porque cuando nos sentábamos en la terraza del Ala Norte a ver salir las tias de clase y comentarlas, acababa ofreciéndonos su colaboración inclinadose sobre la baranda de granito. Nosotros poniamos cara de mas bien de casi como que no apetece, y ahí se acababa la reunión de voyeurismo. El Cerdo, fuese como fuese, era un buen colega que encajaba en casi todas las misiones, sobre todo las que tenían una parte grande de relaciones publicas.
Uno de los grandes inventos del Cerdo fue la canalización del Clinico por Tuneles y Subconductos. Por las mañanas a partir de las diez, cruzar los pasillos de planta del Clinico para ir a las aulas es como jugar al rugby. El Cerdo nos

enseño a bajar a los sotanos, donde drenaban goteras las cañerías, y salía vapor de las calefacciones. Olia a matarratas, pero se llegaba en dos minutos a clase. Uno de sus grandes aciertos, no me olvido de esos sotanos, que además servían para quitarte el frio de la mañana.

El Timido era el mas socialmente inteligente de todos. Correcto, educado, y gran deportista. Se pagaba parte de los estudios con trabajos temporales, y le encantaba el futbol como a mi. Mas que timido, era extraordinariamente comedido siempre que tenia que plantear cualquier cosa. Nos subíamos a Cuatro Caminos andando, y acabábamos con un café en el Bar Penalty, de al lado de mi casa, aunque ya no se si todavía existe. Yo disfrutaba con su conversación, y además tenia un gran sentido del humor para todas las anécdotas de la semana. Fuerte por constitución y el deporte que hacia, siempre me echaba en cara mi incumplimiento de beberme una botella entera de Martini si nos aprobaban de gorra la Patología General, cosa que por suerte ocurrio.

Finalmente, los cuatro juntos aprendimos a escapar de clase de Gine por la parte alta del Aula. El Profesor Botijo, que tenia un gran sentido del humor, a veces nos pillaba en fuga, pero nosotros conseguimos arrastrarnos por detrás de la tarima hasta alcanzar la puerta. El Timido fue el que invento la estrategia, y se reia mientras íbamos acercándonos a la entrada sin ser vistos.

Al acabar mi descripción, tanto Tio Emi como Porky se pusieron a la defensiva, diciendo que esa panda de gañanes arruinaría las fiestas. Chicho sonreía neutralmente disfrutando con la polémica. Pero ahí me plante a defender a mis colegas, y les dije que o todos admitidos o no había Frente de Maruja. Por suerte cedieron, sellamos el Pacto, y la cadena de Fiestas de Sábado comenzó a funcionar. Encontramos un tocadiscos que solo funcionaba a 45, y un monton de singles de los años sesenta de los padres de Porky. Coincidio que se volvia a ese tipo de música a principios de los Ochenta, y junto con una caja de botellas de Ron y Vodka baratucho tipo Ribes apañamos el escenario. Las primeras en entrar al circo fueron la Comunes, dirigidas por Maruja. Ella había sido el contacto, y se autodesigno jefa e instructora. Antes de llegar a la casa, a la salida del metro, en la Glorieta de San Bernardo, las sento a todas en un banco, y comenzó su discurso de estrategias y comportamiento. Como ella me conto, lo primero que las dijo es que El Tio Emi era el mas rico, y había que ir a por el. Esto lo debio asimilar bien la tal Sumacion, porque nada mas comenzar la fiesta Tio Emi dijo quien me acompaña a por patatas fritas, y Sumacion salto como perseguida por un toro para irse a solas con el a la calle un rato. Es a Maruja a quien hay que atribuirle el merito del matrimonio estable que surgio de ahí. Como conseguidora (no dire alcahueta), tuvo un éxito fenomenal.

Sin embargo, mi novia por entonces se puso a bailar conmigo, y como yo no estaba muy entusiasmado ese dia, comenzó a beber. Acabo en un dormitorio medio desmayada (Maruja siempre fue un poco histérica), conmigo al lado cogiéndola el pulso con la derecha y comiendo patatas fritas con la izquierda. Despues de media hora asi, El Cerdo comenzó a preocuparse, y sugirió llevarla a Urgencias del Clinico. Todos a los coches, y a la puerta de Urgencias. La pusieron suero y diurético, y se paso la noche meando mientras se despertaba recuperando la sobriedad. Es posible que el motivo de esta borrachera histérica fuese que me había estrenado ya con ella en esa misma casa, cobrando la deuda de Ferenc. Dado mi carácter por esa época, había comenzado ya a echarle los tejos a sus amigas, y tal vez eso provoco su trompa.

Este escandalo marco a Maruja de tal modo, que cuando nos encontramos de nuevo al cabo de 12 años, no solo me lo echaba en cara, sino que afirmaba que eramos nosotros los que la habíamos emborrachado. Despues de la fiesta, me cabree con su numerito, y corte relaciones por un mes. Maruja y yo estábamos la mitad del tiempo peleados. Sin

embargo, creo que era simplemente una trompa-sentimental de gente joven. No la guardo ningún desprecio por ello.
En resumen, mientras la crisis de 1980 gobernaba Madrid, y en el Bunker de Cemento de SC de Marcenado, la Gloriosa Cuna de Tejero, se cocia el 23F, nosotros nos emborrachábamos y bailábamos con ambos grupos de pibas cavilando estrategias para arrancarlas al menos un muerdo y puntuar lo mas posible. Al lunes siguiente se luchaba por aprobar el parcial, y El Bruto y yo pateábamos la maquina de café de la segunda planta del Clinico para sacar el cambio, mientras comentábamos el resultado de la ultima fiesta.
El grupo de las Pijoteras parecio en principio el mas mojigato, pero como sucede con las mujeres, las sorpresas surgen sin explicación del todo lógica. Este haren de nenas impregnaban la casa de olor a perfume y colonia, y cuando bailábamos con ellas continuamente se escapaban al baño para ni se sabe que. Yo me encapriche con Linda, una rubia del barrio de Salamanca que hablaba con tono de dominatrix, y pegaba la mejilla bailando. Me ponía a tope con esas maniobras. Tal vez tenia complejo de barbaro, y una piba con esos tonos superiores y el tacto tan suave de su piel al bailar me sacaba las hormonas. Linda me asigno al cabo de un par de meses dos rotundos calabazos para mi expediente, y jamas consegui ligármela.
Asi fueron las cosas hasta principios de Diciembre, y un Sabado fatídico estallo el conflicto, sorprendentemente con las Pijas. Habia una morenaza de carnes generosas que llevaba unos pantalones de buen corte, resaltando el contorno de sus muslos y caderas. No era falda, pero resultaba provocador. Yo había ido a preparar cubatas, y sono el teléfono desde Paris para controlar los estudios y la vida de Porky. La supermorena cogio el aparato, y se sento en la silla cruzando los carnosos muslos mientras se miraba los bonitos zapatos y levantaba el mentón pegando la oreja al telefono. Los padres de Ferenc, Embajadores Militares en la Ciudad del Gran Maturraque, preguntaron por su hijito, el futuro Ingeniero. Morenaza contesto en tono elegante y

cinico, al Agregado Militar de Paris, que allí no vivia ningún Porky, que había llamado a un Lupanar de Alto Copete, un Prostíbulo de Lujo del Centro de Madrid, una Casa de Citas bien Reputada de la Alta Sociedad, y que no comprendia como su Excelencia el Coronel pretendía molestar a las chicas honradas y el personal que estaban trabajando a tope a esas horas.
Iba con una botella de ginebra cruzando el pasillo y vi como Porky aparecia en ese cuarto a mitad de respuesta. Ni siquiera le dio tiempo a ponerse blanco o nervioso. Le oi como arrebataba el teléfono, balbuceaba frases incoherentes y lo colgaba con gesto aturdido y mirada perdida.
Pues como decían los Burning en uno de sus buenos discos, allí la fiesta se termino. Lo mejor tiene fecha de caducidad, y el tren se había salido de la via por un despendole femenino. El curso 80-81 resulto bastante especial para todos, sin duda.

Epilogo

Meses despues del disgusto de la familia de Porky, y el veto de su casa, iniciamos una serie de cumbres para reactivar la cadena de fiestas, o al menos recuperar uno de los grupos. Existian problemas serios añadidos, las tias se habian puesto reactivas y desconfiadas después del escandalo del prostíbulo, además de un conjunto de peleas y

enfrentamientos personales entre nosotros por reparto de ganado. De Komando Negro unido habíamos pasado a cada uno a lo suyo. Por casualidad, quedamos en mi casa después de los parciales, la tarde del 23F. Una cumbre para intentar sellar acuerdos. Antes de la reunión, El Gordo y yo habíamos ido para ver Grupo Salvaje en un cine de Reina Victoria, que en 1981 estaba empezando a bajar por Cuatro Caminos por la cera derecha. Ahora creo que esta reconvertido en salón de Bodas y Bautizos, con permiso legal para fumar. Era un cine cutre pero acogedor, nada

caro, e informal. De vez en cuando ponían clásicos del Oeste que El Gordo y yo disfrutábamos haciendo pellas.
Despues de ver la amistad perdida de Pike y El General Mapache, que acabo en masacre, llegamos a mi casa. Servi unas ginebras secas. También estaban Ferenc y Tio Emi, El Chino no vino. Puse el transistor y escuche un que se sienten coño, que al principio no entendíamos bien que era. Esos también habían perdido las amistades, a base de putadas y mentiras de unos a otros. Ese Golpe de Estado que se fraguo donde hicimos nuestras semiorgias de Sábado, había estallado, justo cuando nos movíamos para reactivar acuerdos. A mi personalmente, por aquella época me daba lo mismo el tema politico. Hoy, al cabo de décadas, lo recuerdo como la Segunda Parte de Grupo Salvaje, esa película que acabábamos de ver, aunque no se que papel dar exactamente a cada uno. Echo mucho de menos las butacas con tapicera raida de aquel viejo cine de Reina Victoria, y a Pike cuando le decía a su ayudante Dutch que había dado su palabra, y este se reia de su Jefe a carcajadas. Lo importante era a quien se daba la palabra, según Dutch, no la promesa en si misma. Pike, estabas pasado de moda, te ocurre como a Del Bosque cuando lo echaron del Madrid, diciendo que no era un hombre de la época presente. Y luego gano un Mundial.

El Bruto.-Le perdi la pista hace mucho. Solo se que acabo Medicina bien. Tenia familia de Quimicos, supongo que se colocaría por algún lado. A veces lo recuerdo en el jardín trasero de Medicina, diciéndome Pako, que bonita pero que corta es la vida, en tono filosófico-triste.

El Largo.-Abogado, pero se dedica al baloncesto como Entrenador y Manager exitoso.

Tio Emi.-Se caso con Sumacion en matrimonio estable. Ingeniero y rico de familia, además de su profesión.

Porky.-Tambien se hizo Ingeniero, se caso, y según mis datos trabaja en una buena empresa.

El Chino.-Militar de Profesion, rico, y no se si casado o no actualmente.

El Timido.-Medico de Urgencias, casado y con buena reputación.

El Gordo.-Fisico y trabajando para el Estado. Casado y con descendencia.

El Cerdo.-Este se hizo de UGT y lo contrataron de inmediato como Inspector de Sanidad. A partir de 1982 los carnets funcionaban a tope para colocarse. Pero yo lo aprecio aparte de la Politica, es un buen colega. Ni idea de si se caso o no.

Maruja.-Profesora de Bachiller de Plantilla. Tampoco se si se ha casado o no. Muy politicastra, pero la aprecio mucho a pesar de tantas peleas y reproches. La primera vez nunca se olvida, aunque sea una chapuza.

Sumacion.-Acabo su carrera y trabajo con éxito en la Enseñanza. Muy inteligente, de las mejores de su profesión.

Un Menda.-Investigador hambriento de profesión, pero publicando en el tajo a fuerza de curro. Me encanta mi vida, aunque a veces sea un poco dura. Por supuesto, también termine la carrera a la vez que El Bruto, El Timido, y El Cerdo, mis colegas de los veinte años. No acabamos como cadáveres sobre los caballos al estilo de Pike y los suyos, por suerte.

El Sol Naranja de California

Esto era Julio en 2008 cuando fui a presentar un trabajo a San Diego, California, a principios de mes. Rutinario para cualquiera que trabaje en investigación, y con el único aliciente de que en verano durante el tiempo libre se puede dar el sufrido participante un chapuzon en la piscina del hotel, o salir al fresco al acabar el trabajo. Esto suponiendo que no surjan cosas nuevas sobre la marcha (que casi siempre sucede), para robar todo tiempo libre y poner de los nervios al mas veterano.

En Londres el vuelo prometia ser tranquilo, en dos etapas. Primera a Los Angeles, y de ahí a San Diego en otro avion, que yo ignoraba cual seria en principio. Salvo algunos demenciados de Seguridad con sus incomodos registros en el Aeropuerto, nada de particular. Y mi plan era comer a gusto, echarme una buena siesta larga, disfrutar de las Azafatas mirándolas discretamente solo una o dos veces, lo mas educadamente posible, y sin molestar mientras seguía con mis papeles rutinarios. No voy a ocultar el glamour que tienen estas Profesionales de Altos Vuelos, que en realidad son High-Standing Camareras-Salvavidas, especializadas en un trabajo que tiene sus riesgos, y creo que es mucho mas estresante e incomodo de lo que parece en imagen. Muchas Profesiones desde fuera parecen fantásticas, pero la cruda realidad es diferente.

En cualquier caso, todo queda en el look, arte, y voyeurismo, porque pronto empece a leer y enterarme que la gran mayoría de ellas están conectadas con la Policia, Seguridad, e incluso muchas son la perfecta mujer Poli, que además de guapa, tiene un magnifico Ojo-Holmes para encontrar el delito. Las chicas son grandes actrices genéticamente, y esto en cuestión de indagaciones constituye una herramienta terriblemente eficaz. Es como el Museo del

Prado, fabuloso todo, pero no es tuyo, y cuidado con pasarte que estas bajo camaras.
Me especialize en Azafatas cuando comencé a presentar mis trabajos de Conferencia a Congreso, pasando por Job Fairs. Esto es, muy tarde porque nunca había tenido dinero para ello, ni sabia como moverme en este tipo de fastuosos eventos. Cada viaje nuevo me fijaba en ellas, no solo para disfrutar de su gancho, sino para aprender sobre su personalidad y las diferencias entre todas, por carácter, imagen, país de origen, y Compañía Aerea. Esto hacia mas amenos los traslados, y siempre me acostaba rendido en el hotel de llegada pensando que la que había seleccionado era mi novia durmiendo al lado (nada mas, porque llegas tan exhausto que las fuerzas van justas, todo Platonico e Imaginativo. Prohibido pensar mal). Asi entraba en las nubes de Morfeo contento y rápido, y al despertar por la mañana me quedaba un buen poso de recuerdo en mente, suficiente para empezar la lucha sin tregua por publicar en el Congreso.
Las Azafatas de la BA constituyen lo mas fino y harmonico a dos mil pies de altura. Los Ingleses en cuestión de elegancia y presentación para muchas cosas, son insuperables. Muchas de ellas tienen una belleza tan insultante que dan ganas de arrancarlas el pañuelo a dentelladas, besuquearlas el cuello hasta que empiecen a gemir, y echarlas un prehistórico en el suelo de mitad del pasillo, mientras los pasajeros contemplan los tacones y las pantorrillas en alto. Que escandalo. La comida de BA es la mejor presentada, todo muy fino (como decía una de mis tias abuelas), y no solo aparente, también apetitoso y en su punto. Las chicas de BA son educadas, correctas, y trabajan bien, de justicia es reconocerlo.
Las Hembras Voladoras de AA tienen una mezcla de sentido practico Americano y simpática informalidad muy agradable. Te ceban de comida como a un bebe, e incluso puedes llegar a pensar que de postre te van a dar teta de premio a través del magnifico escote (imaginar es gratis). Es muy

frecuente toparse con una Azafata AA Afro-Americana, y estas si que hacen levantar la cabeza del laptop y perder la concentración del todo. Muchas veces me he preguntado, como con mi querida Computadora-novia de Ajedrez, Pako que eliges, blancas o negras para jugar, y las segundas son tan guapas que no encuentro solución al dilema. La comida en AA es menos refinada pero hay mas cantidad, y eso me encanta. Otro tema es la edad de la Azafata que te toca, y en este punto he podido comprobar que no hay una relación constante entre edad y encanto personal provocador. Muchas Azafatas por encima de 40 estan bastante mas apetecibles y saben tratar mejor a cualquiera que dos de 20, que suman en experiencia y pechugas una de 40. La edad influye, como mucho, relativamente en en el gusto personal, pero no mas de eso. Por otra parte, la diferencia entre Americanas e Inglesas es mayor de lo que parece, porque los Americanos son en general gente extrovertida (no como yo), y muy directos al hablar con alguien. Pero sobre todo, lo que he aprendido por experiencia al tratarlos, es que ponerse de acuerdo con un/a Yankee en cualquier cosa es superfacil y rápido. Ellos tienden a complicarse, en general, lo menos posible. Sin embargo, el asunto depende de los gustos personales, porque hay muchos que prefieren la elegante sofisticación de las Britanicas. Esta claro que hay gente exigente, con dinero y gustos refinados, que precisan lo mas chic porque su fortuna les da ese poder. Es mejor la variedad que la monotonía, a mi los ricos no me molestan en absoluto. De Iberia no puedo decir apenas nada, porque prácticamente soy uno mas entre muchos Investigadores Españolitos exiliados desde hace mas de dos décadas (y feliz del todo en mi dulce exilio, aunque en cada batalla profesional siempre me suena en la mente el bronco y salvaje rugido del Bernabeu cuando el Real ataca en tromba. Aprecio mucho mi ciudad de origen, y tengo muy buenos recuerdos de alla). Con todo, me consta que hoy dia las mujeres de mi país de nacimiento, tanto por guapas y

exhuberantes como por listas, son capaces de volver quasi-locos a los hombres de los países del Norte. Para después sacarles todas las energías, los caprichos, la pasta, el divorcio millonario, y crearles posteriores recuerdos nostálgicos con la mayor facilidad. Por ultimo, las de United son Americanas mas selectas y elegantes, y en ocasiónes he visto alguna con suficientes medidas y comportamiento atrayente como para preguntarme si no ganaría mas como actriz o modelo.
Asi las cosas, llegamos a Los Angeles puntuales y con buen tiempo, era una tarde del 4 de Julio, y lo primero que encontré eran unas fotos del Presidente y el Vicepresidente al principio del túnel de acceso, supongo que como para decir esto es nuestro y tu eres un invitado. Despues de los papelotes de visado y aduana, enfile hacia la terminal de embarque para San Diego, y fue verdaderamente complicado encontrar el sitio, porque era nada mas que un hangar, aislado del resto de los edificios grandotes. Mas aun, nuestra puerta de embarque era la del rincón final mas alejado.
Desde siempre, pero sobre todo cuando empece a tener algo de conocimientos técnicos, me entusiasman los aviones y la mecánica de vuelo. No solo es el aparato en si mismo, sino también la sensación de libertad, fuerza, y capacidad de movimiento que da el hecho de poder moverse por encima de la superficie terrestre. Sin embargo, conforme empezaba a aprender algo de la Dinámica de Vuelo, también notaba los multiples riesgos que conlleva moverse dentro de una maquina, y en un medio que no es el natural del hombre. Esto es, dos importantes factores de riesgo, la maquina que como tal puede fallar incluso por imprevistos aun desconocidos, y el aire lejos de tierra sometido a la fuerza de la gravedad. Por tanto, si a trabajar con Tecnología Aeronautica, pero que suban arriba los mas capacitados, jóvenes, y expertos, porque yo resuelvo lo que puedo desde mi ordenador y las matematicas. Los simuladores están para

superar la frustracion de cualquier piloto aficionado, como un menda, y son superdivertidos.
Pero sin duda, el escalon superior mas atrayente e interesante es la Tecnologia Espacial, una rama de la ciencia que seduce a cualquiera. Tan bonita como arriesgada, porque al salir al Espacio Libre las posibilidades de complicaciones se multiplican exponencialmente con respecto a la atmosfera de la tierra. Poco he tenido que estudiar para darme cuenta de que el Apolo 11 que llego a la luna tenia muchos mas riesgos reales, y potenciales posibilidades de fracaso que la información que se daba por los medios. Solo el coraje y la competitividad natural de los Americanos, la tremenda presión de la Guerra Fria con una Carrera Espacial que, hasta entonces, iban perdiendo, y la ambicion profesional de los tripulantes, hizo posible esa Misión Histórica. Como me enseño mi padre de pequeño, Audaces Fortuna Jubat (y yo añado, de acuerdo, pero sin pasarse). Cuando bajaron en el Modulo Lunar, por los pocos conocimientos que ahora tengo, iban tecnológicamente vendidos. Aunque para vendidos del todo nuestro Colon, que incluso era consciente de que los cálculos que había hecho no eran del todo correctos (mas bien malos) antes de salir de Puerto. Ahí debio funcionar la fe ciega-irracional con rabia del Españolito, el ahí tiene que haber algo, dejadme solo que alla que voy. Esa absurda convicción ilogica que llevo a la Selección a perder Campeonato tras Campeonato durante decadas. Y de pronto llegaron el Sabio de Hortaleza y el NoEpoch-Man Del Bosque para resolver aquel fracaso cronico en 4 años con dos Titulos Mundiales. El astuto y rebelde McArthur también era muy aficionado a jugar al mas difícil todavía, pero con buenos resultados en general.
Mientras esperaba sentado en la terminal, empece a fijarme, intentando entender una serie de carteles y formulas que había de adorno, acerca de aplicaciones matematicas del Efecto Venturi en los extremos de las alas. Por el tipo de aviones que veía a través de los ventanales, parecía que nos iba a tocar volar en un aeroplano clásico de dos motores

de hélice, y el asunto me empezaba a preocupar algo. Mucha tardanza, y al final nos suben a un avión bimotor en el que ni siquiera me cabia el macuto en los armarios portaequipajes. Tuve que bajar al carro de los bultos para meter la mochila y sacar de ella el laptop del mogollon de equipajes, por si acaso había algún chorizo tecnológico, bajo la mirada controladora del piloto. Este me examinaba atentamente para verificar si yo era un posible terrorista que manejaba explosivos, o cualquier otro tipo de individuo peligroso. Al final despegamos de un modo mas suave y fácil del que suponia, y me recline sobre el asiento soltando aire, y esperando que llegásemos cuanto antes a San Diego. Eso de volar en aeroplanos antiguos (en el sentido de que la propulsion de hélice fue la inicial, aunque ahora están rediseñados con excelente mecánica moderna), no me inspiraba demasiada confianza en principio.

Tenia ya los parpados medio cerrados para intentar una semi-siesta, cuando veo por la escotilla que nos metemos directamente en el mar. Ignoraba que la línea de navegacion optima pasaba por cortar camino a través del Oceano, y además no había consultado el tema por internet. Mar adentro de cabeza, en un aeroplano de helice únicamente con dos motores, y empezaba a oscurecer. Admito que me puse en guardia y tensión inmediatamente, y solo quería llegar al hotel cuanto antes y terminar esa pesadilla. El aeroplano se adentro mas en el Oceano, superando en altitud la túnica de nubes, y de pronto, desde mas arriba, la perspectiva del paisaje cambio por completo.

Alli estaba enfrente, un enorme Sol Naranja de atardecer, superpuesto al horizonte azul del inmenso Pacifico. Algo que para los ciudadanos de California constituye lo mas rutinario del verano, me hizo olvidar en segundos que no me gustaba volar en ese aeroplano de los cojones. Era tan fascinante y grandiosa la imagen, que me quede absorto sin saber exactamente que era mejor, disfrutar del cuadro natural, o seguir calculando tiempos hasta llegar al hotel a salvo, en ese avión que no se había hecho el mejor de mis amigotes.

Opte por lo primero, simplemente por instinto. Lo bueno, al final de la batalla, se había comido el miedo y lo malo. Es decir, ese Sol Absoluto que se podía ver una vez superadas las nubes, implicaba una nueva perspectiva diáfana, bonita y optimista. Se habian superado por completo las dificultades y cortedad de amplitud cuando se mira el horizonte desde abajo, con confusión, y el campo optico parcialmente cubierto por la gruesa superficie de nubes oscuras y apenas transparentes. El Sol Naranja de California, aquella tarde del 4 de Julio de 2008, no solo abria un nuevo angulo solido feliz y positivo, también eclipsaba y derribaba cualquier prejuicio o aversión irracional hacia un aparato mas clásico y primitivo en principios aeronauticos, pero todavía eficaz y funcional para la misión que estaba diseñado. Como decía un Maestro de la Generacion del 27, entre la Vida y la Nada, que Delgada es la Frontera (en realidad, matemáticamente en este caso, alrededor de unos 500 pies de altura).
El oro y la plata no siempre se encuentran en estado puro, sino mezclados con diferentes tipos de minerales sin valor económico significativo. Los diamantes en bruto se tienen que pulir y cortar cuidadosamente, pero por un experto que ponga cuidado y experiencia para no romperlos. Los matrimonios profesionales son imperfectos, tampoco están formados por individuos que se aprecien mucho a veces, y con frecuencia tienen dificultades para encontrar métodos de trabajo convenientes para ambas partes. Pero el resultado final es un producto aceptable en muchos casos. Las broncas y desavenencias en los Grupos Musicales son históricas. Un alto porcentaje de las relaciones de pareja no son exactamente equitativas en cuestión de mando o intensidad de atracción. Pero a veces ella prefiere un marido mas desordenado y algo gamberrete que la proporcione suficiente regusto físico y emocional, a un aburrido Don Perfecto que resulta ser un tostón en el sofá y un inutil la cama (me da miedo escribir esto, porque mas bien el segundo grupo seria el mio, por lo de toston y aburrido, no por perfecto). O que se lo pregunten a Sinatra cuando Ava lo

premiaba con su misma Medicina de infidelidad constante, y a pesar de ello seguía amancebado como un borrego con la Diva. Algo diferente debía hacer o tener la morenaza Americana.
Siguiendo esta misma idea, podemos encontrar lo mismo en cualquier dirección que vayamos. Las películas y los libros tienen partes que ocultan lo bueno por llegar, y en algunas viviendas bien exploradas se encuentra un pasillo que lleva a ese pequeño patio tranquilo para descansar en las tardes de verano. Los coches diesel te dejan colgado en los semáforos respecto a la aceleración de los otros, y sin embargo ahorran muchas pelas y al correr algo menos son mas seguros para el conductor lanzado. Los vaqueros favoritos tienen un par de pulgadas mas de largo de pierna, y las aspirinas, junto con la gran mayoria fármacos, suelen tener siempre efectos secundarios. La cirugía deja en ocasiones alguna cicatriz indeseada a las mujeres, y los discos a veces llevan un par de canciones de pego para rellenar contenido.
Casi todos los Sistemas Politicos tiene goteras, cloacas, y desagues de Estado, y los Sistemas Operativos de vez en cuando dan errores que posteriormente analizados sirven para encontrar nuevas aplicaciones. Hasta Ochoa encontró un Enzima clave por casualidad, que bien estudiado luego, proporciono a su Equipo sustanciosos Descubrimientos y Premios.
Tecnicamente, las mujeres dominan estos recursos a la perfeccion, probablemente por superioridad genética en su sexo para saber ocultar y aprovechar lo malo, haciendo mas grande lo bueno. Te cuelan sin enterarte la comida del dia anterior, disimulan los pequeños defectos físicos usando e inventando constantemente innumerables recursos, o van al Cirujano Plastico sin que se entere el sufrido marido, que además paga la cuenta camuflada. Con todo, siempre hay algo bueno o malo debajo de las alfombras, y el dia de suerte es cuando la que se levanta es una autentica alfombra mágica.

Llegando a San Diego ya era de noche, y lo primero que me di cuenta es lo caluroso que es el clima de California La Baja, como llaman ellos a esa parte conlindante con Mexico. Como era la noche del 4 de Julio, el centro de la ciudad estaba abarrotado de gente en camiseta y pantalones cortos celebrando la Fiesta Nacional con fuegos artificiales. Estaba muy cansado, pero me daba cuenta de lo importante que era, y significaba, para ellos ese dia. Sin embargo, mi preocupación era encontrar rápidamente la cena a buen precio y ordenar el equipaje en la habitación del Hotel para empezar a trabajar temprano. Cualquier algarada y masificación de gente en la calle, justificada o no, en general no me motiva casi nada porque mi carácter es bastante tranquilo. Eso si, los fuegos artificiales eran muy bonitos y variados, y se distribuian a lo largo de Downtown y cercanías del inmenso Puerto Maritimo. El Hotel estaba también en Downtown, que viene a ser como se suele denominar, en cada ciudad de Estados Unidos, aquella zona donde se concentra el comercio, las diversiones, y multitud de Edificios Oficiales. Disfrutaba con los coches suyos que me entusiasman, tanto por amplitud como por estilo propio al acercarnos al Hotel.
De la Conferencia, como la mayoría, no se pueden contar anécdotas interesantes salvo describir alguna de las chicas del Paddock que destacaban por su gancho o particular sex-appeal. He visto pocos espacios abiertos tan bien cuidados como el de aquel Hotel y Centro de Convenciones, y mientras se buscaba la pequeña casa de la presentación conveniente, era un gusto disfrutar de aquel soleado Jardin Prohibido, con multitud de recovecos para sentarse con un café a repasar papeles sin que nadie moleste, incluidos los Moscones Chinos que siempre están alrededor a ver si pillan algo, y creyéndose los grandes controladores de la Ciencia y la Tecnologia. Durante mi pequeña presentación aparecio el imbécil de turno insinuando con palabras e indirectas el delirio habitual de que yo estaba aislado y bloqueado, pero a eso me acostumbre desde hace 20 lustros, es decir, desde

que sigo avanzando a pesar de todo el esfuerzo inútil que llevan esos burócratas-investigadores a cabo. Solte mi rollo y puntue convenientemente, que a efectos practicos y de curriculum es lo que cuenta.
Lo bonito de verdad fue la Fiesta Final, porque el menú era verdaderamente apetitoso, en un patio grande del Jardin Prohibido. Tacos grandes de muy buena carne con arroz, pasta y spaguetti de todas las variedades, y muchos tipos de dulces y pasteles, sobre todo de chocolate. Para acabar vino lo mejor, una enorme torre decorada con Frutas de California de todas clases, desde piña hasta naranjas enormes y dulces, pasando por fresas, platanos, uvas grandotas, y cualquier tipo de fruto cultivado con buen solano que se pueda imaginar. A partir de las siete de la tarde, en el Oceano Pacifico surge una brisa fresca que mas bien es viento suave, y hace que el final del dia y las noches no sean calurosas ni tengan bochorno, y esto que descubri como buen novato me encantaba. En la conclusion de la Fiesta cayo el Mana del cielo, porque cuando estaba sentado en una pequeña glorieta semi-cubierta, vinieron cuatro eminentes chicas Matemáticas del Paddock, que aparte de buena Ciencia y Cerebro, tenían la Sabiduria Natural Infusa distribuida a lo largo y ancho de su Anatomia. Cuando levante la mirada del plato de piña tropical y tarta, estaba rodeado por estas ninfas (una pelirroja de pelo rizado, la mas guapa, otra morena con un parachoques frontal mayor y mas firme que un Cadillac, y las dos restantes eran rubias de buen ver). A pesar del prototipico Elemento de Seguridad que enseguida se aposto enfrente, para ver que estaba pasando en esa oculta esquina del Jardín Prohibido, fueron treinta minutos dabuten, y pille teléfonos y direcciones, por supuesto.
En resumen, aparte de disfrutar del Oceano Pacifico y la comida, lo que aprendi en San Diego y Los Angeles fue que las nubes siempre están por encima del sitio conveniente que hay que superar en altitud, para obtener después un buen angulo solido de perspectiva. No hay que dejarse

intimidar por el vapor de agua semi-condensado, que nunca mueve molino. Nunca se deje usted engañar por los densos nubarrones.
Nota: Con el tiempo mi opinión y experiencia de California ha cambiado mucho, la imagen de los americanos no se corresponde con la realidad que yo he visto realísticamente durante un lustro alla.

La Cajera de La Mortadela

Aquel dia de Enero en Nottingham había amanecido brumoso, humedo y frio, como la mayoría, y yo llevaba toda la noche empollando y escribiendo un articulo mas pesado que dificil, porque los Jefazos berracos ya estaban dándonos caña para que lo enviásemos en la fecha limite.Tenia las tipicas ojeras de una noche currando, y la barba de dos meses desde antes de Navidad. El pelo si estaba limpio, por suerte me había lavado algo el dia anterior, y comido en cantidad. Hacia ya año y pico que me largue del Departamento, y me había recuperado del cansancio y el cabreo bastante bien. Ni siquiera echaba de menos mi mesa de trabajo, y ahora estaba empezando a disfrutar verdaderamente del trabajo solitario en casa. Eche una mirada a la estantería de latas y viveres a la luz del amanecer, y me di cuenta de que había que reponer la despensa, sobre todo porque estábamos en invierno. Por tanto, decidi salir temprano al Super de mi antiguo barrio, Hyson Green, para comprar provisiones, estirar las piernas, y recordar viejos tiempos.
Radford, Hyson Green, y alrededores, son los bajos fondos de la ciudad, donde tuve mi primera casa recién llegado a Inglaterra. Con un macabro record de drogas, atracos, e incluso asesinatos, forman la zona en la que viven Indios, Africanos, Asiaticos, Musulmanes, y aquellos Ingleses que

no tienen mas remedio que alquilar una casa alla. En este sentido, no sabia en donde me había metido con certeza, hasta que empece a ir al barbero Musulman de la calle de al lado, que cortaba bastante bien el pelo por 4 Libras (diría que excelente, para ese precio). En general, la Barberia solia estar llena de Arabes de distintos países, como unos 15 o 20 individuos en total, de los cuales la mitad no iban a pelarse, y solo disfrutaban de la charla matutina. Pero cuando aparecia el coche de la bofia a velocidad lenta, o alguno de sus autoritarios ocupantes bajaba a la acera a echar un vistazo, la espantada era general, y prácticamente me quedaba solo en el establecimiento. Hasta que esto no sucedió cuatro o cinco veces, no empece a pensar en los motivos, sobre todo porque al ir al barbero desconecto de cualquier asunto, y me dedico a oir música y relajarme. Simplemente, el barrio estaba lleno a rebosar de sin papeles, individuos incluidos en las listas oficiales de búsqueda, y sobre todo, cualquier inmigrante no Europeo siempre mantiene mucha distancia y precaucion con la bofia, aunque tenga el expediente limpio. Aparte de este ambiente potencialmente peligroso, nunca me sucedió nada problemático en Radford, con excepcion de un enfrentamiento en una cabina con un hooligan una noche de Navidades. Principalmente porque la vida que hacia era del Laboratorio a casa y viceversa, absolutamente ordenada y simple.

En la calle de enfrente de mi portal encontré, en mi tienda favorita de Segunda Mano, las primeras botas para caminar en el invierno por nueve Libras, algún que otro abrigo para resolver el frio, y un aparato de música que duro casi tres años. Tambien hay excellentes Charity Shops, donde compraba una buena camisa o vaqueros usados los días que cobraba, y contento con los billetes en el bolsillo, me daba una vuelta por el Super y alrededores.

Otra cuestión positiva de la diversidad Cultural en gente, digamos, no excesivamente rica, es la variedad de tiendas de diferentes etnias con sustanciosas ofertas. Cogiendo los pasteles, el magnifico arroz, o especias en rebajas de los Indios, la carne, embutidos, y pan sin levadura de los Moros, o la fruta ya demasiado madura que muchas veces se ofrece en liquidación a lo largo de los puestos callejeros, uno se puede apañar dos semanas de supervivencia saludable por 12 Libras o menos. Aparte de esto esta el Mercadillo de Hyson Green de los martes, que viene a ser un pequeño y nada despreciable rastro multicultural donde se vende de todo. Ahí fui capaz de encontrar hasta cubas de plástico para agua a buen precio, y poder simular tejido humano en mi destartalada maquina de Rayos X. La guinda la pone algunos días entre semana el show Predicador-Cristiano con escenario, grandes altavoces y música al lado de la parada del tranvia, que montan de vez en cuando los de no se que tipo de Iglesia Evangelista. Es para convencer a los supuestos descarriados pecadores de que vuelvan al rebaño, y no se echen para siempre a la viciosa y mala existencia (no tengo datos de si han logrado éxito practico hasta la fecha).

Lo mas gracioso de habitar en ese barrio era ver las caras de los otros investigadores de la Universidad cuando les contaba donde vivía. Se horrorizaban, clasificándome automáticamente como un individuo relativamente fiable. A mi personalmente no me causaba ningún complejo, currando como Medico me he pateado los peores y mas sordidos alrededores de Madrid, y se aprende mucho de como buscarse la vida cuando te codeas con la gente 'teoricamente' sin recursos. Vamos, que en esas ocasiones hacia una pausa en la conversación para ir a mear, y me salía espontáneamente una risota socarrona en el baño.

No recomiendo ir por esas calles de noche, pero si hacer una visita de dia para los que les gusten los tugurios, la variedad de personajes, las caderas de una Africana en minifalda y botas, o el moverse entre gente que resulta difícil saber a que se dedican, y sobre todo de donde sacan el dinero y los papeles para vivir. De cualquier portal o pequeña tienda de Ultramarinos surgen hacia la calle, a media mañana, grupos de tres o cuatro individuos fumando y charlando, mientras se apoyan en la esquina con pereza. Mucha chupa negra de cuero, barbas de cuatro días, pelos morenos rizados de Arabes y Pakistanies, y alguna que otra mujer India con los colores chillones de sus trajes de origen. Me encanta volver de vez en cuando a mi viejo lugar, por muy bajos fondos que sea el sitio.

Entonces ese dia entre en el Super y fui directamente a comprar los típicos y baratos Sausages Britanicos, que no son otra cosa que salchichas hechas generalmente con carne de cerdo, bastante insanas para el colesterol, y capaces de resolver la dieta de una semana encerrado trabajando a tope. Pero habían cambiado de sitio los Sausages, y en su lugar encontré toda una numerosa colección de mortadelas desde los 250 gramos hasta los 2 kilos, o como dicen los Fineses, Makkaras de todo tipo. Lo primero que me ocurrio fue que no comprendia la situación del todo, estaba perplejo. Por eso empece a estudiar las etiquetas, y encontré claro que era una remesa, probablemente a buen precio, importada de los Paises del Este. Al llegar a este punto me vino Finlandia y la nieve a la mente, y empece a examinar y palpar, como el que descubre oro, Makkara por Makkara, creyéndome que estaba en el Super Maksi-Makasiini, una tarde Finesa gris de Febrero. Me parecio que tenia mi vieja bici plateada de 28 pulgadas esperándome en las dunas de nieve de la puerta, y me pondría el gorro térmico de lana y la bufanda antes de volver a casa cortando la ventisca con granizo. Por el camino veria oscurecer bajo la nevada de la tarde, y al llegar a casa haria un par de litros de te caliente mientras sintonizaba Radio Salminen, para empezar la tarea hasta que amaneciese. Tal cara de absorto interés mezclado con nostalgia bobalicona debía aparentar, que un señor jubilado Ingles bastante alto, que estaba al lado, comenzo a mirar con atencion las Makkaras, pensando que aquello que despertaba tanta atencion tal vez podia ser una buena compra.

No había duda, me había vuelto un gilipoyas sentimental durante cinco minutos. Sacudi fuerte la cabeza para volver a la realidad, y me encamine orgulloso y satisfecho a la caja pensando que con las de dos kilos había resuelto una semana de bocatas con cafe al lado del radiador. Asda es un magnifico Super, que contrata cajeras muy jóvenes temporalmente, porque las chicas necesitan dinero para resolver cualquier asunto. Y esta era la típica Inglesita quasi-teenager, rubia, sonrosada, con buenas carnes, guapetona, y de sonrisa superficial de dieciocho años.
La chica empezó a facturar todo rutinariamente, y al llegar a las enormes Makkaras le cambio la cara, expresando como mitad risa y asombro a la vez. Despues de pasar la Mortadela por el lector de código, la subio al aire por todo lo alto, con la misma satisfacción que el atributo de su novio zarandeado con ganas un viernes por la noche, de modo que la fila entera de cajeras comenzó a contemplar y alucinar con ese barbaro tocho de carne con forma de falo. No había mucha gente a esa hora temprana de la mañana, asi que sus compañeras, unas jóvenes y otras maduras, divisaban perfectamente lo que quería mostrar con solo algo de disimulo. Se recreaba mirando la Mortadela de dos kilos, como si hubiese descubierto restos oseos de un dinosaurio prehistórico en la arena de la playa. No comprendia como un individuo con barba ya canosa de dos meses, un macuto mas grande de lo que es socialmente elegante y aceptable, ojos enrojecidos por la noche de trabajo detrás de las gafotas, y bufanda atada al cuello (valga le redundancia) sin algún sentido estético, se iba a zampar ensemejante volumen de mortadela en bocadillos durante el mes de Enero. Para esa belleza rubia de casi veinte años, yo me había convertido en el hecho anecdótico y asombroso de aquella mañana aburrida de miércoles. El hermano de Carpanta se había colado en el Super.

Que finolis son los Ingleses, la madre que los pario.

Por mi parte, atravese dos etapas en mi mente durante el inesperado suceso. Al principio no comprendia como aquello que me iba a proporcionar supervivencia durante un mes de invierno podía ser objeto de asombro para la nena bombon. Es decir, lo que para mi era un asunto totalmente lógico y normal en la vida diaria, esto es, apañar el sustento del modo mas barato, practico, sencillo, y cocinando lo menos posible, para las chicas constituia algo extraño que no encajaba en sus esquemas mentales. Tal vez porque ese tipo de problemas los tenían resueltos desde hacia mucho tiempo, tanto en asuntos de pasta, como facilidades y habilidad para cocinar. Cuestion de matices significativos, supongo.
Pero al cabo de medio minuto mis ribosomas y conexiones neuronales empezaron a carburar de modo distinto, probablemente por la larga noche de trabajo solitario en mi cutre habitación. La Cajera agitaba la Mortadela hacia arriba y abajo, y el inmenso cipote era contemplado en algarada por sus colegas femeninas, como en una cinta para adultos en su fase orgásmica final. La pelicula erotica empezó a divertirme, y me quede absorto con los ojos abiertos a tope,
contemplando la facilidad que tenia la chica tan joven para el maturraque salvaje. Lo que empezó como un thriller de supervivencia se había transformado en una orgia en plena mañana de supermercado.
Me despertó una elegante Maruja Inglesa con un suave y distante toque en el hombro, que esperaba su turno. Aviso con la sonrisa entrecortada, como diciendo casi como que no me acerco mas a ti con esas pintas que llevas tu. Fui educado y obediente, y cogi las bolsas para cargar la mochila en los bancos de la entrada, como era mi costumbre. Se había terminado la sesión matinal de cine, una pena.
Al volver de camino a casa, atravesando el antiguo barrio, empece a pensar sobre lo ocurrido y a sacar algunas conclusiones. En asombrarse por el tamaño de la Makkara, la cajera no tenia razón, porque eso es normal para la gente

que tiene poco dinero, simplemente ahorra, o es un individuo de mucho apetito. Pero en mi aspecto desaliñado si estaba correcta, porque no se puede ir por la calle con esas barbas de homeless, y además siempre hay que arreglarse un poco al salir para lo que sea.

Sin embargo, mi aspecto de individuo asocial-marginal tenia cierta justificación, algo defendible. Vivia en una antigua casa Inglesa Terrace, que a pesar de estar casi en el Centro, era mas bien un desastre por una serie de motivos. Las casas Inglesas de esa época parecen preciosas por fuera, pero hay que entrar adentro para darse cuenta de que aquellas no convenientemente refomadas pueden causar problemas de vida diaria incluso al mas sobrio.

Las tuberías y los techos hay que revisarlos y cambiarlos, porque suele haber atascos en heladas para las primeras, y goteras en época de lluvias para los tejados (en mi habitacion había un lugar de simpaticas goteras que me obligaron acambiar la mesa de trabajo de sitio varias veces). Los sistemas de calefaccion pierden demasiada energía y son obsoletos en muchos casos, y las escaleras son de madera, estrechas, y en mi opinión muy peligrosas para la gente mayor. En el caso concreto de mi casa, yo vivía en la planta de abajo, y los baños estaban arriba. La escalera era tortuosa y de madera, con un peldaño, al que yo puse el nombre de Peldaño Maldito (PM), por su riesgo potencial, que se hundia y crujía con lamentos de pelicula de terror. El pasillo y zonas comunes estaban helados (creo que la temperatura era casi igual a la de la calle), y la Dueña no nos dejaba tener las luces comunes encendidas por mucho tiempo, bajo amenaza de echarnos.

Mi solución fue mear en mi cuarto en un gran cubo-orinal, que subia a vaciar frecuentemente por noche mientras estudiaba. El problema era subir con el enorme recipiente la escalera, casi a oscuras, varias veces por noche, y superar el PM. Además, el orinal llevaba casi siempre mas de dos o tres litros de liquido celestial, que si se derramaba por las escaleras, hubiese causado un oloroso desastre ecológico

en las zonas comunes, y mi expulsión inmediata de la casa en pleno y duro invierno. Pero el colmo del asunto era mi cerebro, que ya tiene síntomas Metaforico-Alzhermiticos por deformación profesional. De modo que cada vez que pasaba por el PM con los dos litros de pis, me imaginaba que aquello significaba la trampa, el soborno aceptado, incluso la prostituta camuflada que te pone los cuernos a huevo y luego se chiva a la prensa. O el convoluto ilegal de intereses que uno puede encontrar al subir en la carrera, y causar el desplome a mitad de camino ascendente, o cerca de la cumbre.
El Peldaño Maldito se había convertido en la amenaza potencial nocturna para mi imaginación y supervivencia en la casa, y la solución llego por suerte cuando la Dueña decidio habilitar un diminuto, pero practico baño con ducha en la planta baja. Y asombrosamente, un sofá con tele para ver los partidos el sábado. Cuando vi la transformación al volver de Minnesota en Abril, pareciome un milagro de esos en los que cree ciegamente mi madre.
De modo que al llegar a casa desde Hyson Green esa mañana, le eche al asunto lo que me quedaba de fuerza de voluntad, y subi a afeitarme y lavarme al baño de arriba, superando el Peldaño Maldito. Durante el camino había tomado la firme decisión de reducir distancias con los Ingleses en cuestión de imagen social, porque una cosa es tener personalidad propia, y otra convertirse en un vagabundo marginado.
Al mirarme al espejo con la luz del mediodía pude confirmar lo que estaba pensando. Mi aspecto era, simplemente, el de un minero de la Fiebre del Oro cabreado. Barbudo, paticorto, bracicorto, bajito tendiendo a enano, arremangado por todos los extremos, y con unas botas negras cubiertas de mugre. Ignoro como pude acabar con esa barba de dos meses, ducharme, y ponerme desodorante con algo de colonia que habían mandado de Madrid, pero lo hice. Al final, mision cumplida, almacen de viveres + look algo aceptable. La

zanja social con los Gibraltareños había quedado algo reducida en anchura y profundidad.
Las ciudades pequeñas son tolerantes con los individuos peculiares, pero no hay que pasarse. En los grandes centros urbanos las personalidades muy polarizadas no causan problemas. Pero incluso en un país, Reino Unido, donde la excentricidad esta considerada como algo relevante y positivo, hay que saber guardar las formas.
Mas o menos, ese dia invernal en el pequeño Nottingham, pude echarme la siesta con la conciencia en calma, después de un enorme Bocata-Carpanta de Mortadela.

QUE FACIL ES.......... SABER................ ....CUANDO EL CARIÑO SE ACABA LAS AZAFATAS NEGRAS AMERICANAS SIEMPRE SON MUY EXPRESIVAS

No llevaba fusil ametrallador, ni chaleco antibalas. Tampoco cartucheras de municion, walkie-talkie, linternas especiales, cinturones de seguridad para el uniforme, granadas de mano con el precinto de seguridad, o incluso protectores-escudo para los cataplines. No buscaba con la mirada nada sospechoso, ni cogia un telefono para dar un mensage a control. Carecia de chamarra de camuflaje para el combate, pantalones con botas altas y suelas gruesas, y mostraba la cabeza y cara completas sin ajustado gorro de lana especial negro. Su gesto era parecido al del bar o la cafeteria de abajo, un menda cualquiera con barbilucha y algo de melenas de abajo de casa, que acababa de echar un bono de loteria o una quiniela, y apuraba un café esperando a su novia o los colegas del barrio. Cogio mi pasaporte y dio los buenos dias, apenas me hizo caso, parecia que no existia el grueso vidrio que tenia delante de su mostrador informatizado.

El cuadro resaltaba con mas intensidad por el profundo silencio del aeropuerto de Arlanda, rodeado de nubes suecas que aumentaban esa ausencia de ruidos, y pasillos en los que uno escuchaba hasta sus propias pisadas. Mas contraste aun, despues de salir del JFK de Nueva York, donde la paranoia americana llenaba de soldados intimidatorios y armados hasta los dientes las comodas salas de embarque y espera. Destruccion total de la estetica confortable de un bonito aeropuerto hecho para contemplarlo, y disfrutarlo, con gusto y admiracion. Extensos interiores coronados por un techo que exponia artisticamente, eufemisticamente, la superestructura de cemento y gruesas vigas de metal a prueba de bombardeo. Hasta en el metro de la ciudad snob y nariz alta los soldadetes llenaban los corredores de fusiles y pistolas ese dia.

Incluso en JFK la tramposa y sucia seguridad americana monto, como no, su particular numerito. Llevaba una bolsa con mi cafe, ropa limpia y desodorante para entrar bien al avion. La cogieron de mis cosas y no la querian devolver, tuve que hablar con cinco empleados de seguridad americanos absolutamente imbeciles para recuperar la ropa limpia -es decir, lo que intentaron es que entrase sucio al avion para que hubiese quejas y broncas, y eventualmente que me prohibiesen el vuelo. Mas aun, abrieron mi taza de cafe y empezaron a analizarla buscando drogas con una maquina de muestras quimicas -me quede sin el ultimo cafe que tenia, lo tiraron descaradamente despues de tomar una muestra. Eso es america, cuando te marchas y los dejas jodidos y plantados, rabia, frustracion, y venganza con resentimiento. Primero no te dan trabajo o te hacen trabajar y no te pagan, para despues decir que no quieres trabajar. Exactamente igual que en Madrid, por eso son tan amigos. Luego te ponen una trampa para que te saltes cualquier norma o ley, y asi te acusan de lo que se les ocurra. Otra tecnica que usa mucho la poli mala es contactar con alguien que ponga una falsa queja o denuncia, y entonces vienen y te registran, te fastidian un dia entero, o te insultan los polis corruptos diciendo que te vayas del pais. Todo ello mientras apuntan tus datos y te fotografian con camaras en el uniforme (1). Que casualidad que cayeron varias bombas atomicas en Palomares, y dejaron todo inhabitable por la radiacion durante muchas decadas en mi lejano y distante pais de origen. Mucha coincidencia que a Carrero Blanco lo enviaron a visitar a San Pedro, al lado de la embaja americana -no voy a defencer el fascio de Franco, por supuesto, hablamos de metodos para llegar al fin sin importar los medios, la etica, la honradez, o lo que fuese. Pienso, intuitivamente por algo de experiencia, que con Carrero habia un consenso de mas bien muchas partes en eliminarlo. Habia que dar volantazo para cambiar el regimen y meter empresas, *pero precisamente esas y nuestros chicos nuevos*, a mogollon en el pais de las corridas de toros. Ellos saben hacer todo eso y mucho mas, aprendido de sus primos ingleses, a traves de buenos engranajes y cadenas, bien nutridas de dolares o libras esterlinas. La ultima gran casualidad sucedio cuando estaba en Filadelfia aprendiendo yoga, y viviendo, al aire libre en el parque de la ribera de Schuykill. John Nash, que durante muchas decadas lo volvieron mas loco de lo que estaba, fue a Noruega a recoger el Premio Abel de Matematicas. Al volver, por una circunstancia 'verdaderamente aleatoria', tuvo un 'accidente' que elimino a su mujer, a Nash mismo, y a todos sus premios en vida. Ahi, en ese caso, conociendo la universidad americana, mi primera sospecha fue hacia sus mismos colegas academicos. Curiosamente, la portada de la revista 'Time' en la que se recogia su noticia de orbituario, con biografia bonita y entrevistas incluidas, tenia el titular 'The Last Execution'. De este modo, en la entrada de Arlanda, infle los pulmones de aire recordando ese agobio, ya seguro de haber saltado el atlantico con éxito, y poder aterrizar en una escandinavia

con mayor proporcion, en teoria, de buenas intenciones y confianza.
El maton musculoso que me pusieron en el asiento de al lado para dormir una cabezada con dificultad, ya se esfumaba en la neblina grisacea que se veia a traves de los ventanales de Arlanda. Y la fea azafata blanca americana que me pregunto, agriamente y sin educacion, mi nombre varias veces, despertandome durante el vuelo nocturno, habia desaparecido -me pregunto que normas la permitian comprobar en tono macarra la identidad de un pasajero, pero con la proteccion de seguridad e inteligencia hay personas que actuan impunes.
Lastima, una aerolinea noruega, Norwegian, con tripulacion americana que rompia con la afabilidad de comportamiento en los vecinos del baltico. Que lejos quedaba aquella azafata rubia yanqui de Boston, con su impecable peinado y piernas perfectas, que en dos mil diez me insistia con sus profundos ojos azules en preguntar que me gustaria beber - siempre tu, nena, bombonazo en mis lejanos, perdidos recuerdos.
Imposible olvidar las caras largas de cuatro o cinco azafatas negras cuando salia el ultimo de la cabina con mi mochila bien sujeta, ten cuidado colega, estos lo registran todo con su cerebro de dinamita. Esas chicas eran, con su gesto de mosqueo, resentimiento y desconfianza, el adios de un divorcio que se veia para largo tiempo, o tal vez siempre. Caras serias y contraidas, miradas divergentes, y gestos agrios, era lo que percibia en ese momento, al salir del avion, gran desconfianza y sobre todo intromision para saber mis intenciones. Ni una sonrisa de protocolo como antes, cuando iba a presentar mis trabajos desde inglaterra en 2007 o 2010. Cuantas carantoñas y mimos me hacian los ilustres yanquis por entonces. Ambiente completamente feo y desagradable, y ademas eran todas ellas a la vez. Ese es el gran problema de los americanos en su etapa de decadencia internacional, querer saber al completo sobre las personas sin importarles absolutamente ninguna ley o

norma, y comerse el tarro siempre pensando mal de todos. Absoluta carencia de educacion y respeto por el projimo. Hay que tener jeta para mantener una persona en la calle sin ayuda alguna durante media decada, aprovecharse y robar repetidamente su trabajo, y luego enfadarse porque huye para sobrevivir. He visto gente morir en la calle mientras a lo lejos pasaban limusinas podridas de dolares. No existe el sentido de la proporcion en un pais rico, donde sobran alimentos y hay gente que pasa hambre y necesidades basicas.

Chasque la lengua al pisar la plataforma del tunel de embarque, menos mal, acababan cinco años de vivir, digamos sobrevivir, en la absoluta pobreza y en la calle, huyendo de las mafias de los negros, las mentiras y estafas, y con Homeland and Security difundiendo calumnias y bloqueando cualquier amistad que surgia con los que me ayudaban algo. Por suerte, muchos que me pasaban comida o ropa, a la vez me informaban de que era probablemente el FHBI quien estaba detras de aquello -pienso que habia mas de un grupo, en america la profesion de espia es una de las mas frecuentes, hasta para ver que tipo de condones usas. Imposible ir a los refugios llenos de drogas, puñaladas, locos agresivos, y trampas diarias para robar o romper tus propiedades. Pero eso si, todo siempre en nombre del tal Jesus y la Biblia de las guerras de Oriente Medio, Sudeste Asatico y Persia, viva la Teocentrica Edad Media. Cuando se acaba la colaboracion cientifica, y surge la ruptura, ellos americanos saben seguro que pierden muchos dolares, lo que de verdad les importa, y sobre todo cosas que no saben hacer por si mismos. Claro, a menos que importen investigadores para explotarlos, e incluso insultarlos, por cuatro centavos, como sucedio al quedarse con los restos del naufragio al terminar la primera guerra fria.

que facil es,........... saber, ...cuando el cariño se acaba

Como bien cantaba La Villarreal en Denver, cuando a quince bajo cero en mi cobertizo rompia el hielo del agua de las cantimploras para al menos hacerme un café helado, pero con cafeina, y jamar tortillas mexicanas de King Soopers a dos dolares el paquete. Muchas calorias, fibra y maiz a buen precio, pero siempre en el fondo del saco de dormir durante la noche para que no se congelaran al buscar el desayuno. Su voz despechada, Alicia, en el transistor durante el frio y nevado enero, era la compañía matutina para echarle valor y cargar los apuntes de matematicas y enseres en mi carrito de vagabundo. Vayamos a McDonalds, a trabajar en el proximo articulo, y ver que me dan hoy las princesitas con disimulo y aparentando despiste, cuando el chulo sheriff racista se distraiga un poco. A posteriori, cuando llevo ya meses de fuga, he podido ver mis manos a la luz del dia y con buenas bombillas electricas. Estan llenas de pequeñas cicatrizes que no habia detectado en america. Siempre tenia que trabajar con linternas de noche, manejar el carrito y equipamiento en la oscuridad, escribir en aseos de parques espaciosos, o programar a la sombra de casas abandonadas -ni siquiera ponia vendas en las heridas, porque la sangre se congelaba rapido en la noche o bajo la nieve. Tal vez esas cicatrices, que por suerte van desapareciendo, sean un buen souvenir de la suponible libertad y pais de las oportunidades, unicamente para los que leen la biblia, ponen la bandera en su jardin, o son tan hipocritas en ignorar las desigualdades tan bestiales y abusos que se ocultan de puertas afuera. Leyendo

aqui tranquilamente biogra fias, encontre que incluso los grandes como Einstein, lo clasificaron de comunista peligroso a pesar de su generosidad de hacerse americano. A Oppenheim, despues de colaborar en asuntos esenciales de defensa nuclear lo acusaron de espia, y a Tesla el FHBI le birlo todos sus documentos e invenciones en su habitacion del hotel cuando murio. Tampoco sorprende

mucho, porque los egipcios ejecutaban a los arquitectos que construian las piramides despues de acabar la obra para que no se difundieran los secretos. Que se le va a hacer, la cultura siempre tiene un refugio underground por esta gente.
A fuerza de explorar buscando hamburguesas y zumos vitaminados en las papeleras de Arlanda, encontre las salas con buenos sofas y calefaccion, que bonito ver de nuevo el paisaje de fondo arbolado, sumergido en bruma, de al lado de Finlandia, estaba metido de lleno en el tunel del tiempo al contemplar los aviones despegando en la alargada y espaciosa sala comercial duty-free. Se hizo de noche y cai totalmente sopa en profundo sueño -por lo menos sobar hasta que me echen los de seguridad o la poli sueca..........algo que nunca sucedió, bienvenido a Europa, elemento exiliado. Ese fue el primer susto simpatico. Es curioso, varias veces en la noche algunas suecas me pidieron resolverlas simples cuestiones en su ordenador, no podian conectarlo, no sabian elegir señal conveniente de wifi, o se atascaban con algo. Unas mamas, algunas maduras, otras jovenzuelas. Yo no estaba para ligar, porque de noche aprovechaba para coser la mochila y la ropa por lo que pudiese venir -primero se sobrevive, despues el maturraque. Recuerdo la risa que tenia que contener arreglando mi equipo despues de solucionarlas el problema tecnico, con que amabilidad me engatusaban para que las ayudase.
Si aparecieron, luego, las pistolas, pero en las caderas de las rubias nordicas polis con presumida coleta y camisas azules de mangas cortas. Pasaban a lo largo de la sala de madrugada, suerte que nunca me abroncaron, y apenas me miraban. Queda sexy un arma al lado de un pandero femenino, puro tocino escandinavo, blanquito, magro, y de piel suave, aunque decirlo no sea muy profesional, algo machista, y poco equitativo. Los chavales de seguridad ya no eran tan simpaticos, pero tampoco me me echaron, miraba de reojo a las vidrieras con gesto de despiste,

pensando como era aquello posible, al pasar su patrulla pisando con las botas el parquet de madera pulida.
Aquellos dias que pase en Arlanda recuperando fuerzas para llegar al destino, los recuerdo como algo sorprendente por el enorme contraste pacifico, con aquel otro pais que presume de libertad a tiros. Dormi todo lo que quise y necesitaba, comi, me lave y afeite como pude, y apenas hubo, por suerte, incidentes de cualquier tipo. Como dice El Turko con Sabiduria, cuando algo sale perfecto no lo vuelvas a intentar. Al llegar al fin del viaje, recorde fuera de despiste que eso no era tan excepcional.
Me vinieron a la mente las amigas suecas del verano que de joven, en el chiringuito la playa, presumian de su pais civilizado mientras yo soñaba con un morreo al atardecer de Julio en un dia de mar en calma -que remoto hundir los pies en la arena de la playa, y refrescarlos al romper las olas, mientras dura la tertulia al acabar el dia con los amiguetes de muchos paises. Las pequeñas olas dibujaban lineas paralelas a lo largo de la playa, interrumpidas por algunos boquerones despistados que saltaban sobre la superficie al anochecer. Esa luminosidad del mes de Julio se apagaba al final del dia, sosegando el calor y haciendonos mas extrovertidos. Muchas veces teniamos que preguntar a algun amiguete previsor, con reloj calendario, en que dia de Agosto estabamos, tal que asi era el desmadre veraniego sin dar ni palo.
Tuvieron que pasar dos decadas y media, para verlo, de facto, y comprobar que de lo que fardaban esas resultonas suecas en nuestro chapurreado ingles playero, era de hecho cierto - verificado con mis propios ojos en Arlanda. Claro, tronco, las cosas se olvidan, cinco años de selva se llevan hasta los recuerdos de los eternos veranos de universidad. Al desembarcar del ferry que venia de Suecia, me acorde del Gran Sabio Cajal y sus aventuras. Cuando fue de invitado a recoger su premio, le pregunto sorprendido al ministro sueco anfitrion de turno, creo recordar, algo sobre presupuestos e inversiones. El ministro le replico, muy serio

y educado, que su prioridad, alla en la otra peninsula, digamos la peninsula en que la gente confia en su pais, era invertir en eliminar la pobreza, luchar contra el alcoholismo, y aumentar la educacion de los ciudadanos. Los datos en el cerebelo siempre hay que refrescarlos algo, a ver si nos organizamos un poco, y centramos el trabajo. Mejor no volver a Suecia, capitulo cerrado o en stand-by, salvo en casos urgentes. Cuando el cuadro queda bonito, no conviene repintarlo (2).

EPILOGUE. THE DOUBLE ESCAPE

Spain has a deep and painful wound about loosing one, among many, researcher with acceptable background. Since Spain today is kind of like Puerto-Rico-USA-County, in corrupt and social destruction way, ***the escape was double***. Fortunately, my ties with Spain are becoming cut off almost totally. They could try to recover the spirit of Ortega y Gasset, also in exile, Issac Peral, Severo Ochoa and many other big people that were sent out to fill the history of intolerance, obsolete education system, ignorance, self-country-destruction, and Catholic-Inquisition. To date, in a country with absence of government one year ago, I am proud to have rejected my nationality and cut off links totally with Spain since 1996. If fact, who needs nationality, apart of meals, bed, girls, coffee, computers and books?.

(1) De justicia es citar dos policias que destacaban entre la mayoria de los que trate y conoci. Primero, los de Commerce City en Colorado, estos tenian muchos agentes que de un modo u otro, *no me ayudaban a mi, simplemente ayudaban y trataban bien a todos*, sin excepcion, salvo que estuviesen seguros de que alguno era malo de verdad. Los segundos pero no peores eran los de Filadelfia. Exactamente lo mismo, con aquellos que por una u otra razon sabian de cierto que estaban injustamente en la calle, su comportamiento era ejemplar, casi humano. Que casualidad, como en

Commerce City, que cuando nos veian buscando comida o ropa, aparecia alguna chica que nos pasaba un burrito, tal vez un coche que abria en un cruce la ventanilla y nos daba una bolsa con algo, o una manta si hacia frio. No es agradable tener que escribir que hoy dia este tipo de polis muchas veces se tiene que esconder, y hacer su trabajo solidario cuando estan seguros de que no los van a pillar 'los otros'.

(2) Siguiendo a estos suecos en su costumbre de transparencia en todo, puedo decir con satisfaccion que en este capitulo no existen segundas intenciones ni tejos de cualquier clase a su pais. Escribo porque disfruto desconectando de mi trabajo en matematicas sobre todo. Ni siquiera los colores azul y amarillo de mi curriculum tienen que ver con su bandera, es simple cuestion de gusto personal. Dejemos los buenos recuerdos para siempre, y que estos que me ayudaron a sobrevivir en ruta, sepan que es de bien educados ser agradecidos, nada mas.

LA HISTERICA DE LA NASATAL VEZ SE LLAMA TOMASA

Syracuse de Nueva York no tiene nada especial, ni tampoco desagradable, ni mucho ni poco, y me incluyo en el grupo de gente que vive sin caprichos de lo que surge. Esto es aplicable a casi todo, en general. No hace falta gastarse muchos millones en un coche si no puedes ponerlo casi a tope y no sabes manejarlo, a menos que sea para fardar y ligar por el centro de la urbe, que sucede mucho en las zonas pijoteras y snob de las ciudades. Si vas a un restaurante y pagas por un supuesto plato con sofisticado nombre en Frances, que lleva una tentativa foto en la carta, pues a veces acabas comiendo sin darte cuenta sardinas miau del Corte Ingles y te han dado el pego mas una dolorosa enorme. Una mujer repintada, con toda la bateria de lenceria inglesa a cuestas y el chichirri esteticamente afeitado al estilo Pablo Picasso, puede parecerte mas guapa que otra que tienes en la mesa de enfrente del cafe, sin relleno en el sosten, el papo algo peludillo pero apetitoso, y mascando educadamente chicle mientras lee un libro novelesco-romantico. Todo ello para relajarse de su pedante

jefe en la oficina con sus caprichos de despacho, y su bigote de eufemistico machote para ejercer autoritarismo casi facha. Como dice El Tuko con Sabiduria, no la metas donde quieras sino donde puedas, pero asegurate de que es una piba y no se ha cambiado de sexo -equitativamente sin discriminacion lo mismo para el respetable grupo LGBT.
Ya desde el principio, la batalla de siempre estaba en el cartel. Un poli negro probablememnte con mas placa que formacion, me mostro su insigna antes de pedir un sitio para dormir en el refugio, pidiendo identificacion. Una negra maleducada e imbecil me hizo rellenar un monton de papeles antes de negarme una cama para dormir durante la conferencia, por lo menos, queria fotocopias de documentos para seguridad. Luego aparecieron los sheriffs para controlar el racismo del estado y pedir datos a la misma gentuza. De acuerdo a mi experiencia, no hay nada peor que un sheriff cutre americano -usease los mexicanos, sobre todo los sin papeles, de Denver, cuando en otoño de 2014 la poli y el sheriff empezaron a hacer limpieza. Callaron las radios hispanas de denuncias, y empezaron a aplicar ilegalmente leyes de Arizona para encerrar a los indocumentados. Algun heroico agente de inmigracion se negaba a arrestar mexicanos, pero las purgas racistas de ese otoño en Denver y alrededores fueron brutales. Cada semana palmaba un mexicano en un tiroteo, y en la universidad el enfrentamiento con la bofia era hasta de pistolas -no estoy nunca de acuerdo con la respuesta violenta de los estudiantes, pero USA es como es. Todo esto se ocultaba hacia afuera, me enteraba por mi cutre transistor, y hay un ejemplo objetivo de hasta que punto la mala hostia se recrea en america con los pobres diablos. Se puso de moda una variante del hit-and- run. Es decir, no atropello, intencionado o no, con huida posterior, sino atropello para golpear y derribar, el del golpe huia, y un segundo coche robaba al que caia al suelo las tarjetas, dinero, o lo que fuese. Mas claro imposible, lo oi varias veces con mis propias orejas. Pues bien, continuando, estos negritos americanos han

pasado el racismo a su bando, y tienen su guerra particular debido a una frustracion de siglos. Por mucho que se intente, como lo hice al principio, ser amable, siempre acaban insultando, de malos modos, golpeando, amenazando, mintiendo, y haciendo todas las putadas posibles. Roban dinero en los refugios, es la rutina, primero te entran como amigos, miran y graban con el movil lo que llevas, y esperan el momento para robar o destruir lo que pueden. Muchos son agentes del FHBI u otros servicios, o asociados misteriosos a misteriosos grupusculos. Syracuse era aceptable, pero en el pais de la psicosis por lo ajeno y la paranoia, taxi driver era un santo comparado con lo de hoy dia -que se lo pregunten al ridiculo espia de Boeing, con sus horteras gafas yanquis, que no me quitaba ojo en el Congreso de Matematicas de Denver en 2013.

Conseguido al menos un colchon, habia que buscar comida, lavarse, y afeitarse lo mejor posible. Nuestros chicos siempre aparecen para soltar un par de dolares y un Big Mac en McDonalds. Reconozco mi pecado incurable de jamar hamburguesas y cheesebugers, por eso me da miedo tener mucha pasta en el bolsillo al pasar delante de Dunkin Donuts, Burger King, Carl's of el ilustre McDonals-siempre-ayudamos-a-los-injustamente-perseguidos-pero-callate. Son muchos en ese grupo, el Equipo A inclusive.

Magnifica la comida del hotel de la universidad durante la conferencia, y erotica y guapa del todo esa clasica Universidad de Syracuse, que feliz me sentaba en el sofa del hall central a comer por fin en plato con cubiertos y servilleta. Paraiso temporal, mas bien de horas, mientras desfrutaba de la encantadora imagen de la Premio Nobel Michelle preñada en aquel tiempo. Sus piernas y pelo corto rubio entonaban el arco de los labios, con el adorno de su nariz algo respingona en romantica proporcion. Unicamente el tambien Arco de Saint Louis, que pude contemplar en el greyhound, yendo a la conferencia, rivalizaba con ella en perfeccion de estructuras, tamaño de caderas, huesos, distribucion de adiposo, y gesto natural para hacer un alto en

el camino. Que guapa estaba Michelle, recuerdo junto a la imagen de mi poster. Fue aspero el viaje en greyhound, pero al ver ese Arco de Saint Louis al amanecer con un café instantaneo en vaso de carton, la conclusion inmediata de que el mundo, aunque siempre en persistente batalla de trincheras o terreno abierto, es del todo maravilloso. En Samaritan House de Denver, los curas catolicos, y sobre todo los asociados a los curas que eran los mas peligrosos, retrogrados y fachas, me echaron entre otros motivos, porque veia diez minutos el Daily Mail despues de desayunar, en los fabulosos ordenadores catolicos filtrados en un noventa por cien -al igual que en la Iglesia Agape, el tontorron de los ordenadores me echo porque veia el Daily Mail, al que el parroco negrote de Agape, el idiota biblico Robert, definio como periodico pornografico. Fumar tabaco y marihuana, o beber hasta caerse, no era pecado para el santo cura de Agape Robert, pero su alucinacion pornografica sobre un periodico de lo mas normalito convertia su conciencia en Sodoma y Gomorra, la completa humanidad pervertida.
En Samaritan House de Denver, la revista de prensa matutina, segun los catolicos pornografica, no era mas que un breve ratillo para digerir calorias, antes de ir a hacer mis articulos y pedir trabajo en el centro de Curtis Park. Me pillaron viendo a Imogen Thomas preñada en ese periodico, aquello era una perversion para el catecismo. Como medico, puedo afirmar y afirmo, al estilo del *puedo prometer y prometo* del Duque de los Pactos de la Moncloa que nunca se cumplieron, que son unos paletos e ignorantes -por cierto, recuerdo de esos famosos Pactos de La Moncloa que nos obligaron a los sufridos ciudadamos de a pie a recortar la tele nocturna para ahorrar energia, mientras ellos aprendian tecnicas de robo en la Transicion, que luego los socialistas las elevarian al mayor grado de discrecion y beneficio. Hoy en 2016, los que se dicen derecha democratica popular aguantan en las trincheras, mientras cambian de sitio el dinero del botin robado que les han

pillado en Panama y Suiza, y colocan a los suyos antes del derrumbe final. Una mujer preñada no es otra cosa que un fuerte signo biologico de fertilidad que causa un enorme instinto de atraccion en el cerebro. Si ademas es muy guapa, sexy, y tiene personalidad, el sinergismo sube el instinto biologico al mayor grado. Hablando al estilo de Ramon y Cajal, que definio el beso como un intercambio de germenes, y bien que morreo despues con su maruja, o sea, Don Ramon y Cojon, puñetero de bragueta como el solo, la hizo, creo recordar, ocho barrigas fructiferas -jamas encontrare la solucion de como este genio conseguia sacar tiempo y vigor para esas maniobras de guerra en terreno abierto, y publicar su articulos cientificos a la vez, puro investigador de cerebro privilegiado. Entonces objetiva y geometricamente una mujer preñada no es mas que una esfera con otra esfera mas pequeña que es la cabeza y dos piernas adosadas, pero el instinto de supervivencia en nuestro cerebro es tan fuerte que la señal de atraccion resulta ser tremendamente intensa e irresistible. Por esa razon, opino, muchos nos embobamos con el look magico de las futuras mamas, aunque no sean nuestras, es natural. En nuestra clase de psiquiatria en sexto de Medicina en el Hospital, tambien retrogrado y franquista, que me correspondio en mi carrera, los taraos psiquiatras definian las cubanas y cualquier variante parecida, como perversiones sexuales. La mujer y el hombre son como los cerdos, con perdon de los gorrinos, en cuestion de gusto -en China el cerdo es un animal iconico de lo mas respetable. Simplemente, todo es aprovechable, no tiene nada de perversion disfrutar todas las curvas de la mujer, ni sus particulares anatomias. Para los famosos psiquiatras militares de Gomez Ulla, el sexo anal era una total aberracion-emfermedad en los apuntes de clase, y esos imbeciles del opus dei ignoraban que las nenas tienen tres agujeros al cual mas apetecible, mas toda clase de recovecos, curvas, y jardines de hedonismo natural, segun que a ellas las de la gana usarlos y a quien ofrecerselos -el sexo y sus costumbres van ligados a las culturas, como los platos de cocina y son parte de la civilizacion.

Equitativamente, las nenas pueden sugerirnos lo que las apetezca, aunque nosotros tenemos mas monotonia de posibilidades. Imitando a Cajal, todos los orificios con mucosas tienen muchisimas terminaciones nerviosas, que mandan fuertes señales al cerebro, y fueron diseñados asi en su inervacion por la madre naturaleza para la supervivencia de la especie, mas otras funciones importantes. En definitiva, como dice El Turko con Sabiduria, cada marrano busca su cerda y cada guarra elige a su chulo: disfrutemos de lo saludable que abre el apetito y es ejercicio fisico, mientras dure la Segunda Guerra Fria. Y a refugiarse de tanto hielo bien calientes y cachondos. Estoy convencido de que al llegar a casa siempre es mejor cenar bien y ponerse una pelicula-pedagogica con su pareja que dos vasos de whisky para hacerlo algo mareados y castigar el organismo. O bien media hora de gimnasio no exhaustiva, que relaja y da ganas enormes de chucuchaca sin tener que ingerir toxicos o fumarse un porro.

Continuando con el tema, tambien, como no, buenos colegas estudiantes ingenieros en la Conferencia sobrevolaron mi poster para enclavarlo perfecto. Ahí la selva tiene animales simbioticos y predadores al estilo Seamus Garvey sin calidad personal, aparte de su necesidad de sangre a cualquier precio.

Que casualidad, el dia de poner el poster se retiraron todos los autobuses, y tuve que pagar un taxi. Llegue aguantando los insultos del obrerete taxista murmurando y mascando que me fuese de la ciudad, y al menos el precio que recuerdo no era mayor de diez dolares.

Puesto el poster, comprobado el articulo en el elegante librote y el flash-drive de los Proceedings, llegaba el relax, al menos por un dia. Habia que buscar un salon de presentaciones alejado de la turba, pillar caramelos, café, lavarme bien las manos, piños y cara, atacar algun pastel con discrecion, y sentarse en la fila de atras para estirar las

doloridas piernas. Poner la mochila con mis trabajos y ordenadores al lado sin llamar mucho la atencion, y a gozar. Esta vez, colega, sientate correcto, escondete, y evita venganzas ajenas e incidentes despues del golazo, me juraba a mi mismo en los aseos al pulir la dentadura.
En esto que aparece una chica mas bien ya señorona, investigadora de la rimbombante NASA, que trabajaba en la flora bacteriana del shuttle, ya retirado por aquel 2013. Semi-rubia, robustilla ella, y con cara clinica de nivel de estres sin llegar a nada tremendo. Nunca llegue a saber su nombre de pila, no estaba en el programa o no lo pude encontrar, dada la calidad de los aperitivos. Parecia muy buena y formal, pero se la fue la olla en una pausa de las imagenes, y oi su primer grito de histeria femenina,

psicosis!! psicosis!! Tiene psicosis

o sea cree el ladron que todos son de su condicion

Afirmo por Belcebu El Bueno que estaba en la gloria bendita, calculando cuantas gominolas y café me quedaban para evitar salir afuera a buscar provisiones. Tambien tenia la imagen de Michelle en el cerebelo unida al regusto de los carameloides masticables y los tragos de café, por fin caliente y con leche. Me propuse entonces, a pesar de ese primer grito de la Histerica de la NASA, hacer a Michelle alguna pregunta sesudamente cientifica para al menos cinco minutos de charla. Contemplar sus ojos de cerca antes del sordido greyhound y el trabajo siguiente. Pero no hubo tropezon alguno en los pasillos con aquella nena, canto de sirena entre todo el temporal, y guinda preñada de la conferencia en el suntuoso mundo academico. Sin embargo, la Histerica de la NASA, tal vez de nombre Tomasa, volvio a entrar en trance violento americano cerca del final de su charla,

psicosis!! psicosis!! que lo echen!!

de nuevo, cree la ladrona al borde del ataque de nervios, que todos los competidores son como ella, una loca con sueldo

Ahi ya esta atacada consigio llamar mi atencion, y decidi eliminarla. Ya es una experiencia comprobada, cuanto mas te juntes con ellos mas se contagia la locura de los que solo compiten por el puesto, falsos investigadores -ya lo decia Cajal, El Escalafon es El Escalafon. Estoy convencido y apuesto que los psiquiatras que tratan a esta muchedumbre de colgados investigadores vuelven a casa soñando con los soldaditos de plomo y el caballo de carton que tenian en su infancia para relajarse.
Luego, una semana despues, yendo al centro de Syracuse de Oxford Street donde tenía mi cama, entre en Starbucks a trabajar - al salir de la zona de refugios. Me senté en un Starbuck con dos entradas y en la parte delantera de la mesa apareció un agente probablemente de homeland o de seguridad privada que comenzó a mostrar su pistola enorme en funda atada a la cintura a medio metro de mi ordenador - desde el primer segundo me parecio simplemente un payaso americano. Este racista desesperado Jonh Wayne de la decadente USA siguió haciendo movimientos de la mano alrededor de la pistola y muslo aparentando desenfundarla, como el sheriff de Coslada o algo asi. Estaba claro que mi artículo y cartel hizo otro Pearl Harbour con profunda herida en los miserables del grupo corrupto americano científico. Envié un informe a inmigración inmediatamente que fue ignorado inmediatamente. Hoy, entiendo la historia del gran Tesla, que venció Edison muchas veces, y sobre todo en lo fundamental, el trasporte de energia electrica con corriente alterna. El problema del siglo XXI de Estados Unidos está creciendo hacia una frustración internacional, dijo aquella pistola en el cinto de ese delincuente legal extremista en el supuesto pais de la libertad para algunos.
Me puse los auriculares de la radio y que la ingresaran en el

psiquiatrico, pagado por la NASA y el area 51, no fuese que viniera de Jupiter, mas bien por su calidad personal de Mercurio, o algun asteroide barato de segunda mano. Esta se habia coscado de los documentos enviados al Juez con datos del Tralara McNally, el Psicopata de Organizacion Mike Sloman y todos los informes y declaraciones firmadas ante notario. No es a mi siempre especialmente, pero los americanos por costumbre, como sus primos los Ingleses, van al insulto directo, la provocacion, y la mala educacion chabacana de un pais que roba historia porque no la tiene. Ni siquiera sirve intentar ser amable, o tratar de colaborar, no soportan la competencia y pierden en seguida el control incluso con los mas candidos e inocentes.
Prueba de ello es un profesor gallego que estaba en el Double Tree de Orlando al verano siguiente, 2014. Era la conferencia del Profesor Callaos, que fue el unico chair en toda mi historia que me dio las gracias el ultimo dia por mi articulo. Latino de origen tenia que ser, creo que Argentino, tal vez primo de Maradona, cuñado de Raton Ayala, alumno de Heredia, el mejor defensa libre del mundo en su epoca, quiza vecino de Kempes, o pariente lejano del Flaco Menotti. El poeta Valdano, como decia algo mosqueado Supergarcia, tiene los archivos de nuestro parentesco con el pais de la plata, yo estoy en matematicas.
Pues bien, una vaca culona de Rutgers, el ilustre Profesor Marlowe, con la parienta en la conferencia pegada al sillon, y su ridiculo sombrero colonial, empezo a vacilar al profesor gallego que no hablaba mucho ingles bien. Pero habia ido a la conferencia con su mejor intencion. No hay que buscarlos, van a encontrarte como hienas, y preparan la trampa haciendose los joviales. Luego vino un negrito con pajarita ridicula y cursi Britanica, y Marlowe se dirigio a el en tono alto para que yo lo oyese. 'No creo que saque nada de la conferencia', le dijo al tostao, que debia ser algun enchufado de turno, con beca de paridad etnica a pesar de su inutilidad. Jamas fui a Orlando o Florida por nada, creo que palmaria en ese clima medio tropical, alabada sea la nieve de arriba,

y ojala pudiese haber ido a vivir a Alaska con los pinguinos y osos. Eso si, de justicia, bonitos para el turismo y diversion a tope son totales.

Despues siguio provocando al gallego. Me levante hacia los asientos del piano para no ver el espectaculo, mas bien especta-culo del imbecil Marlowe, probablemente asociado a la extema derecha, y pillar algun pastel de chocolate con discrecion.

Entonces, llegados a ese punto, abri camino hacia el jardin de las fuentes filosoficas del bien y del mal, a esa hora quedaban pocos camareros y personal trashumante. El inmenso Double Tree Hilton adormecia al lento atardecer de Florida, y la luz atravesaba los arqueados torrentes de agua haciendo reflejos optimistas, chispeantes para acabar un dia con algo resuelto -habia llegado al objetivo, y el articulo estaba en los proceedings, gracias a Neptuno que habitaba en esas fuentes de los jardines. Me preguntaba ya conociendo a estos yanquis, por que los Latinos, Fidel inclusive, y Venezuela habian cogido ese odio feroz al Decadente Imperio. Ahi empezaban a estar los datos, pero la confirmacion llegaba en la ultima merienda de la tan intelectual conferencia en Computacion y Ciberentica del Estado de Florida, que en su lejano tiempo pertenecio a los Madriles.

La azafata playmate de la conferencia era una Venezolana demasiado joven y resultona para que me hiciese ilusiones. Pero con sus largas piernas, ojazos morenos y escote mostrando los regalos de la naturaleza para que el planeta sobreviva, charlaba con todos. Muy inteligente y sociable, se estaba haciendo ella solita su carrera de abogada, que en america es mas bien dificil. Absolutamente integrada en el pais, y con sus dolares bien ganados. Empezamos a hablar de Venezuela, era la epoca del continuo y duro enfrentamiento con america, y la pregunte por que ese odio de suramerica, y Venezuela en concreto, a Estados Unidos,

Por lo que hicieron

Asi contesto la guapetona lista con decision inmediata, y sus ojos brillaron por una ofensa de siglos. Recordaria ese tono y el gesto muchos meses despues, aguantando la nieve de Denver a quince bajo cero en mi escondite para sortear al sheriff. Ella lo tenia todo, no odiaba america, trabajaba bien, los de la conferencia queria retratarse con ella delante del cartel del programa, y nunca la vi un gesto inapropiado ni torpe. La sobraban pretendientes en el elegante hotel a cada paso que daba, con sus pantalones azules y tacones que resaltaban sus largas piernas de azafata chic. Pero el daño, aprovechamiento y abuso sobre su tierra de nacimiento seguia vivo en sus recuerdos con absoluta justicia. Esa es la realidad, ingleses y americanos en posicion dominante no conocen limites para el abuso, y ademas prepotencias de todo tipo. Objetivamente, sucede mucho con otras razas y paises, tambien lo he comprobado en muchos casos.
Por tanto hay dos tipos de reacciones, la democratica y la violenta. De ahi vino Fidel, Che Guevara, extremistas o revolucionarios que pueden llegar a una situacion extrema por hambre y miseria natural. La respuesta ante estos abusos, que no son de todos, es la Democracia y la Libertad. La Justicia y la Ley que hemos creado los humanos para salir del salvajismo arbitrario, y tantas decadas ha costado forjar. La tentacion es pasarse al bando extremista e ilegal, o intuir que contra el decadente sistema la violencia pudiese hacer algo. La Bastilla es la historia ejemplar de un tiempo que ha dado lecciones para nunca olvidarlas. El mundo tiene riqueza, espacio, y posibilidades para que todos, si distincion, puedan vivir en paz.
Nosotros, al menos por mi parte, regalamos a la Histerica de la NASA la catedra, el sueldo, la pension, el despacho, un deportivo si la gusta, y su nombre imprimido en todos los proceedings y academias. Pero que aprenda, esta americana, educacion, respeto, y sobre todo, Democracia. No existe guerra entre hombres y mujeres mas que en la

ficcion de los cerebros ahora en el siglo XXI. Ellas lo tienen todo, y me es inverosimil que el presidente, el gobierno, las empresas, la economia, El Fondo Monetario Internacional, los Tribunales, las paginas de los periodicos, la fama de las celebrities, o las montañas rusas del parque de atracciones, sean todo de ellas. Soy tan feliz con my profesion y lo mio, que el cachondeo y las bromas contra las chicas que teniamos de jovenes es un cromo mas entre la colección de recuerdos. Pero por favor, Histerica de la NASA, que los hombres en este mundo cruel y sin compasion podamos comer caramelos con café tranquilamente en las conferencias. En la ultima fila, como en el cine de verano durante nuestros primeros morreos.
Me temo que cuando estemos en la cocina intentando inventar torpemente un plato nuevo, haciendo nuestra comida, y organizando nuestra habitacion en el orden desordenado mejor posible, aparecera alguna moviendo el escote y diciendo 'yo quiero hacer eso, eso pa mi'. Que le vamos a hacer, al fin y al cabo tienen tetas, habra que adaptarse.

LOS PROBLEMAS PERSONALES GEOGRAFICOS DE LA SUPONIBLE ABOGADA DE HIAS-PHILADELPHIA

Esta bellisima negrita señora de HIAS-philadelphia, que se decia abogada para casos de inmigracion, por lo visto tenia un deficit sustancial de conocimiento geografico y leyes internacionales, pero daba igual, el puesto se lo habian garantizado a dedo probablemente.
Cuando la hable de la Union Europea me afirmo contundentemente que Europa estaba a 3000 millas de America –confundio la velocidad con el tocino, o mejor, Europa con la anchura de America del Norte, es igual, podia

chillar y dar ordenes groseramente sin miedo a perder el puesto. Suponiendo que hubiese aprobado las asignaturas de la educacion secundaria, y suponiendo mas aun que fuese abogada, debido a sus multiples y tremendos huecos de conocimiento, la faltaba una enorme dosis de educacion y urbanidad basica en el trato con la gente. Su ingles americano era vasto, rudo e incomprensible. Lo mas sorprendente fue el hecho de que ignoraba los acuerdos de Shengen, y mas aun, ni siquiera informaba bien de las leyes de inmigracion americanas –como pude comprobar luego, ocultaba la informacion que la convenia segun iba el ritmo de la conversacion. Pude encontrar omisiones en las paginas de inmigracion con mi simple conocimiento de leyes
-me pregunto por que siempre, siempre en America intentan aprovecharse de los que tienen menos recursos, desde que llegue aqui, en pocos meses me quede pasmado de ver como la proporcion en que los de arriba machacan a los de abajo supera a Europa en gran magnitud.
Tenia, esta ilustre supuesta letrada, al ver mi contestacion de que se buscase cientificos para America en Nigeria, Zimbaue, Australia, o Kenia, un gesto de decepcion y pena, pobre bella morenita de geografia. Personalmente creo que ella pensaba que Europa estaba a 3000 millas, y ser ciudadano de Estados Unidos era un premio magnifico de valor incuestionable, sobre todo por el numero diario de asesinatos, drogas, atracos, y todo tipo de crimenes que se ocultan de puertas afuera. Soñaba con hacerme volver a Denver, suponible abogada, de ilusion tambien se vive, sigue soñando, recuerda la cancion de Salome, *desde que llegaste ya no vivo soñando, ...* -nunca vovere a Denver, en otro capitulo contaremos como me he despertado al amanecer con un colega fiambre, frio, y ya morado, muerto de noche, a cuatro metros de mi, y cuando fui a pedir una llamada a la poli me contestaron que no les contase mi vida; este individuo me habia proporcionado vaqueros, mantas, comida, toldos para la lluvia, informacion de escondites para dormir, y salvado de las bronquitis devastadoras del refugio

en invierno, daba igual que fuese bolinga. Cowboy de Medianoche esta por debajo de la hosca realidad de la calle, Rizzo palmo como muchos lo hacen a diario en la calle para rellenar un tazon de cenizas del crematorio. Cuando vinieron los del Crime Scene Investigation, CSI, pude comprobar que la entretenida serie se aleja un tanto de la realidad, las chicas no son tan altas y guapas, las furgonetas estan bastante mas usadas, y los polis no van tan elegantes, con impecables gestos de detective. Firmar una declaracion de testigo por un tronco cadaver no es plato de buen gusto, por muy medico que sea un menda. Ese dia de lluvia de septiembre de 2013, al escribir mi informe medico de testigo sobre este finado, aquello paso a la carpeta de las peores fechas de recuerdos y las lecciones mas importantes de lo evidente -siempre hubo alguno con mente retorcida y perversiones en la imaginacion que pensaba que teniamos algo que ver, e incluso venian al lugar donde se dormia al aire libre en verano a escondidas de la poli, para ver si pasaba algo, realmente asombroso como en America la gente ve sexo de todo tipo hasta en las piedras. No, Darrell era un beodo que ayudaba a todos por igual, me da igual lo que hiciese en sus ratos libres, jamas lo pregunte ni hice nada por averiguarlo. Las gripes que hubo en 2012-3 en Denver fueron bestiales, y cuanto menos tiempo se este en el refugio mas te salvas del contagio, suerte que pude escapar de ese *ghetto*. Dos Americas, dos niveles de existencia. Tampoco hay que olvidar los veteranos en silla de ruedas en la calle, que sobreviven de ese modo, de refugio en refugio, hasta que el cuerpo aguante, fumando y con la botella de oxigeno. Los medicos hacen su negocio jugando con los pacientes desesperados que pagan y van de hospital en hospital, dejandose los dolares, y los abogados tres cuartos de lo mismo, con aquellos que pueden engañar o despistar omitiendo leyes o parrafos de leyes.

En fin, recomendamos a esta bellisima negrita señora que vuelva a primero de bachillerato a clase de geografia, y se prepare para el ingreso en alguna Facultad de Derecho si es que llega al nivel de inteligencia necesario -el racismo que yo he vivido dia a dia en America, aparte de los blancos fachas americanos racistas que son muchos, es el del negro contra el blanco, odio total y visceral hacia cualquier blanco que, venga de donde venga, tiene mas exito y es mas capaz que los negros, Mexicanos incluidos. Exactamente igual que en la carcel, he tenido que soportar gritos e insultos de negros diariamente, en general drogatas, traficantes o alcoholicos, en los aseos al levantarme en el refugio de Salvation Army de Denver, con la pasividad absoluta y el apoyo de los empleados negros, es verdad, no todos, esto se llama tortura psicologica. Por suerte siempre, nuestros aliados, ponen uno de los nuestros, blanco o negro, que resuelve cuando la situacion se pone fea, y paso a paso seguimos adelante. El otro grupo de racistas en Estados Unidos lo forman los ultras blancos, muchas veces fanaticos de la biblia y la religion, que se creen en contacto directo con dios, y rigen su conducta basados en la biblia como si las leyes democraticas no existiesen. Un ejemplo de un demenciado de este tipo es el calvo enano, un tipo que solo con verle la mirada y los ojos se nota que es un loco encubierto que vive del odio, en Saint Joseph en Troy, New York. Este individuo, cuando le conte que en la mision de Albany me habian echado el manager negro a gritos diciendome que el habia nacido en america y yo no, cambio la frase y me dijo que yo le habia chillado a ese manager, de la piel de la cara comida, y gesto de amargura. Los pocos dias que estuve en Saint Joseph este calvo-enano preparo como echarme con rapidez, y extendio todo tipo de calumnias y mentiras entre los que tenian que decidir si podia estar alli o no. Parecia un diablillo chiquitito, recuerdo cuando estaba preparando mi poster para Filadelfia al lado de la mesa de billar, y venia a mirarme con los ojos totalmente idos y brillantes. A mi estas personas lo que me causan es pensar si van a destruir nuestra sociedad democratica en el futuro, y los valores de libertad y tolerancia que tanto tiempo ha llevado construir. Ademas, desde mi experiencia de un lustro en la america real, he aprendido a clasificar este tipo de americanos, todo el espectro de razas incluido, y su brutal caracter maton, disfrutando con el mal y la muerte ajenas. Ingenuo de mi, que cuando iba a america desde Inglaterra a conferencias y hoteles mas o menos habitables, no me percataba de la sociedad real de alla. Me explico con hechos reales, en Orlando, agosto 2014, cogi el bus para ir a la estacion greyhound, y volver a Denver despues de un articulo con presentacion oral en una conferencia -incluido un recital de god por aqui y god por alla en las presentaciones por parte de los profesores americanos mas fachas y corruptos, el mas notorio el imbecil de Thomas Marlowe de Rutgers. Pues bien, el conductor negro del bus me vio con la chamarra del ejercito americano que me puse porque el dia era fresco temprano, y ese chaqueton fue un regalo especial que conservo por la buena gente de Denver que me lo dio en invierno. Habian matado a un general americano en afghanistan ese dia, y el probablemente muy religioso *sui generis* conductor me estuvo mostrando su alegria y provocaciones verbales, felicitandose por ese atentado hasta llegar al greyhound. No creo que ese general, o si fuese un soldado, mando intermedio,o quien sucediera le hubiera hecho nada a ese conductor, pero simplemente descargaba su ira racista de odio al blanco y al ejercito de esa manera patologica. Estoy jodido con el asiento diario de mi bus, pues que mueran todos, soy gran colega negro de taxi driver. Objetiva y equitativamente, ahora vamos con un blanco, empleado de Walmart en Commerce City, estamos en julio de 2013, creo recordar, en McDonals de Walmart que esta lleno de buena gente y super-amables empleados, casi todos mexicanos. Este moreno alto, gordete, piel de cara con marcas, gafas y uniforme azul de Walmart, se acerco a mi antes de abrir le ordenador riendose y diciendome, 'lo has visto ya?'. Se referia al gran accidente del AVE en Galicia por aquella epoca, y el pedazo de tocino bestia-amargado estaba disfrutando de lo lindo, porque america va con enorme retraso en ferrocarril de alta velocidad, y porque simplemente odiaba a los hispanos, o cualquier cosa odiable que se le pusiera delante -ademas cuando me cambie de McDonals en Com City al otro de al lado de King Soopers, pues aparecia a las 6 de la mañana cuando yo entraba despues de trabajar de noche en el parque simplemente a insultar, como el sheriff Fatty que se metia con mi mochila y tenia increible control sobre las camaras de seguridad de Walmart, Fatty si que es el tipico racista yanqui blanco, repulsivo a tope por su comportamiento, no por su obesidad. Pienso que este empleado de Walmart debia tener conexiones con los sindicatos, que son muy corruptos en cuanto a inmigrates se refiere. Son cientos de ejemplos que he ido coleccionando dia a dia en el pais de Colon. En Philadelphia durante las noches frias en el refugio de la iglesia St Mary, en Bainbridge con la 19, creo recordar, pusieron un loco alto, fuerte, ex-presidiario y con la nariz rota por practicas de boxeo a mi lado, en el colchon adjacente. Un negro tras otro del refugio se acercaban a este psicopata diciendole, 'kill him, hit him', para provocar una pelea con fuerte agresion, sobre todo los dias que me habian visto en le cafe trabajando a gusto muchas horas. Asi era dia tras dia, esto es cierto, verdad de las que duelen y constatacion de hechos que america oculta en los medios hacia el exterior - como cualquier otro pais, porque todos de jovenes escondemos el exceso de ropa sucia, la revista esa personal, o las cartas de la novia, en nuestro cuarto, para que madre no las descubra en sus inspecciones diarias. Es poca, la transparencia exterior, en relacion con estas bestialidades diarias de una sociedad de 'te mato antes de que me puedas, tengas el potencial, conocimiento, o posibilidad de matarme' porque entre otras muchas razones, un pais de 400 millones tiene tantas cosas dentro, que situaciones de este tipo son diariamente desapercibidas e ignoradas. Rutina diaria para su salvajismo social. No se

venden armas y pistolas en america, ***simplemente te buscan continuamente para que tengas armas***, esa es la verdad. Te ofrecen pistolas por 50 dolares, si no tienes bajan a 30 o 25 dolares incluso. Al principio les decia que no gracias, luego ya me tuve que aprender las caras de memoria por si ocurria algo, o era una trampa y tendria que declarar posteriormente.Te ofrecen heroina por 30 dolares, marihuana legal o no legal dependiendo del estado en que estes, cocaina, pastillas de todo tipo, sexo con chicas o chicos, te pagan por sexo con hombres o mujeres, y todo lo que cabe imaginar en una mente prevertida. Un conductor con un coche es potencialmente un peligro para si mismo y los demas. Por eso existe un examen de conduccion para asegurar los standards de seguridad fisica y psicologica en todo aquel que conduce. Para las armas, que son un peligro potencial aun mayor, no hay, y deberia haber, un control mas riguroso. De chavales nos decian que las pistolas las carga el diablo. Es objetivo, cuando en cualquier casa hay un arma, tarde o temprano, por una discusion, una confusion de cualquier tipo, un borracho,drogado, o un loco, se acaba utilizando por acumulacion de probabilidades, y todos sabemos que esto es verdad. Me explico, si hay una pistola en algun sitio en el domicilio, puede suceder una discusion conyugal violenta, celos exagerados, una o un adolescente que sufe una crisis emocional intensa y se toma el asunto a la temenda, y esto no es infrecuente hoy dia, una pelea familiar subita en una fiesta, o multitud de posibles situaciones de riesgo. Esto es mi experiencia de no pocos, mas bien muchisimos, meses alla.
Mientras tanto esta negrita, ilustre supuesta abogada (tal vez tiene titulo academico?) de HIAS vuelve a la Facultad de Derecho o la Escuela Secundaria, puede dedicarse a alimentar los peces de su despacho, que estan mas bien raquiticos, porque yo, ni otros, tenemos ni restricciones, ni limites, ni codigos. En otras palabras, nosotros que no estamos conectados con Homeland y el fabuloso FHBI tenemos un circuito mas fuerte porque la libertad y la

democracia une mas que la corrupcion publica. Tal vez el cultivo de peces, o sea, cultivos marinos, o la geografia, la ayude a mejorar mas aun la bellisima linea y el bonito color sin canas del pelo, quiza Homeland se lo permita. Nosotros la dedicamos mi premio, en su cara, en su pais, en su ciudad, en su estado, en sus bellas tostadas narices, en la Conferencia de Bioingenieria de Philadelphia en Abril 2015, a ver si aprende de los asistentes internacionales al menos donde esta cada pais, y las distancias del globo terraqueo. Recuerdo con tristeza el gesto de dolor americano en su bella cara, esta mujer estaba decepcionada y frustrada por no poder llevarse a america a precio gratis un cientifico bien formado. Cuando la dije que hay muchos paises que necesitan investigadores su voz se quebro, oh, esta inteligente abogada de HIAS parecia tener un alma muy sentimental -pero para lo que la convenia. Da lo mismo, El Tribunal de Estrasburgo ya ha recibido muchas copias y datos de todo lo sucedido en todas partes, y seguimos en la respuesta legal, siempre sin violencia, y dentro de la ley y la democracia. No importa, guapa negrita de los peces y peceras, puedes traer expertos en geografia de Nigeria, las Bahamas, o Filipinas. Again, key.

LOS OJOS NEGROS DE UNA CHEROKEE

Ni siquiera habia un resquicio sin nieve acumulada en las aceras para llegar al pequeño Subway, adosado a la tienda de comida, en esa desorganizada gasolinera, de retretes algo sucios, y cuatro cosas basicas en estantes para los que paraban con prisa. Eran unos cuatrocientos metros desde el *ghetto* de Salvation Army en Cross Roads que se hacian largos y pesados durante ese helado mes de enero – Salvation Army, lo mejor en refugios disponible en Denver, comparado con los imbeciles e hipocritas catolicos de

Samaritan House, y las navajas, borracheras, y hostias diarias desde el desayuno hasta la noche de La Mision. Habia que ir con la mochila, la bolsa de papelotes, carpetas, apuntes y trabajos acumulados desde que estuve en Reno, sorteando camiones, baches, placas resbalosas de hielo, y algun negro colgado que se acercaba a insultar simplemente porque le daba la gana.
Descubri ese chiquitillo Subway, medio escondido en la parte trasera del minimarket de la gasolinera por casualidad, cuando buscaba un bote de aspirinas, miraba papeleras y contenedores exteriores por si alguien se dejaba hamburguesas o comida china con la prisa de llenar el deposito rapido, y ademas pillar barato algun bote de vitaminas basicas para combatir sin ningun antibiotico la bestial epidemia de gripe de aquel invierno de 2013 –tenia todas las luces de alerta encendidas para poder seguir preparando mis articulos con alguna mesa disponible, y sobre todo recuperarme lo mas rapido posible del gripazo. Fue tan fuerte esa gripe, que la mayoria de los de Salvation Army, incluidos los mas fuertes, estuvimos escupiendo flemas verdosas durante veinte dias. Si no tienes salud, por encima del dinero, no puedes hacer nada aunque te lo propongas. A los mas viejos, y por ende sortudos del refugio, los trasladaron a casas de gente caritativa para que pasaran el invierno sin empeorar -alguna que otra señora mayor, que mitad por la biblia, y el resto por sentirse acompañada, los acogia esos meses para cumplir con dios, llegar al bendito cielo al final de sus dias, y charlar despues de la cena. Nada que objetar a estas mayorzotas y buenazas señoronas, por muy pasota de cuentos ilusionarios religiosos que me haya vuelto al ver, y comprobar con hechos de dia a dia, la tremenda, y ademas descaradamente protegida, corrupcion de los catolicos en america.
Ademas, el Subway tenia una puerta lateral bastante cerca de las cocheras del autobus municipal, oculta tanto de los racistas blancos que potencialmente podian venir a dar el coñazo, como a los coches de la poli de Denver que de

mañana depredaban por esa zona, para cazar multas a puñaos de los que con la prisa del trabajo se saltaban los cruces de esa zona. Incluso mas, habia una explanada trasera de aparcamiento vacio para comer, mear a caño suelto, esperar a que abriesen desde las seis de la mañana que era cuando nos echaban del *ghetto*, sentado comodamente en las aceras, o poder ordenar la mochila y aparejos sin que nadie viniese a curiosear, intentar robar algo, o simplemente fastidiar, en el sentido comun de vida americana.

Entonces al entrar me di cuenta de que casi todas las mesas estaban vacias, y la temperatura, aunque sin calefaccion, era bastante aceptable –por defecto, y de momento, el sitio elegido para recuperarse y hacer algo util sin vigilancia, ya que el Starbucks de Blake Street, esquina con la dieciseis, estaba a unas tres millas cuesta arriba, con nieve, hielo sucio, y barro en el camino casi todos los dias de invierno. Una pena no poder llegar hasta alla, porque ese café era el mas acogedor de todo el centro de Denver, con sofas estilo clasico europeo y ambiente tolerante algo bohemio y pasota que un año despues, como pude comprobar, seria radicalmente cortado con fines comerciales y a callar todo dios. Basta de gente que haga lo que les da la gana – volvemos a la historia de siempre, cada vez que hay algo bueno al final llegan los de las pelas y seguridad y lo joden.

Ella empezo a dejarme pasar las horas escribiendo en la mesa de la esquina pagando con nada mas que un café por jornada, y asombrosamente no me echaba ni ponia mala cara, estaba a lo suyo currando e velocidad regular y en silencio, con exquisito trato y simpatia hacia los clientes. Les preguntaba el tipo de jamon, queso, o salsa que elegian para hacerles a la carta esos enormes *bocatas Carpanta* de Subway copiados de Europa. Administraba las respetuosas bromas y comentarios a la clientela con inteligente sentido comercial, y se los ganaba para que parasen a echar gasofa, pillar su papeo, dejarse diez dolares, y aprenderse que ese sitio convenia por si era necesario volver otro dia a

repostar. Era estupendo oir como charlaban, jamaban a tope a lo suyo, y menda podia avanzar entre toses y cafiaspirina durante esos arduos ocho dias de enero.
Luego, al pasar algun tiempo, cuando el sol vespertino dibujaba colores rojizos y azules palidos sobre el paisaje lejano de Denver, a traves de los amplios ventanales, y el dia cerraba y se alargaba buscando la primavera, empezo a mirarme algo y pasar por delante de mi mesa. Que hago con este elemento que ha cogido querencia siempre a la misma mesa de la esquina, y se marcha al refugio de al lado, a la hora que tienen que sortear para conseguir un colchon en el suelo.

puedes servirte la tazas de te que te de la gana, vamos a cerrar y hay que vaciar la maquina, de todos modos lo ibamos a tirar a la pila

Me lo dijo desde atras en voz alta, y al principio, dando un respingo, pense que levantaba el tono para liquidarme y adios, no vengas mas porque no consumes, pero me quede sorprendido por poder llenar las cantimploras de te para el desayuno del dia siguiente. O sea, levantarme rapido, un pelotazo fuerte de te, huir del televisor del *ghetto* con las noticias de puteo, guerras, paranoia con Corea y Rusia, misiles y tiroteos de la NBC de las cinco de la mañana, llegar pronto al lavabo y, como decia finamente mi abuela de sangre azul, hacer po-po sin gritos de los negros o mexicanos, ni peleas carceleras en los servicios. Quiza un buen afeitado a gusto, y encontrar alguna prenda abandonada de ropa limpia, para cambiarme despues de las caminatas sudorosas con todo el equipo de batalla cargado a la espalda.
En realidad ese sorprendente ofrecimiento lo dijo usando tal vez un doble sentido en ingles,

help yourself

Pilla todo el te que te apetezca, o bien soluciona tu vida por ti mismo, o ambas cosas a la vez, que es la moda en nuestro mundo ambiguo del Siglo XXI. En cualquier caso, el Mana caia de las nubes, pues manos abiertas y gracias. Ahi comence a mirarla y fijarme en el tono oscuro de su piel, manos y brazos finos pero agiles y fuertes, un poco delgados, y ojos negros brillantes adornados por una cabellera de ese mismo color fuerte oscuro, que regalaba reflejos chispeantes a la luz de las ventanas.
Al domingo siguiente ya me habia acostumbrado totalmente a ella, y sus constantes maniobras de limpieza del suelo y mesas cuando empezaba a marcharse la gente a ultima hora. Siempre se decia en tono alto, charlando con ella misma durante la faena, la misma frase mientras lo dejaba todo casi perfecto

***at least it's something better*, por lo menos esta algo mejor, y estaba dabuten y correcto todo el patio de mesas**

Despues almacenaba todo lo sobrante o que fuese algun trasto visible que afeaba la marca Subway en cajas de carton hasta ordenar la tienda como si fuese una biblioteca. Era la rutina de las tardes para superar el frio, acopiar fuerzas, y comer todo lo que habia conseguido en los repartos de donaciones del refugio, faciles de coger cuando el sorteo nos dejaba entrar los primeros. Bolsas de cacahuetes pelados, barras de cereales, bollos sobrantes de la panaderia, yogures cuando habia suerte, y los dias de como-es-esto-posible, pasteles o pedazos de tarta creo que sobrantes de fiestas oficiales en algun lugar fastuoso del centro. Envalentonado por nuestra convivencia, a una banda, porque no creo que este que escribe fuese algo especial para ella, me acerque al mostrador a pagar un café y la pregunte si era india asiatica, que era mi fallida detectivesca deduccion por el pelo, la piel, y su forma de moverse

soy Cherokee,

asi solto su raza ancestral, muy decidida, mientras el brillo de sus ojos negros mostraba firmeza, pero algo de reserva femenina sobre los antepasados tribales. Su cabellera oscura hacia juego con las pupilas, y despues de un instante enmudecio mirandome fijamente, al darse cuenta de lo sorprendido que estaba por la noticia

y me llamo Patricia

Ya tienes algo para reirte de ti mismo al volver al colchon esta noche, colega. Desde luego, a ver si te compras una baraja de las de cuando eramos canis de las razas humanas y aprendes algo. En fin,tal vez mañana resuelvas los algoritmos que estas diseñando, porque para personas y origenes la nota tuya es suspenso. Vamos a la cama que hay que descansar, para que mañana podamos madrugar.
Al entrar febrero el frio comenzaba a atenuarse, y el numero de coches parando a comer aumento, estaba recuperado gracias a ella y sus pequeñas ayudas consentidas. Me habian visto demasiados de los chungos escribiendo y trabajando los papelotes, y empezaron a venir polis motoristas a mirar, y curiosear en tono facha americano de sheriff, lo que habia escrito y puesto sobre mi mesa. Se hacia necesario empezar a pensar en cambiar de sitio.
A Patricia la empezaron a cargar de trabajo y encargos, o llamadas telefonicas a ultima hora para que preparase comidas para fiestas. Ademas, algunos, los de siempre, gilipollas de la mafia de San Francis, vinieron, y bien que los escuche, a hablarla mal de mi y soltar calumnias al notar que nos habiamos hecho algo conocidos, digamos. Y sobre todo que me estaba ayudando –la constante del acoso a los que hablan delante del Juez y cuentan verdades, que duelen a los poderosos del chollo y la corrupcion.
Empezaron a sustituirla no por una, sino por varias

camareras blancas que curraban un tercio de lo que hacia Patricia, que era india, aunque ganaban exactamente lo mismo.

ahi comprendi perfectamente el numerito del excentrico bicefalo Brando, cuando mando a una india a recoger su trofeo oscarizado, escaquearse del petardo vanidoso ceremonial, y de paso protestar por algo que para mi de joven no tenia sentido, porque no lo habia comprobado ni visto con hechos reales

Patricia desaparecio un fin de semana para siempre, se acabo el te de barril, y el tono nocturno brillante de sus ojos quedaba en mi mente asociado a esa visita invernal de La Diosa Dice, cargada de generosidad clandestina por unos meses. Puede ser, imaginando, que la magia de las Tribus Cherokees, nomadas en verano subiendo a las montañas, y en invierno bajando a los valles de Colorado, la pusieron en un arrebato de afabilidad para mi supervivencia en invierno. Los verdaderos y ancestrales dueños de ese territorio, Colorado, cuyos animales de caza y cultivos respetaban como verdaderos inventores, milenios atras, del equilibrio ecologico, digamos que se portaron bien en ese dificil dos mil trece.

A lo lejos quedo la silueta de Patricia con su largo abrigo invernal, y sujetando el bolso mientras sorteaba los obstaculos de nieve y hielo para entrar a la gasolinera - siempre puntual al trabajo, jamas una mala palabra o gesto con un cliente. La esperaba aguantando el frio, sentado en el bordillo de la acera -llevaba mi chamarra del ejercito americano abrochada hasta el cuello con veinte bufandas, el regalo de un chaval en el centro de Denver, el 23 de Diciembre de dos mil doce. Eso tampoco se olvida nunca, me vio sentado con fiebre al lado de un muro, y comiendo los bollos de desayuno que nos habian dado ese dia. Se quito la chaqueta de camuflaje, limpia y con buen olor, se quedo en camiseta a cinco bajo cero, me la dio, digamos que la lanzo hacia mi, y desaparecio con su novia. Siempre la conservo, y asombrosamente en otras ciudades de america me preguntaban si la habia robado, no, aparte de que es duradera y resistente, cuando la uso me trae buenos recuerdos. No sabia, durante esa etapa invernal, que me llevaria para siempre el color brillante y nitido de Patricia, sus ojos, la mirada cautivadora contra el asedio del *ghetto*,y su disimulado interes de perfil para comprobar si estaba algo a gusto en mi mesa - para las buenas memorias, siempre, cualquiera, tiene grabado en su mente los regalos de su abuelo, los buenos dias con sus padres, o los primeros torpes morreos, a escondidas, con las novias del cole. La sobria elegancia de su forma de ser, y ese tono decidido para llamarse Cherokee. Eso iba a ser el regalo de un tiempo que me asigno la suerte de la compañia de Patricia, Cherokee de pura raza, por unas semanas.

ANTONIO PEREZ FULL-CONTACT. EL PREDILECTO HIJO DE PAPA Y MAMA CATEDRATICOS DE VALENCIA. RETRATO DE UN RICO REVOLUCIONARIO COMERCIANTE DE KATOVIT EN LA UNIVERSIDAD DE FINLANDIA

(En este capitulo cuidamos describir estrictamente los hechos sin poner imaginacion, enfasis, o bromas adicionales)

Moreno, alto, fuerte y fardon. Que casualidad, lo pusieron en la 224, habitacion contigua a la mia, 222. Sus padres eran catedraticos ambos casados de Algebra en la Facultad de Economicas de la Universidad de Valencia, mismo departamento, mismas nominas, misma endogamia, mismo chollo, lo conoci inmediatamente despues de dos vistazos. Tenia dos becas por la gracia de sus papas, una de Caja Madrid y otra Erasmus, incompatibles para los estudiantes pregraduados normales, pero el era una excepcion de dinastia academica. En quinto de Medicina con asignaturas pendientes, y un enchufazo en psiquiatria del hospital de Kuopio, este hijo de papa empezo a provocar nada mas llegar a Taivaanpanko, Octubre 1998, en la cocina mientras cenabamos. Nada mas llegar, empezo a repartir Katovit (una especie de anfetamina derivada con muchas vitaminas) entre los estudiantes de su mismo pais y algunos Fineses (sobre todo los de su misma militancia politica, extremistas de izquierda), Alemanes, u otras nacionalidades. Se lo mandaban por cajas de correo, sus queridos papas que eran catedraticos totalmente adictos, pero inmunes a cualquier tipo de control legal por parte de seguridad o poli de la Universidad de Valencia.

Iba, segun presumia de su apuesto fisico, a la discoteca de Kuopio, y aseguraba en la mesa de la cena su tactica de gigolo valenciano, como orgulloso de su negocio a tiempo parcial o arbitrario de prostituto. O sea, segun contaba, se ponia a bailar en la pista delante de las mujeres posibles clientes, y al acercarse bailando delante de ellas, afirmaba, 'entonces digo, es..... tantos marcos o dolares, o libras, en voz baja, a la mujer o chica joven posible cliente'. Autentico chulo-putas que decimos en Madrid, aprobando los examenes de pastillazo en pastillazo -segun el mismo decia, llego a vomitar el Katovit antes del examen varias veces. Esto es real, hay muchos estudiantes en todas las universidades que se hacen la carrera prostituyendose, chicos o chicas, o simplemente obteniendo dinero extra para caprichos acostandose con gente seleccionada, que no son excesivamente desagradables, o profesores, y esta comprobado que no se van a chivar a nadie -otras veces ruedan porno por un sueldo previamente acordado. En el caso de el gran medico Tony, si es que acabo la carrera

despues, creo que le gustaba mas el morbo de la situacion, charlotear sobre el tema, y fardar que la actividad en si misma. Digamos que pienso que la linea roja de la prostitucion no esta bien definida, hay gente que obtiene dinero por sexo sin llegar a ser profesional, chicas que vacilan para que las paguen todo y las mantengan, mujeres que se casan por interes exclusivo y se acuerdan de los que verdaderamente las hicieron talan cuando le dan a su marido ricachon la pernada, y multiples variantes dentro de este terreno difuso, los hombres tambien se casan por conveniencia social o interes, equitativamente hablando. En america el sexo se cotiza mucho, y el dinero se asocia la sexo con muchisima facilidad. A mi esto a veces me dejaba absolutamente perplejo; ademas en america los supuestos 'hombres casados' cuando ven un hombre que les gusta no se cortan para nada en muchos casos para enrrollarse con el, si pueden claro esta, y los ingleses mas aun en este sentido; a mi personalmente me importa un bledo el asunto mientras no molesten, ni caso -las mujeres son distintas, porque ellas tienen otra psicolgia, emocional y fisicamente tienden a ayudarse mucho, por tanto intimidan por naturaleza con mucha fecuencia si se gustan entre amigas, y creo que eso es absolutamente natural.
Es decir, el comercio carnal se remonta a los primates, antes de la existencia del hombre, y como uno de los muchos ejemplos-prueba reales que conozco y que se puede verificar por los chicos de la superinteligencia avanzada cibernetico-electronica, sucede en la Facultad de Psicologia de la ilustre endeudada Complutense de Madrid. Que busquen 'algunos' profesores que se van de resort a sus apartamentos en la costa, o reciben en su casa de Madrid, con alumnas seleccionadas por su especial rendimiento academico. Que estos polis buenos y honrados, me consta que los hay, lo digo sinceramente y por experiencia en America, agentes del CNI dotados con los ultimos avances tecnologico-estrategicos, hablen con el Coronel Perote en el parque. Este experimentado agente, en su tono astuto-

misterioso, les supervisara para la arriesgadisima mision de descubrir y probar el '*dame lo tuyo, toma lo mio, venga por aqui, vamos por alla, ponte de esta manera, y ya me viene, dime algo fuerte'* de estos profesores ilustres que psicologicamente analizan partenaires, en virtud de las ciencias infusas concupiscentes –quien dice profesores dice empresarios, actores, aristocratas ricachones, y faranduleros en general. Mas aun, entrando ya en las hipotesis no probadas o por probar; me se ocurriese, como dicen inteligentemente Las Virtudes, un suponer. Estamos en una fiesta de la alta sociedad en Londres, Nueva York, o California. Un par de guapas celebrities, socialites, o actrices, se topan con un magnate que digamos no es feo, bien vestido, y ademas es educado. Este billonario las dice que tiene un precioso yate-crucero en tal puerto y las invita a ambas, oh sueños de juventud, a un par de dias en su potente barquichuelo. Ellas van alla diciendo en el avion ,ji ji, ja ja, y entonces algo, inexplicable cientificamente con lenguage de programacion numerica, sucede en el yate a muchas bandas o grupos multiples y variados. Asombrosamente, estas provocativas nenas, cuando a fin de mes comprueban su cuenta de Suiza o Islas Caiman, se encuentra cada una con un milloncejo de dolares verdecitos que para Don Magnate son perras gordas, calderilla sobrante de su fortuna, y que por casualidad cayeron ahi, en sus cuentas corrientes supersecretas. Primero se hacen hipotesis, despues se investigan y prueban, porque asi lo exige la democracia. Que conste que no siento odio, envidia, ni fijacion hacia esto, a mi me hace reir disimulando, vaya mundo gracioso que construye el bendito capitalismo.

Cuando escribo esto ya hemos visto el famoso profesor ingles de Cambridge, pillado en marzo 2016, por un alumno universitario como actor porno protagonista -habria que preguntarse, por la Ley de Mahoma, que tanta culpa tiene el que da como el que toma, si este alumno estaba usando el ordenador de la universidad para ver la pelicula porno protagonizada por su profesor. De Inglaterra lo que sorprenderia es que este tipo de cosas no sucedieran, pero da lo mismo, ellos disfrutan con el escandalo diario en vez de escandalizar con acciones de progreso -recuerdo en el departamento de Fisica Medica del Hospital Universitario de Nottingham, recien llegado en 2005, una presentacion del director, que era un tipo simpatico; este jefe hablo de un caso en el cual el investigador habia inventado todos,

absolutamente todos los datos de un trabajo publicado -y todos se reian con el asunto, entre bocado de tarta y trago de te, y ahora un menda tambien me sonrio con estas cosas, por supuesto.

Su primera mision, de la que me entere por David y Carme, ambos de la Universidad de Barcelona, Bioquimicos pregraduados, fue difundir la calumnia de que mis buenas notas en matematicas y fisica eran porque copiaba en los examenes -tengo en mi casa muchos kilos de papel de problemas y trabajos entregados en Kuopio, hechos durante largas y rutinarias noches trabajando hasta el amanecer con la radio Salminen al lado para amenizar un poco. Despues dijo que yo no iba a clase, y el programa de estudios que se me habia asignado era en Ingles, no podia, ni tenia por que ir a clase, porque todas las clases eran en Fines. Luego empezo a contactar con la comunidad de refugiados latinoamericanos y distribuir libros y panfletos sobre la revolucion comunista de Che Guevara y sus colegas -a mi esto me daba igual, lo que me sorprendia era por que no se dedicaba a estudiar medicina que era para lo que estaba alli en Kuopio.

La segunda calumnia vino a la semana siguiente, cuando David me conto que iba por ahi diciendo que yo estaba desesperado por conseguir una novia. Lo repitio en la cena, y fui a mi habitacion a buscar y mostrarle una foto de Natasha y yo en San Petersburgo, pero le daba igual, seguia diseminando difamacion sobre lo mismo un dia tras otro, hablase con quien hablase.

Tenia una obsesion especial por la guerra civil, la zona de combate del Ebro, donde se decidio la guerra, y no por las

batallas en si mismas, sino por los mandos y soldados espias y agentes dobles, mi sorpresa acerca de este individuo iba creciendo dia a dia, y decidi cuidar de mi habitacion cuando dejaba la puerta abierta y darle la razon en todo lo que dijese -adicionalmente, cuando en diciembre 1998 hicieron la reforma absurda de Taivaanpanko para empeorarlo, pense que lo mejor era alejarse de este elemento, tambien de Carme y David, que habian convertido la cocina de Taivaanpanko, piso segundo, en un forum politico; de hecho tanto Anne Nousianen, Satu Saarelainen y yo habiamos enmpezado a huir de los mitines politicos, y comer siempre en nuestras habitaciones. Cada vez que me invitaban los Erasmus a una fiesta o reunion, y decia que tenia un examen, soltaba la misma injuria en la mesa delante de todos, decia, ha quedado con su novio -pienso que la via directa de calumnias desde sus papas catedraticos con carnet del PP y ambos en el chollo endogamico del mismo departamento estaba bastante clara, Tony, que te enteres, el unico, uniquisimo marica que hay y habia en Taivaanpanko eres tu, tu padre y tu abuelo. Los corruptos-politizados academicos de España querian dos cosas, informacion y destrozar mi Master y Bachelor fuese como fuese a traves de su predilecto hijo y difamacion extendida sobre profesores politizados afines -fracasaron, por los acuerdos de Bologna, soy Master en Fisica/Matematica-Aplicada en toda la Union Europea, y cuando fui a la Universidad de Nottingham, desde Madrid principalmente, harian exactamente lo mismo con mis estudios de Doctorado. Este por tanto militante de izquierdas que iba con el poncho tocando la guitarra por el vestibulo de Snellmania y Melania, pienso que ni se sabe para quien trabajaba exactamente, a quien informaba de lo que viera, y a cuanta gente era capaz de traicionar, calumniar, o engañar.
En la sauna actuaba con especial insidia, para que los que estaban en los bancos de al lado, y venian de otros pisos del edificio, me empezasen a conocer como el intentaba que

me fichasen. Yo estaba tranquilamente, recuerdo ese dia de sauna, pensando si en 1998 tal vez el Real llegaria a ganar otra vez la Copa de Europa, y en particular me reia por dentro apostando si en los partidos finales los Ultra Sur volverian a chascar una porteria para poner nerviosos a los que llegasen al Bernabeu. Entoces Tony , hijo predilecto de sus papas catedraticos, empezo a decirles a los otros en ingles, 'la procesion va por dentro', señalandome delante de los otros como si estuviese preocupado por algo u obsesionado por algo no usual. Ahora que en 2016 veo a España sin gobierno, cayendo en barrena hacia abajo, todos contra todos, pienso que Tony es el espejo del pais en si mismo: en Europa, cuando tratan con los socios de la peninsula, no lo dicen explicitamente, pero todos aquellos paises menos corruptos se palpan la cartera en la chaqueta al charlar o negociar con españa. Finalmente, se dedico a aparecer en las fiestas donde yo asistia, si podia, al acabar un examen, y despues de una sospechosa sesion de fotos a todos los asistentes, lo pillaba contando a todas las chicas, una por una, que yo era un individuo con significantivos problemas mentales y conflictivo

-ahi comenzo mi plan de abandonar España cuanto antes, y hoy dia en 2016, la evidencia de lo que sucede en este ex-pais demuestra hasta donde va España en caida libre de prestigio y honradez, por mucho que la arrastre la inercia economica de la Union Europea. Que gran error no haberme ido de España con 24 años, siempre pienso eso al leer la prensa desde fuera -me da algo de pena, pero son tantos los dardos envenenados que vienen de alla que lo unico que queda es ver el futbol por internet y olvidar Madrid. Otra cuestion era sus discursos, durante la cena, sobre la medalla de full-contact que habia ganado en competicion -tenia el privilegio de acceso a instalaciones en la facultad para entrenar o se supone que entrenaba, porque una vez pille la sala a oscuras con el dentro. Este Antonio Perez, Tony como el decia muy jovial para los amigos, me decia continuamente que no iba a terminar mis estudios en

Finlandia -huy sus papas!, que miedo. Suponemos ahora que ya estaban apretando desde España para boicotear mis estudios -y fracasaron estrepitosamente, era verdaderamente ridiculo ver como pegaba la oreja cuando mis amigos, que no tenian nada que ver con la ola de Erasmus que destrozaron la tranquilidad de Taivaanpanko, venian a mi puerta a charlar un rato. Que interesante seria investigar a este individuo, y sobre todo aplicarle El Teorema del Hilo para saber sus conexiones. Tenia la mania de atacar a Clinton con otros varios extremistas de izquierda sentados alrededor de una botella de vodka, y afirmaba que en Chiapas, Mexico, los americanos repartian armas y drogas, asignando la responsabilidad a Clinton -y si no hubiese sido ese tal Bill Clinton, pues cualquier otro victima mientras se llenaba de vodka hubiese servido como blanco de su pijo, mimado por papa y mama, y apadrinado sentido revolucionario. No, Tony, las armas y las drogas las reparten, ahora que conozco un poco America, los que todos sabemos, no vienen directamente de la administracion. Mostraba una foto de su novia nadadora a todos los presentes con bastante poca ropa para fardar lo suyo, e inmediatamente yo le aplicaba el refran basico dime de que presumes y te dire si eres de Caceres.
Las numerosas calumnias de este pavo valenciano aumentaban conforme iba ojeando lo que hacia tanto por las mañanas como de noche en su habitacion contigua. Habia al terminar el edificio de Snellmania, casi enfrente del semaforo de Prisma, el supermercado donde compraba la makkara y las salchichas a kilos para hacer bocatas de margarina con pan negro y te mientras curraba de noche, una casita estilo fines, buena calefaccion, llena de ordenadores, libre totalmente, podiamos entrar con nuestra tarjeta a cualquier hora, e incluso habia un fogon que funcionaba para hacer sopa caliente –un centro igual me encontraria en Utah, Park City, durante mi beca de matematicas del Institute for Advanced Study of Princeton para postgraduados el verano de 2010; recuerdo ese mes de Julio como uno de los mas

felices de mis tiempos, tenian un centro de calculo 24-horas y una alberca para tirarse de cabeza al agua a las cuatro de la tarde cuando las clases acababan, con el aliciente de un doblete Wimbledon-Mundial, Nadal-Del-Bosque. Ahi, en ese pequeño pero potente centro de calculo, enterrado en nieve, programaba Fortran con PICO gratis y facil en mi cuenta informatica asignada por la Universidad, leia los periodicos al acabar antes del amanecer, y veia tanto pibas como algun clip sexy en los ratos libres para alegrar la oscura noche -si alguien de la universidad me hubiese dicho, no queremos esas paginas de chicas como dios las bendijo, pues hubiera obedecido, naturalmente. Se podia cocinar en un fuego que funcionaba, imprimir gratis, y por supuesto, al cabo del tiempo lo cerraron –siempre pasa igual, en Denver 2012 trabajabamos en el centro de ordenadores de Curtis Park, y vino una agria elementa de la Comunidad en Octubre a decirnos, si quereis ordenadores, compradlos en la tienda, y lo cerraron. Pues bien, Tony Perez empezo a propagar la calumnia de que pasaba las noches enteras viendo porno en los ordenadores de la Universidad –ese tipo de falacias era lo que yo, casualmente, oia en la cena o de charlas de pasillo con otros Erasmus, ni me imagino cuanto mas habria salido de la boca mentidora de este individuo. Todo consiste en crear una imagen falsa de una persona, y los servicios secretos son brillantes en este sentido. Tony estaba esculpiendo la difamacion perfecta, un individuo asocial, de dudosas actividades nocturnas, que pasaba las noches viendo guarradas, no iba a clase, copiaba en los examenes, no tenia novia, y acaparaba todo tipo de transtornos mentales -en america los negros, y los blancos fachas, decian que yo era un espia ruso, en mi bolsa de papelotes llevaba una bomba nuclear y camaras, que trabajaba en armamento, y mil cosas mas para armar todo el jaleo y difamacion posibles. Reyes Morales, la corrupta profesora de quinto de la Escuela de Idiomas de Jesus Maestro, haria ya lo mismo pero a lo bestia. Esta Reyes culo-de-pollo me decia antes de entrar en clase, 'este no aprueba jamas', ponia la tele alto a mi lado cuando practicabamos conversacion por parejas, y me decia que copiaba mis intervenciones en ingles en los debates de una hoja que tenia en mi silla. Recuerdo la correccion que hizo de mi examen de Febrero, por esta individua, que lleno mi ejercicio escrito de tachones, chorradas, y nos dio la nota con casi dos meses de retraso –por suerte ya tenia una calificacion de 6.5 global en el IELTS del British Council, pero para Reyes yo era un inutil y propagaba, como pude oirla, todo tipo de insultos a los demas compañeros de clase; vaya, logre irme de España ese mismo año 2005, con sueldo de 1000 libras mensuales a la Universidad de Nottingham, y en sus mismas narices – gentuza como esta supuesta profesora Reyes Morales ha destrozado poco a poco nuestro sistema educativo, que esta el ultimo de Europa por muchas noticias alegres que saquen en la prensa. En resumen, cuantros mas años cumplo mas admiro y echo de menos a mi profesora Candida Navamuel de Literatura e Historia, y adicionalmente a la de Filosofia y Latin Isabel Vela, gran razonadora en Letras. La Candida, aparte de su eterna primera frase, *nunca nunca nunca, jamas jamas jamas, el verbo ser o estar, lleva complemento directo*, siempre decia lo mismo, cuando llegueis a la universidad, habra mucha politica y jaleo, pero los activistas politizados son aquellos que mas tiempo pierden y menos aprenden por si mismos, por muchos beneficios que obtengan durante y despues de la carrera –era la mitad de los años setenta, con la universidad española en batalla campal entre grises y comunistas, acratas, socialistas, grupos de extema derecha, o guerrilleros de cristo rey -en America los biblicos entran en este cupo, hacen la putada, que en no pocos casos es mayuscula, y luego dicen, Jesus!. Era tal como sucede en España en 2016, todos contra todos –la misma frase crucial de La Candida, *la historia se repite, o no hay nada nuevo bajo el sol.* Cuando estaba en primero y segundo de Medicina, alla por 1976-78, abundaban los Tonys como el valenciano, y estos peceros del partido comunista eran los que mejor vida se daban, mas dinero tenian, y mas jaleo y protestas armaban. Y lo mismo sucedia con los nenes de medicos de extrema derecha, o simplemente dinastias de ricachones acomodados. Estos tenian su buen coche, y aprobaban con una llamada de papa medico a su compañero y conocido profesor, y digo la verdad porque se muchos nombres y apellidos de este segundo grupo. Tony, cuanto hemos aprendido de ti a traves del tiempo, eras un beato inocente comparado con lo que sucede en la España del siglo XXI. Sigue con tu Katovit, colega, pero tendras que fabricarlo tu, porque acabo de leer en internet que ya esta retirado del mercado.

EL DIVINO ENTERAO DE OXFORD Y LA SUNTUOSA DINAMICA COMPUTACIONAL DE LAS TURBULENCIAS

Recien llegado de Madrid a Nottingham, con mi poster de Radioterapia doble bajo el brazo, despues de unas cortas navidades imprimiendolo y disfrutando del mazapan, jamon serrano, gallina trufada, y todo el turron que echaba de menos desde Octubre en Midlands. La pesadilla y lentitud de Heathrow y el atasco del agobiante y caduco metro de Londres me habian dejado sin sueño, con el handicap adicional del humedo y frio invierno ingles de 2007. Equitativamente, el ferrocarril del Reino Unido es eficiente, comodo, con enormes facilidades de todo tipo para sacar los billetes, excelentes paneles de informacion al minuto, y todo envuelto por la tradicion inglesa del culto al tren que se inserta dentro de su reciente historia -algo carillo, pero bueno, impuestos altos que silban. En San Pancras, de hecho en una de esas idas y venidas, me robaron dos jerseis atados a mi mochila porque me quede absorto mirando las estatuas de arriba tras una bonita reforma. Tuve, ya digo, en una corta semana, algun polvete navideño rapido

y discreto de regalo de Reyes en Madrid, con una amiga de generoso-gozoso chichirri. Por supuesto sin que se enterase su pareja, y a callar para seguir trabajando. Era mi primera presentacion en una Conferencia de High Performance Computing en Inglaterra –mucho nombre y la mitad de nueces, casi como siempre, pero mi poster, al menos, estaba responsablemente hecho con nivel, pienso modestamente, acceptable.
El Enterao de Oxford aparecio en escena con su barbita pedante y una buena dosis de tocino ingles debajo de la corbata, era un prevoste importante de una empresa de computacion y software de Oxford, estrechamente relacionada con la universidad del mismo nombre, que tiene mas marketing que realidad cientifica para ponerse en los rankings. Sobrevalorada, sin negar objetivamente que es buena. Recordamos por decir solo un par de ejemplos, que la ilustre Oxford tiene record en los tribunales por abusos sexuales de profesores, y una novela policiaca con homicidio real tras lucha libre, entre dos profesores, uno indio y otro ingles, con muerte del segundo a intercambio de golpes por envidias cientificas. Este Divino Enterao tenia una presentacion que mas bien fue hacerse publicidad de su compañia, y hablar al estilo deshilachado, como pude comprobar años mas tarde escuchando a algunos petulantes Americanos –ejemplo clasico es el idiota Thomas Friedman, que acudio presuroso en Houston a una conferencia de Ingenieria Mecanica para disertar sobre como competir con China y Europa. Al mismo tiempo, presentaba su pseudofilosofico libro 'El Mundo es Plano', como una moneda, justo lo que nos interesa, el dinero por el dinero simplemente. O sea, en una conferencia internacional donde lo primero que hay que tener es respeto y educacion con todas las nacionalidades, este chusco del New Pork Times, con la seguridad de que nadie lo va a relevar del cargo mientras trabaje para los suyos, lo unico que hizo es meterse con los que economicamente podian hacer daño a America con su tecnologia. En septiembre 2006 me habian

ofrecido una beca que rechaze en el renombrado Trinity de Oxford para dos semanas de Calculo Computacional, porque ya estaba harto de recibir insultos y maniobras sucias en Nottingham. Habia decidido irme cuanto antes de Inglaterra (tenia ganado mi sueldo de 1000 libras mensuales cobrado por meritos), con todo publicado despues de la gran evidencia que sucedio del 27 de Febrero de 2007. Y adicionalmente el amable recibimiento que tuve en Inglaterra, al llegar con la mejor intencion, en Octubre 2005

–puedo asegurar que fui alla dispuesto a trabajar intensamente y lo primero que hicieron fue insultarme, llamarme Español con desprecio, y culparme de hechos asombrosos que me dejaban atonito. Por ejemplo, Janice, una rechoncha rubia, casada con marido de la Royal Navy, por supuesto, y bien enchufada tal que ni tenia titulo de master que llego al laboratorio en 2007. Esta simpatica me culpo a mi como medico, de que otro medico de un hospital de mi pais habia hecho adicta a la heroina a una amiga suya, que acabo yonki sin remedio. Otro fue en 2006 el pluma de Neil Taylor, que en la clase de ingles a la que iba con la mayor disposicion de aprender y colaborar, empezo a acercarse a mi pupitre e insultarme en voz baja, 'cutre', me decia el marica Taylor, con su elgante corbata y camisa negras, en Castellano, para provocar y hacer el mayor daño posible, al puro estilo sucio ingles.

Pues bien, volviendo al asunto, en Febrero 2007, en el laboratorio de Biomecanica, teniamos programada una evaluacion con la empresa Ranier que financiaba el projecto nominal del que se autodenomina Reader en Biomecanica con Insula Barataria incluida, Donal McNally. El dia anterior, cuando tenia que hacer unas radiografias importantes para demostrar a Ranier mi progreso, aparecio machacado el enorme enchufe trifasico de la maquina Siemens de Rayos X. Estuve pensando, romper ese enchufe que era tremendamente resistente es dificil, quien lo hizo, como, y por que?. Simplemente, al lado estaba la gran maquina servohidraulica Dartec, que podia aplastar hasta el metal del blindaje de un carro de combate con facilidad. Por tanto, las personas que lo hicieron, por orden de conocimiento en manejar la Dartec, eran Mark Parry o McNally, probablemente con la colaboracion del racista Mike Sloman de seguridad de la Universidad (2). Me quede en blanco cuando vinieron al dia siguiente los de Ranier sin poderles mostrar las imagenes radiologicas. Habia que poner delante al postgraduado Nigeriano Abi, que hasta recibio un regalo de software gratis comprado por McNally (3) para acabar la tesis en 2008-9 –no tenia, evidentemente como pude ver muchas veces, ni puta idea de programar en ningun lenguage, y de matematicas lo tuvieron que enseñar a derivar. Daba lo mismo, estaba decidido politicamente darle el doctorado en Nottingham hiciese lo que hiciese. Hay que ver los milagros de la virgen que hace el petroleo de Nigeria y el comercio de la Commonwealth -o lo que se tercie para hacer dinero virtual facil.

El Enterao de Oxford estaba picado por mi desprecio a la beca, pobrecito, probablemente no sabia del juego sucio en la trastienda de Nottingham, algo hay que defenderlo. En mi mesa de trabajo habia calculos comenzados sobre turbulencias, digamos sencillos e iniciales, y dinamica en turbulencias de aviones. Es decir, seguridad y el FHBI registra y archiva la informacion de todos, absolutamente todos, y cuanto mas importantes son mas aun -la democracia y la libertad es papel mojado para esta gentuza, aunque hay muchos buenos. Un dato real es lo que me conto un ingeniero de telecomunicaciones de Jaen en verano, alla por 2003 o 4. Este andaluz se hizo la carrera en Madrid, y segun me contaba sacaban pelas cobrando por soplar en los examenes con un dispositivo radiocontrolado, ademas las formulas y demostraciones que no entendia se las aprendia de memoria -pues bueno, cada cual a lo suyo, pense, haz lo que te de la gana. Estuvo trabajando en defensa en el famoso Eurofighter, y me decia muy serio ,'te miran hasta los calzoncillos'. Yo trabajo en aerodinamica espacial siempre civil, y no digo armamento si o no, me da lo mismo, y no me meto en los asuntos de defensa aerospacial que no son mios ni es legal mirarlos. Pues si, ahora te creo en esto colega, si esa brutal inspeccion era por 2003 o antes, que pasa ahora?, pues simplemente que hay que estar toda la vida inventando como esconder tu informacion, y no parar nunca de encontrar cosas nuevas para que no accedan y sobre todo no roben como los Ingleses y Americanos -es decir, el espionaje por espiar sin sentido, unicamente por guardar informacion para cuando sea util, a favor o en contra, es la plaga del siglo XXI para mantener un sistema que necesita profundas, tremendas (y lo digo como democrata-liberal) reformas para restaurar la confianza de la gente en su entorno y sus superiores. Los paises en los que los ciudadanos confian en el sistema social, saben que trabajando y portandose bien nunca les va a ocurrir nada malo, y creen en sus vecinos-ciudadanos, por tanto tienen garantizada, por lo menos, la posibilidad de supervivencia a lo largo de la historia. Un chaval crece a gusto y se forma bien cuando nota que puede confiar en sus padres y se siente querido por la familia. De ahi la gran crisis en la que vivimos actualmente, con tintes teocentricos de Edad Media, y con una seguridad reaccionaria, casi fascista, encabritada y en guardia, porque este sistema en crisis no garantiza la continuidad en si mismo por la ruta que vamos. En Denver, Salvation Army, cambiaron el mejor director de refugio que he conocido, Jerry, por uno que empezo a putearnos hacia la primavera de 2013. Este elemento un dia que estaba inspirado, mientras me servia la sopa del barril intentando pillar algun trozo consistente de carne, me solto que 'en america ser honrado es un crimen'. Es verdad, la mayoria van al atajo de hacerse ricos cuanto antes con cualquier metodo, pero tambien es cierto que hay muchos buenos que tienen que aguantar a los del primer grupo, y esquivarlos ocultamente, tanto para mejorar por el buen camino, como para ayudar a los que de cierto saben que no hacen trampas.Siguiendo con el tema, como estos ingleses estan mas preocupados por lo ajeno que por lo suyo, pues lo delas turbulencias lo habian leido y comentado –un ejemplo importante de este asunto, simplemente por aludir a los tiempos actuales, es la historica curiosidad de los britanicos por saber que hay en Rusia. O sea, meter las narices alla porque se les cae la baba por la envidia y ambicion de los recursos naturales, y mas, de aquel pais. Aparte, por supuesto, de su cronica ambicion patologica por saber que hay mas alla, muy dentro de Rusia, que es de ellos y a nadie le debe importar los secretos tras fronteras de cualquier pais, sea como sea. Al terminar la Primera Guerra Fria (estamos en la Segunda), Rusia se abrio desde la economia planificada por el estado que habia fracasado por corrupcion, a la de occidente, y la respuesta del capitalismo fue intentar aprovecharse de los restos del naufragio, y tratar de incrementar mas aun su poder, sin tender una mano a la negociacion e integracion paso a paso. Esa es la verdad, y ahora volvemos a la division y desconfianza, es decir, una Segunda Guerra Fria por no saber controlar la ambicion de los mas bestias. Hay muchos mas ejemplos internacionales, con otros paises, de esta dinamica continua de apretar tuercas, sin pensar que en algun momento se pueden pasar de rosca los tornillos o romper la maquina. Objetivamente se recuerda que los aristocratas y los Zares vendian sus tierras con criados-esclavos incluidos -brutal desigualdad social y miseria que provoco una revolucion sangrienta, para luego llevar el pendulo al otro extremo, verbigracia, aquellas famosas purgas de Stalin. De igual modo, ya que en todos los sitios cuecen habas, los Ingleses y Americanos comerciaban con negros africanos para la esclavitud productiva, a pesar de que en Roma se habia abolido la esclavitud veinte siglos atras. En otras palabras, el que puede y se encuentra en situacion favorable, suele abusar con frecuencia.

Tampoco pienso, ni me creo, que los Japoneses se hubieran levantado un dia, de repente, con la idea subita de atacar Pearl Harbour por inspiracion matutina. Las guerras suelen parecerse a los divorcios, y en la mayoria delos casos, como esta probado historicamente, ambas partes tienen algo de culpa. Que paso en el Pacifico, y en las relaciones economicas, para esa agresion injustificada?, pues los historiadores objetivos encontraran las razones cuando pasen los siglos. Como dice El Turko con Sabiduria, el que empieza una guerra, o deja embarazada a su novia, se atiene a las consecuencias. Desde el otro lado, los Nipones no merecian un castigo nuclear a la poblacion civil tan exterminador como asi sucedio, porque con una sola bomba, o mejor una demostracion aislada, hubiese sido mas que suficiente. En la misma linea, los habitantes de Dresden se llevaron una venganza injustificada con enormes perdidas de familias enteras y en la estructura historica de su ciudad - odio eterno a los Ingleses y la Reina de Inglaterra, que tuvo que anular su visita alla hace algun tiempo, creo recordar. La evaluacion de los hechos historicos, como decia mi excelente profesora de bachillerato, suele ser imparcial a toro pasado de varios siglos. O sea, como dice El Turko con Sabiduria, todas la guerras son la misma guerra, pero distintas en variables de lugar (espacio), epoca (tiempo), y cultura diferencial. En fin, que en un momento dado este Divino de Oxford exclamo mirando hacia arriba

turbulencias?...., hasta el mismo Einstein afirmo que las turbulencias eran tremendamente dificiles de tratar cientificamente

Jamas en mi vida pense que mereciese la comparacion con tal eminencia, (me consta que soy un investigador normal pero trabajador, nada mas), cuyo manuscrito original a mano de la Teoria de la Relatividad se paga en subasta publica a precio infinitamente inferior que las bragas de una celebrity - y que guapas son algunas celebrities, plastico aparte, logico. El mundo es asi y la realidad de la fama y la pasta esta por encima de la cultura y ciencia, por tanto nunca protestare por eso, porque a mi me gusta lo mio y me divierte lo otro durante cinco minutos. Pobre Einstein, todos lo usan como ejemplo para cualquier comentario o estudio, cientificos, psicologos, historiadores, periodistas, y la madre del cordero. En mi opinion, Einstein tuvo inmensos aciertos y algunos errores como investigador, y en su vida privada lo mismo, mas bien desaciertos, como cualquier ser humano. A mi lo que me causa feeling de Einstein, por experiencias comunes, es lo que le dijeron cuando se fue a Priceton exiliado, '***Albert, contempla ahora bien Berlin, porque esta es la ultima vez que lo vas a poder mirar***'. A los investigadores nos utilizan los poderosos de arriba, como a los pintores, escritores, inventores, musicos, y a cualquiera con similar pertenencia a un gremio fuertemente vocacional; no mandamos mucho mas aparte de elegir el menu de la cena y las publicaciones que hacemos –nos exilian, difaman, juegan con nosotros, espian, manipulan nuestra vida y biografia, y roban el trabajo que hacemos. Por encima de fronteras y regimenes politicos, los investigadores creamos lazos de union debido al enorme interes que tenemos por buscar hechos y resultados verdaderos, avanzar, aplicando etica profesional. No voy a presumir de honradez, ya que intento ser honrado espontaneamente, por reaccion ante lo que empece a vivir en los ochenta en mi pais -cuando empece a trabajar como medico en el Insalud, hacia los 84- 85, y Los Secretos con Burning sonaban en las fiestas de San Isidro. En esa decada, la corrupcion en España y el Insalud (1) aumentaba de seis meses en seis meses, y mi decidida actitud personal fue apartarme de la basura por el resto de la vida. Ya sabia que los riesgos eran el hambre y la marginacion, muchos han pasado por lo mismo. Eso implica que nuestras redes, los que mas o menos pensamos asi, son mas fuertes que la presion de los intereses de cada nacion, y nos ayudamos a escapar del agobio y las persecuciones profesionales y politicas con cerebro y solidez de convicciones, traspasando fronteras con ideas, y no armas -los investigadores y matematicos Rusos fueron mis primeros profesores, y eso no tiene nada que ver con estados y burocracias, el buen maestro nunca se olvida. Asi las cosas, en la conferencia este Divino Enterao de Oxford, al rato volvio a insistir, ya caliente, en language insultante

'paranoia', repitio dos veces mirando a lo alto del aula con su ridiculo desprecio britanico, nutrido por el sueldo que le pagaban por especular, y espiar los potenciales profesionales de los investigadores honrados que van a lo suyo sin meterse con nadie

Acabe la conferencia contento, ni caso que le hice al bien nutrido individuo encorbatado, y guarde en mi mochila las turbulencias para años venideros, a ver si habia suerte y no me las chorizeaban. En Estados Unidos, en septiembre 2014, sin pensar en contestar o vengarme de este putrido elemento de Oxford, publique mi primer articulo internacional sobre turbulencias. Ahi tienes tu misma medicina, Empresa de Oxford, en tu cara y frente a frente, sin atacar con cobardia por la espalda, como cualquier imbecil ingles. Nosotros, ni caso, seguimos trabajando con buen sentido y alegremente, al tiempo que aprendemos mas sobre la realidad del mundo complicado de este nuevo siglo. Siempre hay un dia tranquilo en que se puede desayunar oyendo a Pavarotti o La Callas, para luego ir a clase de Yoga como aprendiz y estirar los tendones. El planeta aproximadamente azul sigue girando despues de toda esta inercia de maquinaria oxidada. A ver si dura muchos siglos, como decia Perote misteriosamente en su entrevistas televisivas en el parque, 'puede ser' -me han dicho estas Navidades de 2015 que quedan por lo menos 80 años mas de garantia absoluta.

EPILOGO

Dos por uno, que decia el eminente politico colega de los descamisaos segun sus palabras. En ese Septiembre de 2014 publique mi inicial articulo en Turbulencias, y ademas con el metodo computacional, Numerical Reuleaux Method, que rechazo el irlandes corrupto Seamus Garvey con una demostracion matematica falsa. Con el tiempo y muchas conferencias posteriores, aprendi que los de computacion, computer science, son los mas sucios, insultantes, provocadores y faltos de etica entre todos los investigadores amorales que he tratado, tanto en America como en Reino Unido. Si no insultan hablando contigo, se traumatizan, y un ejemplo es el imbecil de Segall de Arkansas University, que mas que profesor es un loco presumido con cara de psicotico evadido de la realidad tras sus gafas. Este inepto Segall intento fastidiar sin exito en Orlando, y solte mi presentacion oral tranquilo, seguro, y pasandome su cara de falso hipocrita por el forro de los madrileños cataplines. Segall tiene en los Proceedings de esa conferencia su premio a la estupidez y el racismo. Prof SegalL from Arkansa American-corrupt-imbecile-Marika.

(1) Vayamos con hechos mas que palabras para describir justificadamente por que no me considero español, y soy un exiliado mas o menos feliz con mis asuntos sin ningun interes acuciante por patria o pais. Estamos en 1986, octubre, y vuelvo a casa con el libro, mas bien bueno y completo, de Termologia del Profesor Aguilar (que tenia una ilustracion del Diablillo de Maxwell, muy apropiado para el apodo de El Diablo que me ponen en America. Al principio me molesto, pero cuando he aprendido lo que es America me encanta ser el Demonio, tal vez El Diablo sea mas bueno que mucha gente y comportamientos de aqui, o sea, en el Siglo XXI, el diablo por comparacion con lo que sucede es una persona normal e incluso bueno). Siempre recordare la

elegancia y el tranquilo, educado gesto de Aguilar cuando se topaba con Sanchez del Rio a fumar un pitillo y charlar un rato en los pasillos de la planta baja de Biologicas, por alla al principio de los ochenta. Menudos dos elementos, un Termologo y un Nuclear-Cuantico.

Me llaman del Insalud temprano al dia siguiente y me levantaron de la cama medio amodorrado. Era, como supe luego por amigos, la voz de una funcionaria, Bene, de la sede central de la Administracion del Insalud al lado de la Glorieta de Bilbao, ya contare hazañas belicas de alla.

Bene me ofrece un contrato de interino, la digo que si, y habla de varias sectoriales. Desde el cuarto de mis padres oigo un grito preguntando, y les soplo los sitios que me ofrecen, y que me estan dando trabajo. Inmediatamente mi madre selecciona La Avenida de Portugal, y me dice que escoja aquello, es el consultorio creo recordar de Cebreros. Bene me dice ven a firmar ahora, y yo contesto que al dia siguiente, entonces muy flamenca ella me responde, pero no estas en paro?. Si Bene, pero tengo muchas cosas que hacer hoy -ir a la Facultad de Fisicas lo primero, y arreglar la matricula, pero mejor no contarselo porque me hubiese tomado por imbecil, preferir el Algebra a un sueldo de 150 mil pesetas.

A la mañana siguiente aparezco en la oficina de Bene, que era (supongo que seguira siendo, las mujeres tienen solera), guapa morenaza, domingas ecologicamente sostenibles y labios jugosos. Al esperar en la puerta mi turno, escucho la conversacion telefonica de Bene, y me llama la atencion su frase, 'aqui de enchufados ni uno'. Estupendo Bene, desapareciste de la asignacion de contratos en poco tiempo, UGT y PSOE iban tomando posiciones de monopolio a gran velocidad, eran los 1986.
Con el 124 de mi padre llegue al consultorio de Cebreros a las ocho de la mañana, algo adormilado. Me recibe el maestro de ceremonias del ahi, Dr Giraldez, y ole. Oye, tu,

que te enteres bien pardillo, los avisos de la tarde se hacen por turnos de tres dias asignados a un solo medico, mientras los otros se dedican a sus asuntos vespertinos -tenia que haber dicho no simplemente, falta total de experiencia. En recepcion me dijeron, tienes que ir a hablar con el Jefe de la Sectorial, Dr Oñorbe. Este era moreno, no muy mayor y con gesto bueno pero siempre agarrando su autoridad si era procedente, me fije en su mesa para hablar: sin ningun papel apenas, o todo lo hacia de memoria o bien le gustaba ejercer la jefatura sin complicaciones.

Ahi comence un año de insomnio absoluto, coche, gasolina, M-30 por un tubo, y avisos a toda leche cuando me interrumpian la clase en Fisicas a media tarde. Estaba sustituyendo un medico muy malito en baja permanente, ya con serios problemas circulatorios, Dr Ramirez Guedes, que moriria antes de acabar mi contrato -siempre me llueven del cielo, si estuviera bien dicho cielo, las cosas de los ya muertos, es un signo mio vital; o sea, heredo las ropas usadas de difuntos familiares, sus libros, las condecoraciones y premios, los diarios, objetos de todo tipo, y las interinidades de medico general -mis posibles conexiones a traves de estas personas del otro mundo, con lo inexplicable, son difusas, las estoy intentando investigar. Por tanto, estoy escribiendo a Chamanes Mexicanos, Astrologos, El Vaticano, Especialistas en Fenomenos Extrasensoriales, y otros organismos relacionados con los Fenomenos Paranormales, para que me contesten si hay una posible relacion entre un menda y **El Mas Alla**. Pero lo que contestan es que **El Mas Alla** no va ***mas alla*** del estanco de la esquina, los celtas cortos, tres carabelas, bisonte, farias, y polizas de una peseta que quedan en el almacen de abajo. Racionalmente, para mi **El Mas Alla** es una mesa con un flexo, boli, cafe y te, ordenadores, papeles de trabajo, y el Coño de La Bernarda. Si fuese Americano empezaria a relacionar lo que me ocurre con el Area 51, las conexiones interestelares, el FHBI, el Arca de Noe y

Complots de servicios de espionaje extranjeros.

Verdaderamente, aparte de toda la parafernalia que rodea la leyenda del Area 51, lo que no entiendo es por que los americanos, que nacen con un billete de 100 dolares metido en el ojete del culo, aun no han reservado una pequeña zona exclusiva para un Parador Turistico Nacional en La 51. Hay muchos ricachones que pagan un paston para que los azoten, torturen, o les hagan pasar miedo. Las excursiones nocturnas de panico en el Parador 51 buscando marcianos podrian ser una fuente importante de ingresos para solucionar la deuda externa nacional. Aunque en todo este asunto esoterico, como dice El Turko con Sabiduria, se puede mirar y disfrutar del horizonte, pero despues hay que comprobar si se tienen los zapatos limpios y el sitio del suelo donde se sustentan. En fin, hasta me dieron la bata de Ramirez Guedes para transmitir mejor mis señales extrasensoriales hacia los espiritus galacticos, buena bata por cierto.

La enfermera que me asignaron, Esther era una señora algo mayor pero no mala persona, que acabaria odiandome por pasarla montañas de recetas para acabar pronto la consulta e irme a clase o a estudiar a la biblioteca.

Empece muy despistado, y despues de varios meses, observando las necesidades de la gente, comenzo la organizacion para optimizar la atencion al paciente y seguir mis estudios. Los pacientes complicados los citaba o bien a las ocho menos cuarto, o bien depues de la consulta. Dada la avalancha de hipertensiones rebeldes e hipercolesterolemias/lipemias, por narices me tuve que empollar y hacerme mis tablas de tratamientos de hipertension, desde lo mas simple hasta lo mas complicado, con combinacion de farmacos -obtuve, puedo presumir algo, buenos resultados. La epidemia de gripes invernales la manejaba poniendoles yo mismo inyecciones al ir al aviso para que se curasen pronto y me dejasen en paz, y al

recuperarse los vacunaba. Tuve que librar una guerra sin cuartel a las dependencias a corticosteroides, que me los pedian tanto los asmaticos, bronquiticos obstructivos cronicos, como los enfermos de cualquier padecimiento reumatologico o artrosis. Eso, retirarles la corticosteroides-adicccion, fue la madre de todas las batallas.
Asi las cosas aparece uno de los personajes mas instructivos y venenosos de Cebreros, tal y como comprobe al tiempo, era la Enfermera Jefe Carmen, una robusta señora que tenia un caracter bastante fuerte y por supuesto su hija colocada de interina en la sectorial -aprendi muchisimo de ella, y lo aplique en Estados Unidos e Inglaterra, me decia muchas veces, tu, de lo que te diga la gente, creete la mitad de la mitad. Al acabar la consulta, Carmen solia venir a charlar con mi emfermera a mi despacho, y discutir quien era mas importante, la Pantoja, Rocio Jurado, o Maria del Monte -miraba a la ventana por si venia una sirena voladora Danesa a salvarme. No soy un experto en Folkloricas, como los Jueces Honrados de la Audiencia Nacional, que siempre que les mandan un caso de corrupcion total exclaman, susurrando a media sonrisa, 'aqui falta una Folklorica'. Lo unico que me gusta es el autentico cante hondo, guitarra, voz, palmas y nada mas, simple y puro cante que se escucha en muchas radios del sur despues de cenar -esos si que saben de flamenco, tienen los mejores archivos, y recrean a la audiencia con lo mejor. Si, ***The Folklorican Connection***, cada vez que sucede un escandalo en la Farandula, es la primera herramienta de sospecha -el esperpento publico que liaron a La Faraona fue el principio de una larga historia de amistad entre El Estado y estas tonadilleras o flamencas. Pero el injusto linchamiento publico que esta sufriendo una de ellas, describe bien lo que es la España de hoy. Si la Pantoja ha pagado sus delitos, a ella, y cualquier otro, que la dejen en paz y pueda arreglar sus asuntos tranquilamente. Ademas como esta el patio de incoherente/surrealista en mi pais, es aplicable la frase, como dice El Turko con Sabiduria: si a

Napoleon lo corono el Papa, por que no al presidente del gobierno de España lo puede ratificar constitucionalmente La Pantoja?. En fin, cuando Carmen se entero de que estaba en Fisicas y queria ser Fisico, me decia muchas veces, al acabar mi consulta,

para que quieres saber tanto?

Una y mil veces la explique que me estaba currando mi especialidad que no existia en le sistema MIR. Y otras tantas miles ni lo entendia. Con casi todo el personal de Cebreros sucedio la siguiente evolucion de su comportamiento conmigo respecto a mis idas y venidas a la Facultad de Fisicas, en este orden,

Primero, no entendian que era la Fisica Medica, por mas que lo explicaba.

Despues, al no comprender, pasaban a tomarme por loco.

Al final ya se dedicaban a despreciarme y hacerme putadas, desordenar mis bajas, robarme el sello para sacarse recetas y mil cosas mas.
El unico que me entendio algo, porque tenia hijos, fue el Dr De Pablo, persona de buen caracter, calvucho y con gafas, todo lo opuesto a Giraldez. De Pablo acabo trasladandome a

la carpeta de casos definitivamente irresolubles sentenciando,

bueno, a mi hijo le ha dado por los coches, que se le va a hacer

Me di cuenta de que nos vigilaban en la calle a veces para saber si haciamos los avisos, jamas me escaquee de ninguno, lo puedo afirmar con satisfaccion, y mucho menos de guardias -me sacaba vitaminas con el numero de cartilla de algun pensionista, eso y ser demasiado introvertido fue mi fallo, hay que pelotear un poco al publico aunque vayas con prisa. Ademas me sentia totalmente incomprendido, me decian siempre si me pasaba algo, si estaba enfadado por algo, y es mi cara desde que naci, hasta que no resuelvo algo no paro, pero estoy casi siempre contento con mis asuntos -salia pensando soluciones en mi coche para todo el volumen de cosas diarias a resolver. En este sentido, mi primer supervisor de investigacion en Fisica Medica, Alfonso Descalzo, decia al llegar a la Facultad de Medicina en el bar a los otros profesores, que al venir a trabajar en su cuatro latas se imaginaba que al llegar al edificio de la Facultad, este habia desaparecido, habia un solar desierto, y de ese modo conseguia estabilizarse. Pensaba que estaba mas zumbado mas de lo normal en un Profesor Titular, pero luego aplique su terapia psicologica en la consulta de 50 enfermos diarios seguidos. Invente un boton magico al lado del calendario, bien oculto a la vista del publico y el Inspector de Sanidad. Este boton accionaba el mecanismo automatico de las puertas de un foso con cocodrilos y serpientes carnivoras. Al acabar con las diarreas y artrosis de una maruja, oprimia el boton, y esta caia gritando al foso con las recetas del Inclito Insalud y los partes de baja o alta, para ser devorada por los cocodrilos - uso el termino de la tele marujas sin sentido peyorativo, en general me llevaba muy bien con las mamas, que son un poco hipocondriacas con la salud de sus hijos. Mi relacion con las señoras era excelente en general, rapida por el gran numero de pacientes, y me esforzaba por escucharlas y aplicar unicamente lo que era necesario, entenderlas sobre todo. Si las suicidaba era por necesidades del Insalud para reducir gasto, las ordenes que nos daban desde Direccion, en otras palabras, las queria mucho, pero *las mate porque eran mias* -virtualmente. Me cargue cientos de pacientes sin que me pillase la poli corrupta de Barrinuevo. Mas aun, esta terapia psiquiatrica la aplicaba siempre que iba a pedir/gestionar algo con la administracion, y sin despistarme conduciendo imaginaba que me esperaba una secretaria de escote y caderas sin piedad para la paz de los sentidos, para hacerme una succion de las que te dejan con las piernas temblando. No solia aceptar regalos de pacientes ni laboratorios, excepto libros, al decirles que no era necesario. Si aceptaba invitaciones a cafe, aperitivos y comidillas no opiparas, y por supuesto explicaciones farmacologicas, que serian cuidadosamente estudiadas para determinar la proporcion comercial/realidad-cientifica, con datos objetivos. El punto de inflexion para darme cuenta de lo que es la gente, el personal del Insalud, y querer largarme, ocurrio despues del verano. Ramirez Guedes se habia hecho adicto a los narcoticos por su emfermedad en silla de ruedas, y se suicido. Carmen al enterarse de la noticia poco menos que se alegro cantando el Gordo por los pasillos -cuando le resolvi la baja definitiva a un paciente que la tenia atascada largo tiempo, me llamo 'buen Samaritano' ahora soy El Demonio en America. Era simplemente vergonzoso, el odio entre miembros del personal del Insalud, me queria marchar cuanto antes y estudiar mi carrera, me daba lo mismo que me renovasen o no el contrato. El postre fue cuando la mujer de Ramirez Guedes tambien se suicido despues, y Carmen ya bailaba de gozo. Para mi, sinceramente, jamas hubiese pensado que Ramirez Guedes fuese una mala persona para

merecer eso, lo unico que supe de el es que tenia amantes, pues que se lo disfrute, si tiene tiempo para ello, el maturraque es yoga que abre el apetito y relaja.
Hubo, hacia la segunda mitad del contrato, un enfrentamiento con lo mas negro de la policia. Quiero decir que, como sucede con los servicios secretos, la poli viene a ti, no hay que buscarla, ellos, los malos del cuerpo, te buscan directamente, y en muchos casos entran mejor a trapo que cualquier toro. Un poli con una cardiopatia aparecio en mi consulta, no diciendo puede usted recetarme esto o aquello, simplemente dando ordenes en el mayor estilo chulesco y sin educacion. Esther le hizo las recetas que eran varias, y luego me dijo en tono del mal poli español,

y ahora me toma la tension

Me levante y le dije que dandome ordenes de ese modo no le tomaba la tension. Se fue al Inspector de Sanidad una vez que habia logrado provocar la bronca, y este lo cambio de medico. Por casualidad, a la semana siguiente me llamaron del banco sobre un credito ridiculamente bajo que habia pedido para pagar el pico que quedaba de mi coche nuevo, un Skoda Rapid blanco. Era el mismo tono exigiendo justificantes de pisos y estupideces adicionales para mi credito, que fue pagado peseta a peseta -una vez que se firmo y se pagaba, no habia nada que decir. Era un individuo de hablar paleto, ineducado, y de tono chusquero. Llame al director del Banco y me confirmo que este era el idiota de turno de su plantilla; con esto quiero decir que tanto los polis empezaron el enfrentamiento conmigo desde 1987 cuando comence a progresar en mi carrera, como con mi familia. Estos, por la informacion que tenemos ahora, han convertido mi ex-pais en un simple estercolero. Vamos, por tanto, a dar otro ejemplo contundente de lo que es la poli de Madrid en muchos casos, y puede ser verificado. En los noventa, mi primo artistologo Felix Granados, que lamentablemente ya

esta colgado, se beneficiaba regularmente a la mujer de un poli que trabajaba en una agencia de viajes. Esta se acostaba con el, *porque era libre como mujer para hacer lo que la diese la gana*, fuese mi primo como fuese. Su marido el poli, cada vez que la pillaba, la pegaba palizas a nivel de crimenes de delitos de carcel, asi de claro. Y ella se callaba porque el cornudo poli tenia absoluta impunidad para pegar a su mujer, no asi el resto de los ciudadanos del pais. Hiciese lo que hiciese ese poli criminal con su mujer, nada le iba a suceder legalmente. Ahora en Enero 2016, el pais esta totalmente atascado, y con cifras que confunden a la gente ignorante en economia basica. Me explico, dicen que españa crece por encima del dos por ciento, verdad. Pero el crecimiento en riqueza de un pais se mide por el producto interior bruto que se genera para obtener beneficio directo y pagar deuda o hacer superavit. Es objetivo decir que bastante mas del 60 % de la riqueza generada en mi ex-pais se dedica a pagar deuda, y eso es el dato real importante. Asi va a ser muchos años, aunque siempre, el pais ira tirando simplemente por inercia de la Union Europea. Una vez que se ingresa en la Union, la continuidad esta garantizada porque el eje Paris-Berlin, mas los chiquitajos tremendamente fuertes que son varios muchos. Todos estos sostienen el proyecto liderado por Alemania Democratica a pesar de Wall Street Dolar y Londres Libra, aunque destacando que tambien hay muchos capitalistas buenos en Londres y New York.
A partir de la primavera 1987 empezaron a suceder hechos bastante significativos. Descubri que uno de los medicos que tenia una gran consulta privada y muchos enfermos en cartilla, me colaba avisos por las mañanas. Sucedio al ir a casa de un enfermo y preguntarle por casualidad algo, cuya respuesta fue dar el nombre de otro medico como su titular. Que cara mas dura, pero asi es el Insalud, aprovecharse de un medico nuevo que iba con prisa es facil.
Luego, por casualidad, mi nombre desaparecio de la lista oficial a la entrada del Consultorio, lo habian quitado para

que nadie eligiese mi consulta cuando gestionaba una nueva cartilla asignada a ese Consultorio. Pero habia mas aun, en el verano 1987, para pesadilla del entonces Tarancon, una epidemia de concupiscencia carnal y vandalismo sexual asolo a las marujas de mi cupo, en los veranos surgen las cosas mas inesperadas y surrealistas. Por acuciantes necesidades/perversiones con sus maridos y/o amantes de estas virtuosas señoras, o tal vez para mejor ordeñarlos a su disfrute; todas querian ponerse a regimen y adelgazar, mejorar su figura y look sexy. Y empezaron a pedirme dietas, me obligaron a estudiar tablas de calorias, graficas, constituciones corporales, y pesos femeninos en agosto, con el calorazo, no se si querian torturarme -vuelvo a decir que uso marujas sin sentido peyorativo, la mayoria de las mujeres se encuentran defectos no reales, son algo histericas, y creen que son menos guapas de lo que objetivamente parecen. Un dia descubri a una chica joven en recepcion diciendo que se queria cambiar a mi cupo para una dieta controlada, y los descarados funcionarios de la mesa la engañaban diciendo que el cambio estaba prohibido,

quiero cambiarme al Dr Casesnoves para una dieta de adelgazar, repetia la nena una y otra vez, mientras se lo negaban ilegalmente los administrativos

Ademas, algun que otro especialista me causo serios problemas sin justificacion. Descubri un zapatero mayor muy educado que tenia diabetes importante, y lo mande para dieta e hipoglucemiantes a la de Endocrino, la cual me lo devolvio diciendo ocupate tu de todo, cara dura impresionante. Tuve que estudiarme todas las dietas de los diabeticos, calcular calorias para el zapatero, que fue muy amable, y resolverlo yo por mi cuenta. Me regalo una botella de licor por Navidad, que puse de adorno como caso resuelto en mis estanterias, no bebo, y la liquido Monica, my partenaire por entonces, de un trago, al meterse ilegalmente de noche en mi habitacion por el frio de noviembre. No se que hizo o hicimos, no recuerdo nada, me ha prohibido hablar de esto el FHBI. En mi trabajo, la vida personal de cada cual se indagaba y comentaba muchisimo. Escondia mis asuntos como si fuesen dinero, nunca me han gustado las intromisiones ni chismes sobre los cameos personales. Monica era la hija de el famoso profesor de Tecnologia de los Medios en Periodismo de la Complutense, Emilio

Martinez Ramos, economista de origen e individuo que al conocerlo y observar su comportamiento me ponia lospelos de punta -tenia una larga historia psiquiatrica de tratamiento por depresiones, y una relacion brutalmente edipica con Monica, que lo llevaba a destruirla todos los novios que ella conseguia. Yo no estaba incluido, porque si me hubiese casado con Monica, que ni se me pasaba por la imaginacion, por muy rica e hija unica que fuese, el matrimonio hubiese sido un desastre absoluto. Los motivos eran basicamente dos, primero, a Monica lo unico que la gustaba era divertirse, carecia de interes alguno por *hacer algo,* como se definia a si misma, era epicurea total. La segunda razon era que bebia como una esponja, y evoluciono a beber al estilo Fines, es decir, hasta que se caia al suelo. Simplemente me refugiaba en su casa los fines de semana a estudiar y acabar mi Tesina en Fisica Medica, lejos de las broncas familiares, y como tenia sentido del humor, algo bien nos llevabamos. El inteligente Emilio, empezo a descubrirnos y echarnos de su casa cuando pasabamos la noche juntos, en tono cada vez mas chulesco, 'mio, mio, todo es mio, esta es mi casa', repetia constantemente. Tenia la Empresa de encuestas Emopublica, integrada en la maquinaria electoral del PSOE, Martinez Ramos y su red tienen miga para investigar lo que fue historicamente la toma de poder absoluto del PSOE en los ochenta, acaparando incluso todos los medios, y bloqueando dos lustros la television privada -Calviño al hablar definia la situacion sovietica, ni dios en Madrid se atrevia a levantar la voz a los amigos-socios de Emilio, el grupo de la Comunidad de Leguina. Martinez Ramos dio el gran pelotazo al diseñar la pregunta conveniente del referendum OTAN, y sospecho que todo acompañado de un sutil y discreto pucherazo informatico por la minima, para no causar resentimientos. Me explico en terminos practicos, si quieres poner una empresa, o escribir un libro, en OTAN tienes que pagar un precio, que generalmente es mucho mas alto e incluso arriesgado fuera de OTAN. Por tanto, libertad y democracia es algo muy bonito para los idealistas, pero en Cabaret lo dijeron claro, ***money makes the world go around***. Como dicen con cachondeo los Mexicanos de Denver, ***el que no paga no pasa y el que se pasa la paga***. Un simple ejemplo de lo que eran los colegas de Leguina, que se reunian con Emilio a diseñar estrategias y repartir prebendas, es lo que sucedio con el magnifico e historico Hospital de Maudes –era la generacion de los sesenta, nenes progres que lo tuvieron todo, y machacaron con su egoismo y pedanteria politica a los que llegamos despues. El Hospital lo convirtieron en estupendos despachos de funcionarios casi por completo, en cuanto llegaron al poder. Ni un centro cultural, museo, servicio comunitario, o algo para la gente, todo se lo comian, *la nomenklatura del PSOE* era una plancha que acababa y devoraba todo - cuando pasaba por el hospital de Maudes en los noventa, me quedaba asombrado de como estaban de bien puestos estos funcionarios en sus despachos, para tocarse las narices y admirar la bonita arquitectura al charlar con la parienta o la amante. A Martinez Ramos lo hicieron profesor Titular en cuatro semanas con la primera escabechina de la aplicacion de la Ley de Autonomia Universitaria, en 1984- 5, aunque no aparecia por la Catedra mas que de vez en cuando. Si bien yo era muy joven, mi percepcion ahora, tal y como ha evolucionado mi pais y Madrid, es que no evaluaba suficientemente el brutal absolutismo socialista que duro hasta descomponerse poco a poco, casi catorce años tardo en desaparecer –habia en Madrid autentico miedo a hablar contra Felipe y Guerra, recuerdo, eran purgas continuas a la Derecha y los Liberales de Centro; Manglano y Vera mataban a inocentes lo que les daba la gana con el GAL, al estilo de Stalin, o sea, hacemos una purga de 30 y asi la probabilidad de que ejecutemos a dos o tres traidores es mucho mayor aunque mueran inocentes, adicionalmente, de paso, acojonamos a la poblacion para que obedezcan bien, y nos sobran recursos humanos aun vivos. La pomada del PSOE rentaba dividendos suculentos a todos sus miembros –todos recordamos a Felipe en la tele repitiendo su frase, 'gato blanco o gato negro, lo importante es que cace ratones', le daba lo mismo liquidar o marginar a uno o cuarenta. Una frase que Martinez Ramos, incluso amigo de Balbin, usaba en las discusiones al llegar a un punto conflictivo, era, 'lo harias por dinero?'. Panico sovietico de lo que fueron esos años, y mas sospecha aun de la emisora de radio quese monto en su casa de El Escorial –los aficionados a la investigacion de redes, tal vez disfruten ahi excavando esos datos arqueologicos. Hablaremos con mas datos de este sublime Profesor de Tecnologia de Los Medios de la Complutense, su aficion a los masajes de lujo desde joven, como nene pera-progre, y su matrimonio socialista de penalty. Aplicar de nuevo, again, el Primer Teorema del Hilo a Martinez

Ramos y sus compis seria interesante -se arreglaba la melena mientras decia que iba avotar al partido socialista obrerete español, 10986, mejor llamado PSOEZ. Asi la situacion, cuando el tal Martinez Ramos, con su emisora de radio para hobby o para 'orquesta', nos echo una tarde de su casa al darnos un descanso Monica y este que escribe, corte definitivamente y que se buscasen la vida ambos, fue una decision magnifica. Antonio Mercero, su amigo, consiguio que Emilio colocase a su hija Isabel, amiga de Monica de Siempre –Isabel Mercero me insistia continuamente en hacerme pruebas de actor, y gracias a los Astros me negue rotundamente; ni se me ocurre pensar lo que hubiese sido mi existencia trabajando en la Farandula, que bien hice en dedicarme a aprender matematicas y relatividad -o sea, la dije a la nena del papa de la serie Verano Azul que no tengo personalidad ni gusto por la fama ni fingir un papel asignado por un guion. Las actrices, excepto una, son para sonreir por sus noticias que hacen gracia, sirven para desconectar del curro un ratillo, y admirar su agradable look -me consta, por mis amigos de esa epoca, que todo es camelo basicamente, como en el rodaje de trabajo del cine, trucos inimaginables y perfectos que asombrarian a cualquiera. Martinez Ramos siguio haciendo dinero y mas pasta, incluso cuando enseño a su hermana a hacer especulaciones inmobiliarias, comprando y vendiendo pisos en los madriles. Que Monica fuese feliz con sus otros, pense, por los buenos ratos que pasamos juntos -luego por suerte consegui otras nuevas amigas, entre ellas su vecina Ana Torres, que era magnifica, absolutamente un huracan. En resumen, el PSOE pago triple durante 1986-1987, primero, mi sueldo de medico a traves del Eminente Insalud, ya totalmente politizado, segundo, mi cama en Julian Romea, comidas (recuerdas? Emilio Martinez, lo bueno que estaba el queso Camemberg que me zampaba en tu casa, viendo ademas tu personal video famoso 'El Tabernero', clasico aleman para adultos), la pernada socialista con su hija preferida, y el medio kilo del Instituto Nacional de Empleo al despedirme, que se convirtio en un aprobado en Termologia en Junio de 1988, junto con otro aprobado en los Laboratorios de Tercero, Optica y Electricidad. Todo gratis para mi, ofrecido por Felipe, por su gato blanco o negro que cazaba ratones, y con su mejor generosidad. La maquinaria del PSOE en los ochenta comenzaba a engrasarse, Maquiavelo se quedo muy atras asombrado con sus metodos, y el periodico que en la transicion era algo objetivo, El Pais, se convirtio en el panfleto propagandistico de Gonzalez -a pesar de todo acabe la carrera de Fisico, que ese falso socialismo español intento bloquear, por aquello de la igualdad malentendida, y esa querida bandera de España, roja y gualda, se perdio en lontananza, ondeando, al escaparme definitivamente del pais terrenal, no del periodico. Ahora hay un guapito gilipollas que quiere ser presidente, cuyo apellido recuerda a aquel ministro franquista que se llamaba Sanchez Bella y en las oficinas de los funcionarios lo apodaban La Bella Sanchez. Un ejemplo objetivo y real para determinar la salud mental de este susodicho profesor de encuestas de la Facultad de Ciencias de la Informacion de La Complutense, el tal Martinez Ramos, es lo que conto a Monica y a mi en su sofa muy orgulloso alla por 1986. Estaba hablando de las notas de sus examenes y habia un alumno que hizo un examen perfecto; Emilio dijo que lo suspendio por sospecha de copiar, ya que el examen estaba excesivamente bien. Segun el encuestador del PSOE, si no hubiese copiado habria ido a preguntar por que estaba su examen perfecto suspendido. Buena estrategia, probablemete envidia de un profesor ya colgado que llevaba baston sin necesitarlo para parecerse a Valle Inclan, o para defenderse. Lo logico, justo, racional y sensato en un profesor en este caso, es llamar al alumno y preguntarle por los temas del examen amablemente para saber y comprobar si habia copiado. Es decir, puede ser que el estudiante este hubiese sido tan responsable que ni siquiera protesto, o puede ser que ciertamente copio, y para eso estan los despachos y las tutorias pagadas por la Universidad, o sea, saber y averiguar que habia pasado de hecho. En cualquier caso de duda repetir el examen en su despacho. Pero Martinez Ramos preferia pensar mal por defecto, porque el ladron siempre cree que todos son de su condicion.

Por tanto, en ese Madrid socialista de los ochenta, habia dos tipos de ciudadanos, y dos interpretaciones de la independencia de poderes, legislativo, ejecutivo, y judicial. El juez Lerga no podia saludar educadamente a Ruiz Mateos, le costo perder el caso. Pero Gonzalez si podia cenar con los magistrados del Constitucional, previamente a la sentencia del caso Rumasa. Martinez Ramos si podia irse de lupanares y tener sus videos para adultos en casa, ser nombrado profe titular sin ir apenas al departamento, o no pagar a los engañados chavales que le hacian encuestas en su sede empresarial de Barcelona. Pero otros, como por ejemplo esa renombrada directora de television en 1988, Pilar Miro, por unos vestidos de protocolo pagados por direccion, simplemente la montaron un juicio y la echaron. El CNI y la poli corrupta podian registrar casas ilegalmente, en esto Corcuera era un sabio, y usar esa informacion para atacar a alguien, ***si no era de los suyos***. *Pero* Martinez Ramos del PSOE tenia inmunidad ante la ley total y derecho a secreto de cualquier actividad que llevase a cabo por obra y gracia de Felipe, Guerra, Barrionuevo, Serra, Manglano, y el resto. Mis, nuestros, registros estan declarados y sellados por notario con firmas, por mucho que le duela al FHBI, o a la poli y seguridad corrupta de Madrid -un ejemplo de esa epoca eran los alquileres de pisos para saraos sersuales, a los que asistia al menos el ilustre Serra, en las cercanias de la residencia de Mallorca de Juan Carlos, como esta probado de buena fuente por muchos. Recuerdo lo que Martinez Ramos le pidio al padre guardia civil, de apellido ilustre que no voy a citar, de uno de los novios o amigos posteriores a mi de Monica (yo encantado, estaba preparando examenes y con otras nenas), despues de estar dos horas enfrentandose politicamente con el alto mando guardia civil en el sentido derecha-izquierda. Es decir, de este modo, 'porque nosotros, ...tal, y vosotros, ... cual, pero nosotros..., esto,... y vosotros ...aquello'. El guardia civil habia ido a su casa de El Escorial a visitar a su hijo con Monica y hablar amablemente con Emilio, pero se encontro con este pique de un loco, ambos estaban ya algo tocados. Al final surgio el problema de los impagados de Barcelona, y Martinez Ramos le dijo a este alto mando, 'oye, tu, que estas en la guardia, echame a estos impagados de mi empresa de Barcelona que se han encerrado en mis oficinas, simplemente que los larguen', entonces el padre del entonces-novio/amigo de Monica le solto, 'tu, socialista, echalos tu, que eres tan del PSOE y no les pagas y los estafas'. Se lio tan gorda a gritos que se fueron del Escorial padre e hijo, y Emilio, transtornado por completo, volvio a romperle a su hija un novio/amigo nuevo –en realidad yo cale tanto a Emilio como a Monica en dos semanas, pero estos tardaron mas en conocer al perturbado, y se habian hecho ilusiones de noviazgo ambos, les impresionaba mas la pasta de este elemento, a mi siempre me dio igual. Durante nuestra amistad con Monica, me limitaba al CCCP, o sea, comer, copular, calcular problemas de matematicas y pernoctar. Asi sucedio con muchos amigos de Monica, y me enteraba por comentarios de aca o alla, ni caso, era un espectaculo de bodevil. Otro ejemplo del comportamiento aberrante de este aficionado a los lupanares desde que iba a la Universidad y su mama le daba dinero para el vicio, es cuando estaba solo en El Escorial con los perros de su hija. Los perros de Monica pasaban sed durante dos dias, pues ni siquiera les daba agua, y mucho menos comida, hasta que llegabamos nosotros.

Todo esto lo ocultaba en mi trabajo de medico, como he hecho siempre en la Universidad o cualquier pais en el que he vivido, porque creo en el derecho fundamental a la privacidad.

El colofon fue la declaracion de Hacienda, que me salia negativa con devolucion de algunas perras. Acudi a mi padre, que como Juridico Militar, que jamas acepto cargo politico ni beneficio alguno fuera de su cargo en el ejercito, se estudiaba hasta la letra pequeña de Hacienda -mi padre fue ademas un buen Profesor Ayudante de Derecho de la Complutense en Economia, y se fue al empezar el jaleo en la universidad alla por los setenta.Por lo visto, la funcionaria de la sectorial habia hecho las nominas, todas, inventandose los numeros, era el demasiao. Lo que habian hecho con mi sueldo fue sacar perras de la caja y poner los numeros de las paginas de la guia de telefonos en el papel de las nominas oficiales. Si eso era conmigo, por el Primer Teorema del Hilo (ya explicaremos el Segundo), que habrian

hecho tal vez, con otras cuentas mas importantes. La propagacion del error era por tanto hacia la declaracion de Hacienda, las cuentas de dos Ministerios, Hacienda y Sanidad, y las cuentas de Estado para rematar -que habria sido con los millones/billones importantes que tenian que ser justificados?. Esto era 1986-7, que hubiese sido despues?. Le pedi a mi padre que lo explicase en un escrito todo lo que habia encontrado, y me lo hizo sin firmarlo el por si mismo, aun conservo tanto las nominas como el escrito, no hay absolutamente ni una mentira por mi parte.
Lo que sucedio es que me gane el odio eterno de Hacienda y de los administrativos del Insalud para siempre. Hasta tal punto, que los fachas de Hacienda me devolvian el dinero en vales del Banco de España, con una letra y escudo de España enormes; viva la España corrupta, que ahora en 2016 ya ni tiene gobierno -probablemente el pais mejore sin gobierno, y parece broma pero podria ser cierto, ya sucedio al irse Felipe, ahora hay otro nene de papa que tambien se llama Felipe, pero a otro nivel. Para hacerse por tanto, ahora en el siglo XXI, de la realidad de España, un ejemplo es algo que lei de el tal Feneplasto Elsanto, en una web que se dice Liberal y esconde la extrema derecha y la farandula facha de Madrid y del Opus. Este paletorro de boina y enanillo que creo que es solamente Licenciado en Filosofia y Letras, fue militante en el franquismo del partido comunista, para luego pasar a la extrema derecha, de extremo a extremo, muy significativo. Feneplasto Elsanto, declaro sobre algun incidente, que si hubiese tenido una escopeta hubiese disparado, supongo que a alguien, esto es muy interesante. Primero y fundamental, un democrata, y mucho menos, jamas un liberal, habla de escopetas y disparos como en 1936, tanto en privado como mucho menos en publico, eso es simplemente de terroristas y extremistas, y en su caso de extrema derecha. Un democrata y un liberal hablan de ley, honradez, y etica social desde su nivel politico. Elsantos tiene un agravante mucho mayor, por dos razones

adicionales, primero, una persona que escribe en los medios tiene el deber de comportarse democraticamente y dar ejemplo, y segundo, es tonto porque tira por la borda todo el poder que le dan los medios para defenderse sin necesidad de comportarse como un terrorista barbaro de extrema derecha. Pero da lo mismo, este cantamañanas de la radio, que constituye una leccion de aprendizaje de lo que no hay que hacer, tiene tantos seguidores fachas que le da lo mismo dar un golpe de estado que amenazar con una escopeta, aunque le hayan provocado injustamente. Aprendi muchisimo del la psicologia de este individuo, alla por los noventa, y personajes como este, han convertido a España de nuevo en la nacion enfrentada del 36 aunque con menos hambruna y miseria.

Oñorbe desaparecio en Noviembre de 1987, creo que por aplicar justicia, y pusieron a una Doctora Señora que me suspendio el contrato mientras renovaba a todos los otros, porque no fui a una comida en la que querian hablar conmigo antes de Navidad -tenia un examen de Matematicas en la Facultad, y no me arrepiento en absoluto. Esto es el Insalud y España, y nadie me puede decir que falseo informacion porque guardo bien los papeles, que bueno que me he exiliado, vida sana fuera de la contaminacion etica, y avances en mi carrera paso a paso. Aprobe Algebra, Laboratorios, y Analisis Matematico II, recuerdo el mes de Julio 1987, que no fue caluroso, mas bien fresco, y hacia mis avisos en un periquete con mi Rapid, yendo a casa a hacer problemas luego -siempre hay partes felices en cualquier batalla. Estaba feliz por haberme quitado el fantasma del Algebra de Primero para siempre. Pero hay que ver como es el mundo, que ahora trabajo muy estrechamente con el Algebra, y me encanta. Dicen ahora que me van a hacer medico interino en Chamberi por mi contribucion memorable a la investigacion en Tecnologia Medica y Radioterapia, bendita ilusion, seria magnifico.

(2) Ranier habia mandado a todos emails sobre la reunion, Gary Smith, verdadero animal peligroso jefe de informatica del departamento, los controla junto con Mike Sloman, de seguridad -Gary Smith, que curioso, aparecia al abrir las mañanas mi ordenador sobrevolando la password con su cara de cebollo ingles y el traje gris del siglo de maricastaña. Por tanto Mark Parry, amigo de Sloman sabia que ibamos a tener un mitin de evaluacion, aparte de que a el le solian avisar tambien, y en mis emails se leia que me estaban pidiendo imagenes radiograficas. De Mark Parry cualquier cosa es posible, porque como medico lo he visto en abril 2006 tambalearse por la alta dosis d epastillas que habia tomado en el laboratorio y chocar contra las mesas y aparatos, otro bestia que se retiro, Tom Hyde, lo advirtio de despido por esa epoca. Sin embargo, al menos cuando yo estaba, Parry era inmune absolutamente atodo, hiciese lo que hiciese, aparte de estar toda la jornada colgado al telefono o fumando en la puerta. Mandy Roshier lo tenia que sacar a tomar el aire los dias que se encontraba completamente ido en invierno y primavera de 2006.

(3) Voy a contar un hecho cierto completamente que puede verificarse con facilidad. Cuando llegue a Inglaterra, octubre 2005, con mi beca ganada por meritos y sin influencias de ningun tipo, McNally nos invito a cenar en su casa alla por Noviembre de 2005. A mi, las postdocs Mandy Roshier (de la casa de la universidad de Nottingham) y Vinu Palissari. Voy cuidadoso en no exagerar ni minimizar detalles. McNally al entrar me pregunto que queria de beber, le dije que deje de beber por completo en 1982, y puso mala cara. En la mesa con menu de esparragos, quesos, y otras cosas que no recuerdo, McNally empezo a beber vino (en 2008 me diria que suele beber dos botellas diarias, no se si es totalmente cierto), a decir que aquello era depresivo, y las chicas y yo estabamos comiendo tan normales, ni exaltados ni tristes, era una cena formal de bienvenida al equipo de investigacion (suponiendo que existia), con los supervisores.

Recogimos la mesa y fuimos al cuarto de estar, que da al jardin de la planta baja y tiene un sofa. McNally se sento en el sillon de al lado de la terraza. Su mujer a la izquierda de nosotros, todos en el sofa. Su mujer Nicola empezo a ver un puzzle de fotos familiares, McNally ya bebido la dijo que por que hacia eso, ella señalo que estaba bien, y el contesto, si, he bebido demasiado. Luego empezo a murmurar mirando al suelo y ninguna parte, que en España el doctorado son 5 cursos academicos, no tres como en Inglaterra, seguia cabizbajo mascando comentarios. Despues dijo que habia demasiados doctores en tono despectivo y agrio, yo lo veia venir. Despues callo y siguio discutiendo con Nicola Everitt. Nicola nos pregunto si sabiamos cocinar, y uno por uno contestamos lo que sabiamos. Aparecio David, y Nicola le recordo a su nene la Guerra Mundial, la señorona del laboratorio que aparecia una vez cada tres meses en el lugar de nuestro trabajo diario, de nueve a cinco, tenia visiones alucinogenas aun de submarinos Alemanes surcando las transparentes e inmaculadas aguas del Tamesis -o tal vez confundia el chirimiri britanico con microbombas lanzadas por la Luftwaffe en un nuevo delirio belico de los Ingleses. Nicola instruia eficientemente delante de nosotros a su hijo de apenas once años David para no olvidar la guerra que ganaron de carambola, y seguir odiando a los alemanes, muy ingles, prolongar los conflictos a traves de generaciones. McNally siguio malhumorado, murmurando cabizbajo, y echando tragos al vaso, ya bolinga del todo. Mandy se levanto para acabar la reunion y nos fuimos a casa cada uno. Eche una bocanada de aire al pasar por el recibidor, benditos años que me esperaban. Lo logico, natural, normal, y educado en cualquier profesor que dispone de dinero de otros para un proyecto, una vez que invita gente a su casa a cenar, y se compromete a ello, es ser amable y educado, no hace falta que baile las castañuelas. Si esta cansado o estresado, o si se aburre con los invitados, en este caso alumnos, lo normal, logico, y de sentido comun, es acortar la cena y despedirse con tranquilidad. Si no le caen bien, mas bien era yo el que sobraba dados sus comentarios, pues no vuelve a hacer cenas, y no pasa nada, como dice El Turko con Sabiduria, si todos fuesemos iguales el mundo seria un aburrimiento. Afirmo que montar ese numerito y emborracharse es de locos simplemente, y por mas que enloquezca o se demencie no lo pueden echar, porque es el hijo de McNally profesor, que va a la BBC4 a hablar de lo que esta de moda en investigacion asumido como suyo. Asi es Inglaterra con mucha gente, no solo McNally, y cuando empiezas a pasar de ellos y sus aberraciones y mal comportamiento, que ademas es aburrido y monotono, encima se dan por ofendidos.

EL MERCADILLO DE LOS CONDENADOS

Eran casi cuarenta grados y sol aplastante a pricipios de ese mes de Julio en la ciudad de los divorcios rapidos, sequedad del Oeste Americano que te obligaba a beber agua cada diez minutos para que la boca pudiese estar algo normal, los Westerns preciosos y heroicos de Hollywood, vistos en el sofa de casa con el muslamen y la teta de una piba al lado, y los entremeses para picar, desde luego que no producen ese calor ardiente que no te permite ni tener claro el cerebro, lo puedo asegurar por experiencia. Volvia a mi refugio para sobar, pensar planes y comer, sorteando distancias mas alla de la confluencia del Estadio de Los beisbolistas Aces y Second street, habia que hacer un rodeo de camuflaje para que la bofia o seguridad nunca supiese adonde iba y de donde salia –conservar un sitio para dormir y trabajar en verano era lo mas importante de la supervivencia, y continuidad de mi carrera con publicaciones, daba lo mismo la temperatura que tuviese. Me tope con un sorprendente mercadillo improvisado de sabado, ahi estaban la mayoria de los marginales de Record Street, y pisos de acogida de la comunidad, para gente sin techo. Situacion inverosimil, porque estaba justo al lado del cuartel de la poli de Reno, que no se puede decir precisamente que es blanda con los de los refugios y cualquier tipo de gente callejera. Estos muchos habian montado el mercado de Wall Street-2 con un subito mana de aluvion de ayudas de comida, botellas de un galon de zumos variados, ropa nueva desechada de los comercios por algun defecto, o usada en digamos buen estado. Medicamentos basicos para las quemaduras y griposos, sujetadores con relleno para cachondearnos, y bragas o tangas chilones y horteras para ellas, cazoncillos y calcetines para nosotros, sin machismo, condones y lubricantes vaginales para todo tipo de copulas, rozamientos, perforaciones, restregones o sacudidas en soledad o compañia, y un mogollon de utiles que iban desde paraguas que servian para sombrillas, mantas, revistas de celebrities y chismes, cafeteras que funcionaban a medias, o CDs musicales de aquellos noventa, que tal vez no estuviesen rayados. Que no faltasen biblias ni libros filosoficos sobre el creador del mundo que los perdonaba, y los integraba socialmente en ese mercadillo del infierno al ardiente sol de ese verano en 2011. Entre los corredores de las telas o toldos que servian para exponer toda la lujosa mercancia comercial gratuita, una nena mas bien mayor gritaba a todos, dando instrucciones salvadoras, y animando el festival del cotarro a pesar del calorazo,

murder or drugs, god still loves you

La voz sonaba aspera y desesperada, garganta de vodka de bolsillo de cinco dolares y tabaco rubio barato. Esa chica, mas bien de treinta y tantos, tenia ya la piel de la cara con la bebida marcada, y adicionalmente algo comida por el sol aplastante del estio. Desde luego, seguro que dios los perdona, suficientes meritos tenian hechos por aguatar ese infierno bajo el Lorenzo de Julio. Nuevos gritos desesperados de esta maestra de ceremonias que siempre me parecio una compi simpatica al verla de lejos en el callejon del ghetto,

no importa, asesinos, traficantes o drogatas, dios os sigue queriendo

Fijo que es verdad, insistia mi mente mientras pensaba como transportar lo que pillase, seleccionar por minimo peso lo verdaderamente util y necesario, y encontrar soluciones para tapar el calor del techo ardiente durante el tiempo que me durasen la comida y los zumos en mi cubiculo. Ademas habia que inventar algo para que no entrasen hormigas, ni ladillas, buscar pilas usadas para trabajar y escribir de noche, y usar algun hidratante para la enorme dosis de sol que habia cogido en la frente, cara, y brazos remangados, Ademas, guardar periodicos, servilletas, y bolsas para la gestion externa de residuos solidos, y lavar la piel con desinfectantes para evitar dermatitis o picores por la enorme polinosis del principio del verano. Un maromo dominante de General Electric, Chair en la conferencia donde habian aceptado mi ultimo articulo, me ordenaba un minimo de diez paginas consistentes, y habia que discurrir, a cuarenta grados, aproximaciones integrales suficientemente logicas para justificar mi titulo academico y curriculum –fenomenal la etica obligatoria de los investigadores, y el estres e insomnio que nos causa. La Jefa del ***Mercadillo de los Condenados***, seguia con su proclama dantesca

murder or drugs, god still loves you

Ella, ***Garganta-vodka***, no perdia energia en sus gritos, mientras me preguntaba si los encorbatados de la Reserva Federal, despues de acabar con el lunch de rosebeef a mediodia, dejaban algunas migas del plato de los beneficios para meter a estos en algun apartamento basico, como hacen en Helsinki, hasta que les reviente el higado. Por lo menos podian pasar sus ultimos años como personas en vez de ratas abandonadas. Lo que parecia absurdo al principio, repasando la historia, poco a poco se iba tornando razonable en mi cerebro. Si, dios, o *el hipotetico* como deciamos en la universidad, los perdonaba de cierto a todos. America se descubrio con una tripulacion de delincuentes sacados de la carcel por un despreciado por las universidades y llamado loco incluso por la Monarca que le pago el viaje aventurero, Cristobal Colon –la Reina lo diagnostico perturbado, y La Reina lo financio en su travesia basada en medidas erroneas, viva la Reina. Jesucristo fue crucificado entre dos delincuentes condenados a muerte. Por tanto, me preguntaba en el pais donde hay tantas Iglesias como baches en las aceras, por que un continente encontrado por criminales tenia tantos Corredores de la Muerte, poco agradecimiento para los rompedores de la ley que llegaron primero. Garganta-vodka me estaba haciendo pensar mas de lo normal, distraia lo que tenia que hacer esa agobiante tarde de calor seco. Para colmo, la morenaza de San Vincent's paseaba escogiendo trapos, con jubilo consumista femenino, por todos los puestecillos, alardeando sus rotundas caderas y

exhuberantes pechugas. Esta morena de media melena, algo ensortijada y de negro brillante, bonitos ojos traviesos, era una nena que solia estar en el restaurante San Vincent's a media semana, y cuando coincidia alrededor de la mesa de enfrente, me mareaba la comida con sus encantos –era una vedette improvisada que merecia mas sueldo que cualquiera de las autenticas. Algun que otro dia la vi con su amigo y dos fabulosos bulldogs dirigirse a un motel de downtown, probablemente pagado con un voucher de ayuda social –me encantaban sus perros y ella en si misma, al pasar por el Estadio Aces y contemplarla a lo lejos. La verdad era muy simpatica de gesto, aparte de lo suyo propio, y mis comidas en San

Vincent's con ella delante venian a tener un doble postre antes del agobio regresando a currar a la biblioteca. La ultima contradiccion detodo este mogollon era celebrar un Mercado Bursatil con marginales y ex-presidiarios al lado del cuartel de la poli –y menuda la poli de Reno. Rapidamente llegue a acordarme de la conclusion que dice El Turko con Sabiduria, el mundo es contradictorio porque la naturaleza es por si misma de naturaleza arbitraria, El Turko siempre encontraba la solucion logica.
Garganta-vodka se habia sentado y no se como llegue a mi escondrijo con tantas provisiones y aparejos esa noche. Volvi con dolor en los pies a traves de esa calle, pasando las tiendas, algunas clinicas, y el supermercado porno rodeado por una explanada desertica con aparcamiento para las camionetas de los visitantes que se tomaban un respiro, o compraban algo para animar a su mujer en algo especial el sabado libre –era tan largo el camino y el peso acumulado a lo largo de esos meses que habia dias que me sangraban los pies por las botas inglesas demasiado duras. Luego enfilaba la carretera solitaria hacia dentro de Sparks, y a veces de noche tropezaba con mapaches atropellados, daba lastima ver un animal tan bonito espachurrado, siempre pensaba lo mismo

Te da pena, como las corridas de toros, porque ya estas viejo, aunque todavia por suerte en la edad de la anti-viagra.

De pequeñajo te pasabas las tardes vacacionales en casa de tu abuelo, viendo las ferias taurinas en blanco y negro, comentadas por el de gafas negras Matias Prats, ni siquiera habia UHF, y tus tios y abuelos pedian informes de las faenas, orejas, rabos, saltos de la rana del Cordobes, o capotazos del Litri, entre ensaimada y bocadillo de jamon – buena epoca de aprendizaje aquella. Ahora ver a un toro sufriendo y luchando ya no me divierte, el tiempo pasa muy rapido, y te cambia la percepcion de los hechos cuando has

visto gente pasarlo mal.
La luz se atenuaba a la vuelta en esa tarde de Julio a lo largo de la carretera hacia Sparks, algo polvorienta, con un tono anaranjado en lo alto y lejano, que decoraba algunas nubes en el horizonte. En esa parte del camino, la mas solitaria, siempre me acordaba de la calle 6, cuando empece a adentrarme huyendo de la mirada de los coches de poli del lunes en Record Street. Ahi empece a descubrir una cadena de moteles baratos que me fascinaban. Me explico, para un Americano un motel de carretera es algo tan vulgar y comun como las campanadas de la puerta del sol y las uvas de nochevieja. Los moteles esos son para comer algo, y limpiarse la suciedad de las manos del surtidor de gasolina con servilletas de McDonalds mientras dan el portazo a la camioneta y arrancan con prisa. Cuando llegue a America a presentar mis trabajos, al principio, los Ingleses me reservaban hoteles teta-pirulina, del todo monisimos y con camas-canape para creerte que duermes sobre una nube. Al acabarse mi beca tuve que cambiar a moteles de las cadenas 6, 8 y otros nombres peculiares. Me empezaron a entusiasmar por la independencia que tienes para hacer lo que te de la gana, entrar y salir al estilo fantasma invisible. Por eso en la calle 6, al ver esos moteles a cual mas barato, simple, y oculto, fantaseaba con tener algun dia cincuenta mil dolares y escapar a uno parecido, perdido en una carretera polvorienta que lleva a ningun sitio. Una recepcionista rubia Americana de cuarenta y tantos muchos años, busto grandote todavia muy bonito, ya algo caido, y con un cigarillo en la comisura de los labios, a la que hay que llamar pegando al timbre varias veces. Al calcular lo que debes te suelta dos palabras secas mientras pilla los dolares mirando a otra parte con gesto de hastio de final de jornada, y desaparece. Tan solo se oye el zumbido lejano de una Harley, o la camioneta Ford antigua que suelta mas humo del permitido legalmente. En una esquina se recorta a veces la silueta de un grupo de mexicanos reparando a golpazos su viejo 4x4, mientras escuchan en la radio a la despechada,

La Alicia Villarreal clamando una nueva venganza amorosa. Que te las voy a pagar, andas por ahi diciendo, y luego ajusta cuentas toda chula ella, pues a mi me sales debiendo; el censurado Calibre 50 con su immigrante, o los de Valletana con sus caminos de la vida tan distantes de los imaginados. Siempre soñaba con esos cincuenta mil dolares, para estar dos años seguidos perdido y deslocalizado en aquel motel, inventando y publicando lo que me saliese de los cataplines, y escribiendo mis librillos. De imaginacion tambien se vive.
Al desayunar el domingo, devorando por suerte las latas y provisiones del dia anterior, descubri un error geometrico en mi articulo, que podia haber sido grave y fatal. Pero este error abrio la puerta a una serie de advances, nuevas y sucesivas publicaciones basadas en sus causas –sucede mucho en investigacion, Ochoa, como muchos otros, se topo con su descubrimiento bien premiado cuando buscaba otra cosa; otras veces se halla por casualidad, antes, la solucion que busca un problema planteado, por ejemplo el laser o los Rayos X de Roentgen; como dice El Turko con Sabiduria, la verdad la tenemos delante, pero la cuestion es tener ojos, herramientas, tecnologia y cerebro para verla, analizarla, y deducir su utilidad. Es decir, probablemente a America llegaron muchas tribus antes que Colon, y sin embargo ni sabian para que servia America, carecian de interes y cultura por encontrar las conexiones geograficas, y lo unico que buscaban era fuego y comida para sobrevivir; el uranio estaba en la tierra milenios antes de que los que lo veian supiesen que era una fuente de energia, y tal vez sucedio lo mismo con los que encontraban por primera vez petroleo o gas natural.
Esa mañana de domingo, con el estomago bien nutrido por el mercadillo, se oyeron campanas de la Iglesia de Sparks cuando pensaba en este hallazgo, al rebuscar las hamburguesas y pizzas que quedaban en las mesas de las terrazas despues del despendole del sabado de fin de semana. El espiritu de Garganta-vodka tal vez alzaba el

vuelo por Sparks al doblar las campanas, para decir a sus colegas cuanto de bien el hipotetico los queria. Pero a dios lo que es de dios y al cesar y la tecnologia lo que es del cesar. Tu, Garganta-vodka sigue con lo sobrenatural para prolongar el perdon y la vida en el cielo y la carcel, y menda continuo con las matematicas para alargar el paraiso terrenal y disfrute de la naturaleza, en lo que pueda, para los humanos terricolas. Pero Garganta, por favor, sigue trayendo ropa y comida que siempre hacen flata -sobre todo zumos variados en verano.

No volvi a toparme con esta predicadora de los marginales hasta septiembre en *San Vincent's Commodore Gourmet*, el restaurante de lujo que teniamos al lado del ghetto, siempre bajo la vigilancia de la garita carcelera de securitas. La nena tenia buena cara a pesar de todo, que gran noticia verla viva y saludable. La guiñe un ojo de agradecimiento por descubrir ese error geometrico clave en mi trabajo. Estaba en la larga cola espiral del Gourmet San Vincent's al mediodia, aunque creo que mucho mas pendiente de los dolares que la estaba metiendo en el bolsillo trasero su amigo de forma discreta. Me parece que fue ella, y no dios quien nos absolvio a todos –pero el que lee esto que sea formal y no lo cuente a nadie.

OLMEDILLA EL CONTORSIONISTA

El diagnostico definitivo, como medico, de psicopata de organizacion, llego objetivamente en el invierno de 1995-1996, cuando estaba en mi casa viendo las comedias de sobremesa, ponian Cheers y era algo gracioso. Mire por casualidad desde la ventana, a ver si llovia. Eugenio Olmedilla Moreno, ilustre Profesor Titular Psicopata de la Complutense Fisicas, estaba en la esquina de Bravo Murillo con Maudes, a la altura del antiguo Bar Verde, observando nuestra casa, y mirando claramente a nuestras ventanas tras sus gafas de colgado. El mismo hecho significativo sucedio varias veces, no era una ilusion optica, desde luego. Muchas tardes, alrededor de las tres y media, lo habia visto

subiendo Bravo Murillo hacia Cuatro Caminos, mientras iba a clase de Ingles en la Escuela de Idiomas de Filipinas para escapar de Madrid y acabar la carrera (lo logre en 2001, gracias a los poderes del universo, digamos). Asustaba su cara de amargado desde lejos. Nunca pense que su emfermiza obsesion llegase a hacerle espiar nuestras ventanas. Como medico, ese dia ya estaba seguro de su transtorno mental definitivo, que probablemente tenia mas episodios con otras personas. Ahora podemos entrar en su historia clinica, la del Gran Psicopata Olmedilla (1).
Nunca tuve conocimiento de este individuo por intencion propia. Mi primera imagen del loco la obtuve al entrar en la Facultad de Fisicas sobre las tres de la tarde, en el curso 1988-1989, yendo a Metodos Matematicos I. Oia gruñidos a mi espalda, como de un perro rabioso o enfermo. Al principio no puse atencion. Cuando sucedió la decima vez vi una sombra gris, cabizbaja con gafas, pantalones grises raidos que le venian cortos, mostrando los calcetines, y una inmensa cartera que agarraba mientras emitia esos sonidos. Siempre venia escorado hacia mi en la escalinata, y gruñia al aproximarse. Confusion y perplejidad, era mi percepcion al principio de este comportamiento extraño. Al fin ya harto, pregunte a los compis de Electronica por ese fenomeno antinatural. Entonces me contaron su historia que practicamente todos sabian en la Facultad, especialmente los de Electronica, a los cuales echaba del laboratorio de computadoras hacia mediados de Noviembre en cada curso. Olmedilla intento ser ingeniero de Caminos, y lo echaron por suspender repetidamente el selectivo, luego tuvo que emigrar a Fisicas. Al acabar intento irse a Estados Unidos, y recibio otro palo para aumentar su frustracion y amargura, su cara se iba arrugando y cayendo.
Un dia por casualidad entre a buscar apuntes a la 3208 de Biologicas, donde estaba dando clase. Gritaba a los alumnos que no habian hecho un desarrollo en serie, Variable Compleja, sin darles tiempo siquiera a levantar el brazo. Lo escribia en la pizarra mientras seguia

abroncandolos. Era un espectaculo, lo identifique como el perro del la escalinata, ya me daba cuenta de su estado mental. Pero en ese tiempo aun no habia hecho juicio clinico alguno sobre este elemento. Ya me miraba por los pasillos, su rostro cambiaba al toparnos, era una vision de terror. Fue comentando por los corredores a todo el personal que me habia colado indiscriminadamente en su clase.

Llego la Automatica, 1993, con practicas de Matlab. Estaba sacando por la tarde las graficas, contento, ya pasado el ecuador del aprobado. Entro y se sento enfrente, viendo salir el trabajo en la impresora. Se encorvo en el asiento, su cara cambiaba por segundos. Acerco sus manos a las sienes, agacho el rostro y encorvo las cervicales. Los ojos totalmente idos y el flequillo sobre la frente completaban su cara de demente. Una mano sobre la frente en gesto desesperado y otra sobre la mesa haciendo fuerza a la nada. Depronto se levanto a cambiar los settings de la impresora, pero las graficas bien hechas continuaban saliendo. Ahi, como medico, lo encaje en una imagen de sesion clinica en Ciempozuelos o Leganes. En realidad, me preguntaba, con curiosidad cientifica, si era posible devolverlo al mundo saludable sin farmacos, psicoterapia con un psicoanalista Argentino, o electroshock. Algo asi como un metodo nuevo, una revolucion en el mundo de la psiquiatria. Pero era mas interesante el programa que estaba editando. No,

Olmedilla, El Pescadilla, como le llamaba el profesor de practicas de Automatica, no merecia mas tiempo de neuronas, era un caso terminal sin solucion. Las tardes de Abril ese curso de 1993, menda iba al laboratorio de automatica a completar las practicas por si acaso faltase algun puntillo, y ademas disfrutaba haciendo mis primeros programas. Como el cutre laboratorio tenia poca capacidad de watios, a veces se apagaba la luz de arriba unos minutos. Pescadilla se quedaba en esos momentos totalmente ido, con la mirada turbia mirando a ninguna parte, estaba ya quemado, lo percibimos (los colegas que trabajaban conmigo), y lo celebramos, por lo mucho que nos habia fastidiado alla. Al llegar Mayo saliendo del laboratorio me encontre con uno de materiales y charlando sobre El Contorsionista me dijo lo que habia oido de otros profesores,

Lo que dicen es que lo han puesto en este laboratorio como jefe a ver si se calla y no molesta, porque ya no saben que hacer con el

Cierto, buena solucion academico-diplomatica. Michael Douglas representa el papel en una de sus peliculas de un psicopata que entra en delirio y va matando gente por toda la ciudad, con gafas iguales a Olmedilla y cara y gestos parecidos. La escena icono de la pelicula que se puede aplicar al siglo XXI que vivimos, es cuando Douglas se encuentra una obra de construccion ciudadana que supone innecesaria, e intenta destruirla con un lanzagranadas recien comprado. Se atasca porque no sabe usarlo, pero un chaval avispado-siglo-XXI de unos doce años agarra el fusil e instruye al loco sobre como disparar y apuntar. Pero el ingeniero-contorsionista de caminos canales y puertos, ilustre Pescadilla, no necesitaba ayuda, el solo destruia todo sin necesidad de lecciones. Lo mas gracioso era, recuerdo, su andar cochinero moviendo las gruesas nalgas cuando lo veiamos rodear la Facultad, como dice El Turko con Sabiduria, todos los desequilibrados tienen su punto humoristico. Nos preguntamos, los Fisicos investigadores tranquilos, si Hollywood se inspiro en Olmedilla para construir el personaje perturbado, u Olmedilla adopto esta personalidad de transtorno al ver el feedback de la pelicula. Alla por 1994, haciendo la matricula vi por casualidad a un par de nenas de primero, probablemente de provicias y pudientes inquilinas de colegios mayores. Era un luminoso Octubre, verano de San Miguel, y estas iban con sus piernecitas al fresco, camisetas pastel y faldas cortas planchadas impecablemente. Al entregar la mas inocente la matricula en ventanilla, su alarmada amiga la agarro del brazo al ver sus impresos

no, susurraba a la otra asustada, no cojas ese grupo de Algebra......que esta Olmedilla

La dio tiempo a meter la cabeza por la ventanilla y tachar la casilla equivocada, por los pelos se libro del error. Buen regate, pense desde la fila, mientras miraba a la princesita asustada que recuperaba el aliento. Como dice El Turko con Sabiduria, las bellezas jovenes e ingenuas, de papo oliendo a gel de ducha y braguitas de algodon, mas algo de panico racional, resultan irresistibles. Sin embargo, la fila entera de los que ibamos a entregar los papelotes capto la movida. Mas de un comentario se oyo por ahi sobre El Contorsionista, iban aprendiendo a reaccionar a tiempo, uno de primero la pregunto por que cambiaba el grupo, y ella se lo dijo casi al oido. Como dice El Turko con Sabiduria, cuando usted trate con la Administracion o el Estado, siga siempre la misma pauta: rellene los impresos en ventanilla con gesto de imbecilidad, y luego reunase con su amigos. Y si usted ha leido esto, no lo lea, que cachondearse del Estado hoy dia es peligroso. La Leyenda del Loco se extendia por la Facultad como virus informatico agresivo. Olmedilla era imparable, su terror seguia haciendo estragos entre los mas debiles. Imposible detenerlo, oh cruel Pescadilla.

Cuando en 1989 aprobe el primer parcial de Variable Compleja, con el bello Luis Antonio Fernandez Perez, alias Heidi, el nene adorado de Suchupe, a su vez ilustre sobrino del Profesor Cacahuetes, El Contorsionista se puso en total guardia demencial, su paranoia rozaba ya el ingreso hospitalario. Despues de decir en septiembre 1989, a voces en el Aula Magna, durante el examen de la parte que me quedaba, Analisis Funcional de Metodos I, 'este señor va a suspender', monto guardia para asegurarse de que en los siguientes años academicos no pasara Metodos Matematicos I. Y cuando me presentaba al parcial de Variable Compleja, ponia un esclavo u esbirro del Departamento (2) al lado para insultarme durante el examen o provocar un incidente (en realidad, la misma estrategia sucia que usaba el andaluz enchufado de Materiales en los parciales de Mecanica, me puso una chica bastante gruesa que durante los 30 ultimos minutos se levantaba continuamente del asiento y bajaba y subia para que me tuviese que levantar del banco y dejase de escribir, este debia tener un buen carnet de partido, u otro chollo tal vez). Pues bien, afortunadamente en la Facultad de Fisicas, querida decadente Complutense con 100 millones de deuda, habia polis buenos. Aparecia el sufrido Mittelbrunn, conocido honrado por defecto de Metodos Matematicos, con sus barbas y gesto intelectual, circunspecto y melancolico, ese personal look quiza acuñado tras años de lucha con sus particulas atomicas, para quitar a ese perturbador, que ni siquiera estaba alli haciendo el examen, del banco de al lado. Siempre me preguntaba por aquella epoca, por que los profesores que tiene raices afuera (en este caso Alemanas, amigos constantes trabajadores Germanos, Jefes ahora de Europa; y ganadores a pulso del liderazgo y confianza de la mayoria), eran los famosos vigilantes del percal. En 1992, Carlos Moreno el Mexicano de Metodos, me diria en la revision del Parcial, Variable Compleja, tras un examen de test algo sospechoso en el que me suspendieron, 'asi sera siempre, suspenso'. Aquello fue de opereta, un bedel de la Facultad fue a sentarse a la puerta abierta del Aula Magna durante el examen para ver si pasaba algo, y durante el examen el Mexicano al verme comer un chicle, le grito a los de la mesa de abajo, 'lo veis, toma pastillas', pero los

profesores ayudantes le contestaron al corrupto, 'es un chicle, gilipollas'. Ahora, en 2015, tengo sobresaliente en mi expediente academico para esa parte, logrado con esfuerzo y honradez, en el verano de 1997 en Finlandia. Habia ganado Mittelbrunn, cinco años despues.
En fin, El Contorsionista me enseño, y estoy agradecido, como no se debe ser en la Universidad y las diferentes etapas de algunos academicos hacia su total autodestruccion. El estadio final es el llamado ***Sindrome del Cuerpo Presente***, cuando el profesor/empleado academico ya es solo una masa inerte de carne al lado de la mesa, rumiando hasta que llegan las cuatro de la tarde y se larga. Ejemplo vivo en 2006 en la Universidad de Nottingham era el supuesto 'tecnico' Mark Parry, en su estrecha oficina oscura pasando el tiempo en estado de letargo, y fumando largas horas en la puerta del laboratorio, mientras yo trabajaba, acostumbrado a ignorarlo. Ademas es universal, porque los Quimicos Erasmus de Finlandia, 1998, me contaban en la cena que sus supervisoras ni se enteraban ya de las conversaciones que mantenian, estaban totalmente idas, y desaparecian largas semanas se supone para sus sesiones psicoterapeuticas, con buena dosis de medicacion. En esta etapa clinico-psiquiatrica, la mente ya esta completamente degenerada, como dice El Turko con Sabiduria, la muerte psiquica puede suceder antes y es mas temible que la muerte fisica. Quien los va a echar?, absolutamente ni dios.
El ingeniero Contorsionista Olmedilla aumento, por tanto, mi experiencia clinica como medico y sobre todo como investigador, saber lo que hay que procurar para no llegar a su estado, descanse en paz.

EPILOGO

Las asignaturas bloqueadas del Pescadila y el Ilustre Luis Martinez, el que se marchaba del aula si algun alumno entraba despues que el, las tengo aprobadas con sobresaliente y una de ellas con nota maxima. Buen trabajo me costo en el extranjero, que ahora es mi patria, conseguirlo. El tiempo, Olmedilla, El Gran Jefe de Automatica, pone las cosas en su sitio, y como dice El Turko con Sabiduria, las cosas caen por su propio peso. Cuantos de los Madriles, importantes, no comunes como un menda, han sufrido a estos locos academicos que hasta Cajal los cita en sus libros. Lejos de mejorar, mas bien, probablemente, la situacion ira a peor, lamentablemente. Dicen los astrologos que los cambios seran para la proxima conjuncion total planetaria.

(1) Con el tiempo pude comprobar que esto sucede en todas las universidades. Siempre hay uno que esta pasado de rosca. Jarmo Hallikainen me lo encontre varias veces detras de los estantes d ela biblioteca de la Universidad de Kuopio porque sospechaba que un colega bajito (digo bajito que significa muy bajito tenia una bici de 22 pulgadas, porque yo sali de fabrica bajito, aunque no tengo complejo, la cadena de produccion no es mi responsabilidad) de los paises Balticos que hacia el Bachelor en algo totalmente distinto, y me contaba una historias raras y divertidas (o tal vez ciertas), me estaba soplando algo de los cursos de Cuantica que hacia. Era tan comico y loco Hallikainen detras de las estanterias que yo lo hubiese contratado para una pelicula de risa. No era a mi unicamente, un colega de Cadiz que estaba casado con una Finesa lo pillo espiandolos mientras se besuqueaban legalmente en el restaurante de Melania. La extrema derecha en Finlandia es muy fuerte y se oculta (o gente de izquierdas que se comporta como de extrema

derecha con los de fuera), y la xenofobia tambien. Hallikainen no soportaba que una Finesa se enrollase con su marido Hispano, claro, nosotros follamos mejor. Recuerdo los ojos de Hallikainen en el cuarto de reuniones del Departamento de Fisica cuando ya me iban a dar el titulo de Master, el brillo tremendo y las pupilas dilatadas por la rabia total. Los Fineses no mueven la cara cuando tienen ira, se les nota mejor en los ojos. Esto es la realidad de la investigacion, si te juntas con ellos es peor que trabajar solo, hacer deporte, y llevar una vida sana mental y fisicamente.

(2) Hacia 1990 me entere, por casualidad, de que en Fisicas los Teoricos reclutaban esclavos que eran alumnos a los cuales se les obligaba a estar de 'chico para todo' ocho u doce horas en el Departamento, y tambien sucedia en otros Departamentos. Lo percate cuando estaba programando en un despacho en un ordenador basura, que generosamente me habian dejado, y un grupillo de estos esbirros, empezo a discutir jacobinamente, 'yo gano veinte mil', y respondia el otro, 'pues yo veinticinco mil'. Si les pagaban y aceptaban, pues era asunto suyo, hay libre mercado incluso en la Universidad. De todos era sabido que el gran Pepe Aranda, otro de Metodos Matematicos, invitaba a las alumnas a comer, hasta ahi probado. El hijo de papa fisico Juanjo Argente me dijo un dia en el Laboratorio de Electricidad en 1988, 'aqui, para aprobar, hay que poner el culo, pero no basta ponerlo, hay que hacerlo bien'. Si, Juanjo y Aranda, como dice el Turko con Sabiduria, en sus pensamientos filosoficos recogidos en papiros de antes de cristo, para llegar a la Cupula, en no pocos casos hay que pasar por la Copula, y para disfrutar de la Copula, siempre es mas facil desde la Cupula, y toma matematicas que es capicua. Me se viene a la memoria, y creo recordar que este pensamiento evolutivo-filosofico del Turko esta recogido en La Libreria del Congreso de Estados Unidos, al igual que algunos de mis articulos en Bioingenieria y Radioterapia; usease, ***To reach the cupule, better through the copula, and to enjoy the***

copula, even better from the cupule. Ambos Ingleses y Americanos, tras diez años de mi modesta experiencia, practican este lema, me consta, bastante frecuentemente. Dicotomia esta, Cupula-Copula, que viene desde tan antiguo como la misma Historia de la Humanidad, y la practican hasta las hembras de los chimpances para que los machos las inviten a comida. Oh gran planeta azul en el que evolucionamos al ritmo de Darwin.

LA FURGONETA DE LUCAS

Nos conocimos por casualidad en clase de matematicas, los ultimos bancos de la 3207 de biologicas, porque sus folios eran de color y llevaban el sello de su trabajo de catering para los colegios de primaria. Su letra era puntiaguda y totalmente estable e igualada. Desgarbado y alto, pelo- pincho algo punky, Lucas fumaba grandes bocanadas mientras se bebia el botellin de cerveza en el bar a enormes tragos, poniendo a parir al profesor de turno, y comentando los trucos para aprobar los parciales. Me explico que trabajaba de repartidor de comidas con su furgoneta 4-latas de color amarillo y chapa llena de aboyaduras y desconchones de pintura. Era la segunda mitad de los ochenta, y Madrid rezumaba dinero y algo de hedonismo, con un tufillo creciente de corrupcion (usease, un suponer (cierto), como dicen inteligentemente Las Virtudes, la recalificacion 'oficial' de terrenos subia inversamente proporcional a las faldas de las pibas). Yo tenia contrato de medico interino en las afueras de Madrid, y al terminar la consulta me iba a clase o a la biblioteca para hacer problemas y luchar por la supervivencia. Mi blanco Skoda Coupe de precio de chollo y diseño de regimen totalitario contrastaba con su furgoneta decrepita, pero eso no fue obstaculo de clases para el principio de una buena amistad. En realidad ambos estabamos en el mismo hoyo; nadando

entre tempestades para superar los primeros años de Fisicas, cuando mas palos dan junto con minimas explicaciones.
En invierno nos reuniamos en clase del Gentleman de Termologia, cuando acababa los avisos de gripes de Enero y Marujas medio atacadas con problemas de tripas estreñidas o sueltas, y la nena que no come. Pasabamos buenos ratos en la furgoneta recolectando apuntes, algun bocata que otro, o cambiabamos alguna revista porno para amenizar las soledades. El tenia novia por prescripcion familiar, y yo andaba con una niña bien que cada vez me presionaba mas para que la casase por lo legal y como Dios manda. Apenas teniamos nada, contratos precarios, sueldos que se derretian con los plazos, el seguro del coche, y la gasolina. Los respiros eran ir a bares de parabolicas para los choques de Copa de Europa a mitad de semana, cuando la lucha por derechos especulativos de retransmision dejaba al populacho sin partidillos de media semana. El Real palmaba por vez consecutiva con el Bayer o el Eindoven, y volviamos a clase de Variable Compleja mascando una derrota mas con expulsion del Killer Hugo o Juanito. A toro
pasado esos años fueron dificiles, pero en general buenos, porque la batalla por el avance, tanto en los estudios como en los trabajos nos hacia fuertes y daba sentido del humor a las anecdotas diarias. Lucas era macabro en sus chistes y previsiones, y super-egoista cuando pillaba oportunidad para ponerse delante. Pero a veces cambiaba de actitud porque segun el, yo era sorprendente, y asi me presentaba a los compañeros. En realidad no sabia en que lo sorprendia, pero si me daba apuntes pues a la Diosa Fortuna gracias. Lo mejor fue el invierno de 88 en le Laboratorio de Electricidad despues de los parciales. El sol de finales de Febrero empezaba a alargar las tardes, y nos reuniamos alrededor de la mesa con la calefaccion al lado para unas tertulias en las que habia de todo menos experimentos de Laboratorio. El Huevazos (asi apodado porque lo unico que

hacia era tocarse los idem en sentido figurado, o sea, no dar ni palo) ,Tecnico de Laboratorio, miraba el debate del 'Estado de la Nacion' (??) en su cubiculo, y nosotros hablabamos de polvos, partidos, trucos para aprobar, planes de futuro y filosofia barata. Ese curso fue el ultimo de nuestro equipo de oro. Lucas pacto para estar en la pomada, es logico, la naturaleza humana disculpa casi todo. Ingreso en la mafia que le indicaba a quien habia que votar para Decano y Representantes, se apunto a un sindicato para Viviendas Sociales de Palo, y lo casaron por supervision familiar. Los noventa habian llegado con giros no previstos. Se compro un furgon-Dioni, moderno, grande, y climatizado, y nos picabamos cuando yo me reia viendo sus apuntes de Electricidad que todavia le quedaba pendiente. Lucas habia cambiado, se habia hecho un burgues. Como decia la cancion de la Transicion, el Burgues tiene la Mesa, el Cura la Misa, El Proletario la Masa, y el Fascista la Camisa. Los tiempos evolucionan.

EPILOGO

Ambos sobrevivimos a Vietnam. Conseguimos terminar la carrera y el Titulo. El acabo antes en Materiales, y supongo que se colocaria con ayuda del Sindicato. Yo huy a Finlandia para saltar el bloqueo de la Banda de Tolmedilla y sus mafiosos, y tambien consegui el Titulo, aunque mas tarde. La sombra de su furgoneta sigue en el aparcamiento de la Facultad, robando espacio a los sitios reservados para el personal. Es justo, como dice El Turko con Sabiduria, hay pan para todos. La Copa de Europa vino cuando menos me lo esperaba, en el hielo y la nieve del Norte de Finlandia, mientras acababa la carrera. Dos por uno, llegaron como los Reyes Magos, de sopeton, en 1998 y 2000. Me habia tenido que exiliar para ver ganar a mi equipo.

LA MASA

La imagen y diseño del Aula 3208 de Biologicas, gran edificio impersonal de hormigon gris, era de lo mas comun y desapercibido posible. Ese enorme bloque de grandes espacios y largos pasillos, apenas tenia un par de sitios para divertirse. Uno era la cafeteria, con excellentes sandwiches de jamon y queso, otro la terraza para holgazanear en primavera con un café o cerveza. Cualquiera que pasara por delante en coche, seguiria conversando con el asiento de al lado sin prestar atencion al lugar. En los ochenta nos reuniamos cuando llegaba el calor para pasar un rato en esa terraza mientras preparabamos los parciales durante la pimavera. Recuerdo ese tiempo como una epoca bastante simple pero feliz porque teniamos muchos proyectos de futuro.

El Profesor Velazquez, apodado la Masa, Estomasa, daba Mecanica de Ondas y Vibraciones junto con Relatividad, y usaba la costumbre de convocar una sesion extraordinaria antes del examen para despejar dudas. Como decia mi primer jefe de investigacion, todo lo contrario. Los liaba mas a los pobres chavales, sembrando mas dudas aun con sus explicaciones en vez de aclarar. La maniobra perfecta de despejar camino. En realidad, la clave del asunto era una simple operacion de matrices que Velazquez nunca escribia explicitamente en la pizarra, porque envolvia todo en sumatorios para crear inmensas nubes mentales. Oh, obscuridad de la Teoria. Ahi, en ese instante, al poner las negras formulas en la pizarra, exclamaba con voz grave mirando las ecuaciones, Estoooo, estooo, la masa,...

Llegado el momento en que los quejidos matematicos se empezaban a oir por los bancos de atras, Velazquez, orondo y cebado en su metro y medio, se acercaba a la ventana. Un haz de sol de principios de Mayo iluminaba su calva brillante a traves del cristal, y se ponia las palmas sobre la frente. 'No duden ustedes', recitaba, 'respondan con claridad al problema y cuestionario, dejen aparte sus dudas existenciales', clamaba, de 'to be or not to be'. El sol iluminaba su calvorota, sus manos en el frontal, la nariz apuntando a la claridad de los ventanales

La Masa, Estomasa, El Profesor Velazquez, La Materia Condensada, La Fusion de Plasmas hecha Carne Humana, El Ser Humano transformado en Materia, habia entrado en Extasis.

Confundia el sordido cemento de biologicas con la piedra elegante de un palacio, de La Ilustracion, y la explanada de cardos borriqueros entre Medicina y Biologicas con los amariconados rococos jardines de Cambridge. La Masa no estaba en la 3208, viajaba en el espacio y tiempo de los genios y grandes cientificos inmortales. Habia superado el Postulado Cero, la imposibilidad de superar la velocidad de la luz. Estomasa disfrutaba en ese estado supraespiritual.
Al salir del aula dejando a todos en la confusion, Estomasa se ajustaba el cinturon a la barriga subiendose los pantalones. La Masa habia logrado incluir a Shakespeare en su repertorio. Como dice El Turko con Sabiduria, los limites surrealistas no existen. A ver cuantos eran capaces de aprobar.

EPILOGO

Objetivamente, Velazquez era un profesor normal tirando a bueno. No daba excesivos castigos al corregir y en general los estudiantes lo consideraban bien. Nuestro enfrentamiento era por intereses profesionales de monopolio y aversion personal. Me llamaba 'No Ves', burlandose de mi apellido, en las revisiones de examenes, y siempre me suspendia, incluso usaba trucos descarados, me decia este problema esta hecho 'por arte de birli birloque', cero puntos. Pero tengo sobresaliente en Mecanica en mi Expediente ahora. Perdiste, Velazquez. Voy a contar una anecdota de verdad de las que duelen. En 1994, me dejaron una cuenta IBM en el Centro de Supercomputacion para aprender a programar en calculo numerico. Vazquez venia al centro con un esclavo de Catedra, y delante de mi le hacia toda clase de promesas de futuro, becas y financiacion de sus proyectos. Luego le decia a ese alumno pelota 'a este le estamos haciendo la guerra psicologica'. Si, Velazquez, tu guerra contra las moscas ha resultado en mi sobresaliente en Mecanica y muchas publicaciones. Vazquez, cuando eches un pulso asegurate de quien es el rival, te lo recomiendo. Mas interesante que saber por que hacias ese acoso, Vazquez, es averiguar quien estaba por encima de ti dandote instrucciones. Eso si que merece la pena saberlo, en ello estamos.

EL POSTER DE ANTONIO

A ver, no quiero gestos de grandeza ni gilipolleces sentimentales, vete a comer a la mesa que estas hambriento y portate cabal como Caracol ordena en sus letras. Me dije al entrar en la pequeña sala donde estaban pegados los posters. Ademas hay jarras de leche y en tu habitacion de Radford Boulevard solo tienes agua desde Octubre, puedes gorronear, que has trabajado un poco.
Mi poster era doble y grande, de fondo azul claro. Un escalofrio en el cuello, mezcla de vanidad y sorpresa por el paso de rotura de bloqueo que daba, me estaba molestando al engullir, mientras miraba el panel de reojo. Desde 1985 a 2007, 22 años de exilio sin publicar, tampoco te sientas tan victimologico, al clerigo Fray Luis de Leon le cayo mucho tiempo de carcel, hay muchos casos. Salte la linea, a ver

cuando llega el contraataque (1,2,3). En esa reducida habitacion estaban curioseando algunos de mis alumnos de Laboratorio. El ganador Anderson, que llego al nueve y medio, y otros mas macoys y medio hooligans que por lo menos no me insultaron ni me miraron mal. Por mi mismo no habia suspendido ni uno, se quejaron de mi puntuacion baja. Vale, en la universidad el notable y el sobresaliente hay que currarselo, chavales. Pero para mi el suspenso, como la carcel, no existe. Solo re-educacion y re- habilitacion, y en casos extremos a reunirse para solucionar a ese alumno; por eso nunca llegare a catedratico (ni me importa, soy investigador y sere PhD), ademas probablemente ni ayudante. Tal vez el jefe al revisar los examenes se cargo varios, nunca lo supe (y lo mismo, ni me importa, queria que le diese mas puntos a los Ingleses y al curso siguiente me negue a dar clase, por corrupto, David Hann. Tardo 6 meses en pagar y despues de liar la bronca, ademas ofrecio 400 libras y pago 250, chorizo ingles).
Por casualidad habia imprimido el poster en Madrid durante las vacaciones de Navidad, en Faster, la misma tienda donde hice el anterior 22 años atras, era un medico joven e idealista. Alla en San Francisco de Sales, la calle que pateaba cuesta arriba para volver a casa desde el Clinico, Cuarto de Medicina. A veces pegando la nariz al escaparate, para ver los Porsches y Ferraris de las tiendas de lujo. Mi padre me pregunto en casa por que mi poster de Radioterapia era doble. En estado de euforia le conteste que yo queria todo doble, dos carreras, dos paises, dos relojes, dos mujeres,

....Y dos cuernos, gruño el Malagueño poniendo gesto de apartate tu pesao de la tele, para ver yo el telediario y vuelvete a Inglaterra prontito

El Barrio del Pilar en Agosto, 1994, estaba casi desierto y las calles de cemento gris y tonos ladrillo se hacian largas, despues de aparcar mi Skoda Rapid y alcanzar la casa de Antonio, el taxista, al acabar la consulta. Series de edificios donde los ricachones compraban pisos para invertir capital durante el Franquismo. No era feo del todo, mas bien monotono. Me ha tocado uno con cancer, habra que verlo de vez en cuando, por lo menos que este bien atendido. Tenia mujer y varios hijos, y su piso era acomodado, sin muchos lujos. Lo visitaba un par de veces en semana, cada vez mas debil, comiendo y hablando menos. Su mujer preocupada despues de radiarlo, queria que viviese a pesar del pronostico.

Tiene una ulcera en la espalda por exceso de radiacion, me dijo ella con cierta verguenza de enseñarla, olia muy mal a pesar de las curas y lavados. Vaya, seamos profesionales, agarre la lampara de la mesilla de noche para ver bien aquello, respirando por la boca. Al rico olor a carne podrida de muerto, que siempre levanta algo de nausea al mas experimentado en autopsias.

Ahi lo tienes enfrente, pensaba, el mundo real ante tus narices. Bueno, como dice en tono bufon Guchurraga, son cuatro dias, tres, quiza dos, despendolemonos. Estudia, trabaja, procura hacer algo util y efectivo, disfruta de un polvo de vez en cuando, y un cafe con los colegas. O sea, cuando te llegue tu ultimo viaje, que no te vayas con las manos vacias, y sin producir algo practico.

Al llegar a mi Rapid me sacaba la camisa por fuera del patalon, para pillar algo de fresco al conducir. Unos chavales jugaban al futbol en la calle semivacia, entre los arbustos que separaban dos portales enfrente.Todavia quedaba calor seco de agosto al atardecer en Madrid, los dias se acortaban y el anochecer era mas rojizo que en Julio. La linea de edificios iguales y en formacion se dibujaba al mirar hacia arriba cuando intentaba pensar lo que tenia comestible para la cena en casa. Estaba cansado, pero de buen talante luchando con los mil y un imprevistos que siempre surgen en el inefable Insalud.

Entonces, en el 94, harto de que Antonio, como muchos

otros, se fuese, me jure a mi mismo con mas rabia que logica, y sentido real, que algo haria para hacerle la vida mas dificil al cancer. Dicho en dialecto de mi barrio, Cuatro Caminos, (*Cuatroca,* que decimos los indigenas del antiguo escalextric), se me inflaron los cojones de que los tumores jodieran la tranquilidad del verano Madrileño y sus espacios. Del 94 al dos mil siete, suerte en cumplir algo mi promesa. Al pasar el puente entre la Universidad de Nottingham, donde estaban los posters, y el Hospital, me esperaba Ruihua, una china, mujer 100%, que vi por primera vez en un curso de postgraduados en sabado. Me impresiono, era inteligente e irresitible, una vision, aunque no hable con ella. He visto chinas guapas, pero esta era la mejor. En los meses posteriores, iba a comer al hospital por el puente que unia los edificios sobre la autopista. Ni idea de como empezamos a hablar, fue una variante de las estrategias completamente involuntarias de los introvertidos. Ella salia del hospital, yo iba al comedor, tropezabamos y nos mirabamos, que ojos orientales tienes, nena, un dia me pillo relajado, sin formulas en la cabeza, y el dialogo surge espontaneo. Psiquiatra especialista en transtornos del sueño e insomnio

(propiamente indicada para mi, en sentido metaforico), hacia su tesis en el Hospital Universitario. Vaya caderas y tetas habia producido el ilustre Mao-Tse Tung, pensaba mientras se llevaba a la boca unos dulces que la compre en Madrid. Esta por lo menos no grita y los rechaza como las Inglesas por fobia al engorde. En realidad, confieso, regalar chocolate a las pibas es un modo util de saber la verdad. Ellas engañan y vacilan a nuestras trincheras como les da la gana, y nos llevan a situaciones limite para lograr saber lo cierto. O sea, hasta que Rick no se desabrocho la chaqueta y se acerco a la pistola, la Sueca de gestos magicos y mejillas perfectas no confeso el motivo del esquinazo en Paris. Pero observandolas comer, cocinar, hacer pipi, subirse las bragas, estudiar, o conducir en un atasco, se puede extraer informacion util de lo que las gusta, sus puntos fuertes y debiles, y como cortejarlas. Esto no lo invente, por supuesto. Lo aprendi leyendo las hazañas del Conde Lequio y sus secuaces en las paginas de frivolismos. Sus ojos eran (son), grandes y negros, con un toque melancolico, divididos por una nariz impecable. Jamas hizo un gesto que no fuese fino, incluso todas sus frases las acababa con tono suave, elegante y algo triston. Estaba muy estresada escribiendo su Tesis el ultimo año. Unicamente habia unas situaciones con ella que no correspondian a un flirteo. Hablando entre medicos, yo preguntaba por que la gustaba la psiquiatria, con el mogollon que es tratar con esos pacientes. No, susurraba, *it is very interesting*, y su ojos se escapaban vibrando de un modo especial. Yo me revolvia en mi asiento y empezaba a respirar profundo. Me venia a la mente el Resplandor de Kubrick, y la frase clasica de mi padre, los locos tienen dos soluciones, hacerse psiquiatras o el manicomio; mas aun, mi tio medico en Barcelona tenia en el hospital un compañero psiquiatra, esto es real, se lo encontro en la playa paseando con un Saxofon. Mi tio le pregunto para que lo llevaba, si no sabia musica. El eminente psiquiatra le contesto que asi ligaba mas. Verdad, Frazier es un personaje caricaturizado que existe, aunque sin generalizaciones. Pero tu, Rihua, psiquiatra, siempre estabas perdonada, por macizota.

Tienes poster, el estomago lleno, y todo amenizado con ensemejante hembra de la tierra del Oriente en estado de panico, pensaba al mirarla. Hablabamos, yo la veia como se llevaba los dulces a la boca, que labios mas suculentos. Soy comunista, me afirmaba tajantemente. Tenia piso en su pais, coche, y pasta por un tubo. Menda Liberal, gano lo justo, voy en autobus, y compro en Asda.

Como dice El Turko con Sabiduria, el atributo y el sujeto no siempre van unidos. La esposa honesta lleva a cabo con gusto el papel de furcia de noche con su marido, para salir de dia a su trabajo como una señora bien. Mientras tanto, la profesional del negocio clasico disfruta al sentirse tratada como una dama de alto copete, cuando queda con su amigo, novio, o amante habitual. El broker corrupto se regocija en las reuniones de empresarios importantes, haciendo luego su trabajo sucio detras de las cortinas. Lo que deciaDon Camilo refiriendose al sexo, se puede generalizar para cualquier comportamiento social. Unos lo son y no lo parecen, otros lo parecen y no lo son, y hay un grupo que ni lo son ni lo parecen. Yendo al terreno deportivo, el banco sponsor y tramposo de Indurain, era justo lo eticamente y tal vez legalmente opuesto al ciclista ejemplar. Lo de Ruihua se acabo simplemente porque me toreaba como a un becerro. Por mucho que lo pidiese, siempre se negaba a quedar conmigo, estaba angustiada por su tesis, y probablemente yo no la gustaba demasiado. Me estaba descentrando de mi tarea, habia que cortar. Como dice El Turko con Sabiduria, si no estas en lo que haces, no estes en lo que no hagas. No creo que la importase mucho, los medicos del hospital la cortejaban en multitud. La veia de lejos sentado en mi banco del Wolfson Building (en lontananza, como deciamos en bachiller mofando el libro de Literatura), en el descanso despues de comer, tenia gesto de cabreo, nunca la gusto Occidente, era China autentica, de la tierra de Marco Polo. Ni siquiera soportaba la comida Inglesa. Cuando decia que me queria ir a Estados Unidos me miraba mal, pesetero, te fugas al capitalismo (y yo cruce el Atlantico para dar salida a mis publicaciones, fueron los Americanos los que me invitaban). El ultimo dia que nos vimos iba con un pavo que me sacaba dos cabezas al salir del hospital, aunque el susodicho pretendiente no me daba celos. Porque se le veia demasiado forzado intentando ligarla, a mi me es imposible tirarme tanto al barro por una chica, aunque fuese KimNovak. Bueno, un excelente recuerdo a pesar de ser psiquiatra.

Esa mañana de Enero, frio y brumoso en Nottingham, pude pensar en Antonio y su familia, aquel lejano Madrid de principios de los noventa, cuando la Copa de Europa aun no llegaba a Chamartin. Señor taxista Antonio, ahi tienes tu pequeño homenaje. Vas cumpliendo años, colega, pero algo has solucionado, no te lo creas mucho. A ver si mañana sabado echan un buen partido de la Premier y el capitulo de Coronation Street es algo divertido

(1) Efectivamente no tardo en llegar la contraofensiva. El 24 de Enero, dia de San Francisco de Sales (Garvey tiene una especial fobia a todo lo que sea Francisco, religion, o Iglesia; y yo soy comun del todo y nada tengo que ver con la Iglesia, a la que respeto. Mas claro, no gasto ni un ribosoma neuronal pensando en temas que no esten en la realidad de los problemas del planeta tierra, ni me meto con los ateos, ni con los creyentes, no sabe no contesta, todos respetados, yo no trabajo sobre esos asuntos, casilla en blanco), Garvey me suspendio diciendo que yo no habia hecho practicamente nada (hoy dia, 2013, Diciembre, tengo 29 publicaciones y lo que hare). San Francisco de Sales, Patron de los Periodistas, el gran Garvey, que me preguntaba al examinarme si la medula espinal iba delante o detras de las vertebras (mas grave, ni lo habia mirado en dos minutos). Va por dentro, le tuve que instruir a ver si lograba entenderlo, este pseudoprofesor que se pirraba por salir como genio en la BBC local de Nottingham el 28 de Diciembre. Mejor BBCC, British Broadcasting Corrupt Corporation. Mi tesis se la cargo tambien Garvey con un falso contraejemplo matematico el 4 de Octubre de 2008, dia de San Francisco. Lo que suspendio esta publicado en 2 extensos articulos, 2011, 2013.Garvey me dijo en 2007 que dejase la Radioterapia. Tengo varios articulos ya en Radioterapia, y lo que esta por venir. Durante el invierno y verano de 2008, Garvey pasaba de vez en cuando delante de mi banco del Wolfson en mi descanso after-lunch. Me percate muy pronto del odio competitivo sucio en sus ojos vidriosos, se estaba preparando para bloquear la Tesis. A los Ingleses (creo que este elemento destructivo es Irlandes) el odio se les nota en los ojos y muy poco en el gesto de la cara, hay que tener

practica. A los Fineses es mas dificil, no mueven un musculo facial. Hay que mirar el brillo de los ojos y las pupilas dilatadas, a veces cierran los puños involuntariamente. Por supuesto, hay Fineses e Ingleses buenos y correctos, esto es la descripcion de algunos tipos aborrecibles.

(2) Que casualidad, me encontre al volver a Londres en el aeropuero, arrimado a una puerta y atento con su esclavo-colaborador guardaespaldas, y en vaqueros y chaqueta informal para disfrazarse, a Don Alvarez Cascotes. La extrema derecha con tinte democrata siempre choca de refilon, disimulando. Don Jose Mari tambien estaba en Helsinki cuando paso lo de Rusia. De buena fuente, Cascotes trabajo bien de ministro, aunque lleno el ministerio de cuadros, no se sabe quien los pagaba, como sus cacerias de fin de semana. Que pronto huelen y se movilizan cuando ven la presa.

(3) Entre los muchos recuerdos agradables que tengo de Madrid, El ilustre profesor de Electricidad y Magnetismo Vicente Madurga, ahora en Navarra o jubilado, un dia paro la clase para hablar de futuros investigadores. Se necesitan investigadores, decia, en el aula 2007, el curso 1987-988, y me señalo a mi, 'pero tu no'. Profesor La-Murga, magnifico pelota maximo de Velayos, te tragas ahora mis articulos. Decias, 'bueno, los Americanos estan ahi', con tono guerrero y revolucionario de buena vida y excelente sueldo. Si, Madurga-La-Murga, aqui estan los Americanos, vecinos, a veces colaboramos, otras no, pero seguro que hay mas libertad que alla. Vente a visitar a los Americanos que tanto criticas, La-Murga, son baratitos los billetes de avion. Recuerdas el curso 1990-1991?, aprobe por parciales tu asignatura de Electricidad y Magnetismo, limpiamente, solo hubo 8-10 aprobados en el parcial de Febrero, el problema de la esfera con potencial por imagenes lo saque de un tiron. El tiempo pone las cosas en su sitio, La-Murga. En una conferencia en Houston, 2012, el encargado de la pension donde dormia me pregunto quien disparo primero. Entendi en el autobus de vuelta el significado de la frase,

muy Americana, es decir, quien empezo la guerra. Tu y tus muchos amigos extremistas del monopolio, Madurga, yo nunca provoco si me dejan vivir en paz. En 1989, habia clase por la tarde de Metodos Matematicos en el aula magna de Fisicas Complutense. De pronto aparecio un 'poster cientifico', hecho por los profesores, denunciando que el Ministerio del Aire contrataba y despedia bruscamente Fisicos, y les pagaba 'sueldo de peon'. Antonio Muñoz Suchupe, el eminente Luis Antonio Fernandez Perez, alias Heidi, y Madurga iban y venian a contemplarlo con satisfaccion, a eso dedicaban su sueldo de trabajo. Se les olvido que en la Universidad hacen exactamente igual, pero sin sueldo de peon. Los hacen trabajar gratis, se aprovechan de sus ideas y proyectos, y los largan sin explicaciones. Ademas, si vosotros sois tan de izquierdas,

pseudointelectuales universitarios de gran vida, como despreciais el trabajo de un peon, que es tan digno como otro cualquiera. Cinismo exponencial y mediocre categoria, como los expedientes de profesores que hicieron publicos en Fisicas los de la logia masonica 'Llamalo X'. Se vio que los excelentes profesores tenian unas notas que daban lastima, para lograr un ascenso seguro.

EL CLASICO TRUCO DE LA AUTOPISTA. GENERALIZACIONES Y EXTRAPOLACIONES.

Nunca hubo espacio suficiente en el dos caballos gris de mi padre (su primer coche que de muy mayor recordaba melancolicamente en el sillon por las tardes) para todos los hermanos en los viajes. La logistica era que los grandes hiciesen un hueco con las piernas para que los canijos se sentasen por delante, en un trozo de asiento cerca del borde. Asi, enlatados y con el mas pequeñajo

peligrosamente alante en brazos de mi madre, haciamos el exodo veraniego hacia el apartamento de dos habitaciones que mi padre compro, obligado y entrampado, como un favor a su compañero constructor del colegio. Los Españolitos surcaban casi siempre en seiscientos de motor abierto para mejor refrigeracion las tortuosas (por ser generosos), carreteras de los sesenta hacia unas playas que si, por esa epoca estaban casi siempre limpias, con peces y pulpos autenticos. Es decir, la tecnologia y la ingenieria de caminos del pais era inversamente proporcional a las buenas condiciones de la naturaleza, pero el que no se ponia las chanclas al volver de la playa podia llevarse una buena china o espino doloroso entre los dedos. Claro, como decian los dos mosqueteros del Far West los domingos por la tarde, no todo puede salir bien.
Tampoco habia muchos adelantamientos durante las eternas e insoportables doce u catorce horas de viaje. Nuestros queridos Franceses y Alemanes, embalados en sus Citroen o Peugeot, el magnifico Tiburon de los Gabachos pudientes, los prolificos Escarabajos y Opel de los Hijos de Atila, y algun Mercedes y BMW Teuton, siempre iban por delante (aunque tampoco fardaban, los motores son los motores, van a su ritmo). Los Ingleses, que eran menos, sufrian con su volante a la derecha sin ver ni torta en la linea media de la calzada; es logico, si no homologas la mecanica pues arreglatelas como puedas. Creo que la mayoria dejaban el coche en sus Islas.

'Spain is different', rezaba el gancho turistico que tal vez por casualidad definia nuestra historia y personalidad

Habia dos Europas en las carreteras de Vandalucia, la de los desarrollados y la de los retrasados en vias de avance (desde luego, la gente contemplaba con pasmo los pasos de un pais simple y barato por aquellos años, coge tu sombrero y pontelo, vamos a la playa calienta el sol). La Salvacion de España, la Clase Media, habia emergido en la economia de la Peninsula para producir y criar hijos que llenarian de titulos universitarios el panorama en decadas posteriores. Y de ese modo aumentar las listas del INEM, o hacerse funcionarios administrativos previo enchufe/carnet, olvidando por completo la carrera que aprobaron con esfuerzo. El desarrollismo habia comenzado rudamente, para luego ganar planificacion y estructuras en los ochenta. La euforia economica recorria las ciudades de los Celtiberos alababando su tierra,

mi querida España, que asi cantaba con acento ironico durante esa epoca, la Romantica Maciza. Aonde andara tu cabeza.

Por eso, cuando mi padre adelantaba un lento y pesado camion se agarraba fuerte al volante, exprimiendo el acelerador del dos caballos y acercando la frente al parabrisas, como para dar mas fuerza al coche. Mi madre a veces chillaba de miedo inmotivado, (nuestro progenitor siempre fue un conductor prudente y seguro), y mis hermanas se unian histericamente al coro del panico mientras respirabamos por la ventanilla el oscuro escape del camion adelantado. Los chicos de la familia estabamos a lo nuestro incluso en estas situaciones, haciendo filigranas con pequeños juegos manuales de plastico para colar o poner bolinches en su sitio, que nos habian costado el duro de los domingos. Otras veces eran cromos, algun tebeo, o reparto, trapicheo, y venta clandestina de caramelos y chicles Bazooka.

Llegaron los setenta con su crisis, las carreteras seguian igual. Baches, obras, paradas eternas, larguisimos viajes con enorme gasto de gasolina. Siempre, ya veinteañeros, intentabamos buscar algun amigo o pariente con mejor coche y aire acondicionado para esquivar el viaje familiar. Eramos ya grandes y de genio fuerte, mejor ir en otro carro tranquilamente sin peleas.

Y cuando la desesperacion nacional y el numero de muertos en trafico aumentaba hasta lo caotico, La Union Europea nos abrazo tiernamente, 1986. La salida de la crisis a la vez que la integracion en Europa, despues de siglos de aislamiento, Contrareforma Catolica con Inquisicion, Censura, aislamiento cultural y democratico, extensa coleccion de Dictaduras, Monarquias y Republicas, Demonizacion de La Ciencia, Represion de Amancebamiento, Sangrientos Tercios de Flandes (e injustificada y exagerada Leyenda Negra, equitativamente), y todo mexclado con Persecuciones Religiosas o Politicas incluidas. Oh, Europa, por fin el progreso y la igualdad, creiamos que la tierra era otro planeta, y el dinero para proyectos comenzo a fluir desde Bruselas. El Gran Chorizeo habia comenzado.
Empezo la construccion de autopistas, al principio de calidad media, hacia los noventa de pavimento optimo. El coche se agarraba como una lapa y pisabamos el acelerador cuando no habia radares de la Ilustre a la vista. Habia que hacerse socio del Race para recurrir multas, y viajabamos a toda vela, 150 kilometros/hora surcando La Mancha. Vaya cambio, buenas comunicaciones al fin. La guinda fue el sublime y orgulloso AVE de alta velocidad que el respetado gobierno exprimia con propaganda politica hasta aburrirnos. Objetivamente, progreso incontestable, se viajaba de vicio con multiples alternativas. Pero al mismo tiempo, de pronto en la radio se empezo a oir cada vez con mas frecuencia que la construccion de una autopista se habia detenido por presupuesto acabado. Las constructoras chantajeaban al Estado. O mas pelas, o lo dejamos como esta y apañaros por vuestra cuenta, esto es lo que hay. Y el Estado soltaba mas millones por miedo a los ciudadanos, desprestigio politico, y desorden en los caminos; el truco de la autopista no fallaba. Un rio de millones extra se fueron mientras mejorabamos nuestros viajes. Hoy dia, ya con un poco de experiencia, tiendo a pensar, como dicen inteligentemente Las Virtudes, en un

suponer. Tal vez habia un consenso/acuerdo tacito entre los Lobos del Estado y los Tigres de Las Constructoras para soltar mas millones despues del desplante. Digamos que el suponer seria que ambos engordaban la cartera con los impuestos de los que cogian el metro temprano para ir al curro.

La autopista es simplemente un simple eslabon de nuestras cadenas en el capitalismo de palo de nuestro Siglo XXI. El Estado se metia en un callejon sin salida, una calle cortada de las miles que nos rodean desde que nos levantamos. Al comprar algo siempre nos camelan con un accesorio que supone un precio extra para que todo lo pagado funcione bien. Las hipotecas se van adaptando a la sangria del cuidadano de a pie, que intenta quitarse sin exito la soga del cuello. Los sistemas operativos se cambian para ser lo mismo con un look diferente. Que pasa en los partidos politicos, a menos que te echen, como quieras irte y no hayas dejado una puerta de escape, te encierran. Y el que rinde bien en un cargo publico o privado le ponen el cerco para que no se largue si le apetece. Como decian Faemino y Cansado en su parodia de Cervantes para publicar el Quijote, el libro por fasciculos, y regalamos en el fasciculo 30 una espada y un queso manchego. Cuando firmas un matrimonio ya sabes lo que te va a costar el divorcio, y si es boda de conveniencia con yugo de multiples ramas, ni dios se libra de por vida. Como dice El Turko con Sabiduria, ellas cada vez ponen mas dificil irse a por tabaco. Por el Madrid antiguo me rumorearon que de Palacio parten tuneles que llegan hasta partes del centro de la Villa. Si, hay que tener sangre azul para poder llevar la querida a la inmensa cama con techo, o reunirse en secreto con los mandamases. O Cuando el Titanic se hundia los importantes de buena cuenta bancaria y negocios fueron sacados discretamente de la sala de baile para escapar en los primeros botes. No, el endividuo normal carece de esos pasadizos/soluciones secretas, es un esclavo soñando con la libertad y el hedonismo al mirar el anuncio de Martini.

Si vamos al terreno militar, la historia enseña un album de encerronas magistrales. Paulus tenia la misma cara que uno mismo cuando me suspendieron el primer examen de Algebra con un 4, al entrar a firmar la rendicion de Stalingrado. Esto con el atrevimiento de compararme a un alto mando que ademas era un buen militar. Pero que no se ofendan nuestros colegas Germanos, la historia esta llena de derrotas con cercos y humillaciones, hay hostias para todos. Los Indios le pusieron miguitas de pan a Custer para firmar su final, en heroica resistencia hasta el ultimo soldado. En Dunkerke los Ingleses corrian mas que las gallinas par volver a los barcos. Y nuestros desastres en el Rif unidos a la corrupcion de esa epoca tambien son episodos no agradables. Suspensos a repartir generosamente. Como decia Bonaparte, una retirada a tiempo es una victoria, añadiendo si es que puedes. Ni me atrevo a pensar los que tiene el collarin en el mundo de las altas finanzas y holdings empresariales, eso es super- multi-factorial. Que expliquen como se las maravillarian para un Alcatrazo. Para que imaginar los que ya estan metidos en algo sucio, ni contarlo, ahi si que hay carceles con gruesos barrotes. Los ciudadanos normales tienen menos recursos, y estan obligados a desarrollar mas habilidades. Como dice El Turko con Sabiduria, cuando logres escuchar a tu jefe poniendo gesto de imbecilidad sin que pueda probarlo, tendras una pequeña cota de libertad y tal vez una posible via de escape. Puede ensayar por las mañanas frente al espejo antes del trabajo. Hay muchas variedades y opciones para poner cara de tolai, elija usted en libertad. Y hay un paso/consecuencia aun mayor. El que logra evadirse es perseguido por los grandotes del trabajo en el que lo tenian sujeto. Es decir, en cualquier parte hay prevostes que no solo se sienten ofendidos ante una fuga, sino que se creen en el derecho de juzgar al fugitivo y perseguirlo/cerrarle puertas de por vida. He conocido muchos especimenes que se autodesignan correctores y criticos de los demas, especialmente en vida privada y

facetas que son mas de imagen que de hechos reales. Es mas frecuente en la cultura anglosajona, aunque tambien ocurre en mi pais, juzgar a alguien por su vida privada o personalidad especial. Para ellos, sin embargo, la tolerancia-ley-embudo es grande, e incluso tienen una doble vida aberrante, como en ocasiones he descubierto. En realidad, estas personas lo que padecen es una perturbada falta de tolerancia y respeto al projimo, porque no diferencian entre su ambito de poder y decision limitado a su persona con la actitud facha de entrometerse en la vida ajena, que parece preocuparles mas que la suya. Muchos de estos, juzgadores sociales, son a veces los mas peligrosos, usualmente ligados a la extrema derecha o izquierda. Opinar es licito, juzgar sin ser Juez conlleva una decision que es un ataque a cualquier individuo libre. Mi modesta experiencia es que los de extrema derecha (Jose Mari, que hacias con Paavo en Helsinki en Febrero-Marzo del 1999, cuando paso eso en Rusia?, que casualidad tan aleatoria) son muchisimo mas dañinos. Me explico, tienen poder, lo ocultan, van unidos a veces a fanatismo religioso, y se autoadjudican el derecho a modificar y conducir el comportamiento de alguien/o la sociedad por designio divino y economico. Los de extrema izquierda chillan mas, arman mas jaleo cutre, pero son mas inofensivos.
Tuneles de escape, son dificiles de construir, y ademas el mantenimiento es caro. Quien encontro la solucion, pues el que menos se imagina. Como dice El Turko con Sabiduria, las soluciones, trampas, heroicidades, traiciones y venganzas surgen de lo mas inesperado. Recordamos aqui la escena en que Arturo, el simple e ignorado ayudante de Merlin, saca la espada Excalibur de la piedra, y tiene que ser nombrado caballero *in situ* y por decreto ley, por otro caballero, para ocupar el cargo de nuevo Rey (Es una de mis escenas favoritas). Albertito Einstein, hijo de empresarios electricos fracasados, iba de departamento en departamento suplicando trabajo, y siempre era rechazado. Pero se dio cuenta de que las Ecuaciones de Maxwell solo

eran invariantes en espacio y tiempo con transformaciones de Lorentz (siento ser pedante, no hay otra forma de decirlo, perdon). Eso fue el embrion de la Relatividad. El molinero Green tuvo que escribir a mano y publicar por su cuenta sus nuevos metodos matematicos, nadie le hacia ni caso. No digamos ya Bernouilli, que sufrio la apropiacion indebida de sus teoremas por el ilustre noble de sangre azul L'Hopital. Busque usted muchos casos parecidos en su respectiva profesion.

Por eso, en general, La Sociedad Civil resuelve mas rapido y mejor que las rancias instituciones y la administracion. Muchas veces funcionan mejor los telefonazos entre colegas y una reunion en el cafe para resolver un asunto que la burocracia de Estado. Hay cantidad de ejemplos, pero uno pintoresco y gracioso ocurrio en mi pais de origen (nunca digo la horterada de 'ciudadano del mundo', simplemente soy un exiliado como muchos) en 1996 despues del cambio de mayoria tras las elecciones. Mientras se ponian de acuerdo los pelmazos televisivos en la coalicion, se comprobo en la practica que el pais funcionaba mejor por si mismo, la Sociedad Civil resolvia. Prueba objetiva en numeros es que la economia dio un salto en esos meses de vacio en la Moncloa, todo iba mejor sin gobierno (o gobierno en funciones de ausencia). Ya lo han dicho muchos, en esa misma linea, Helenio Herrera, admirado, querido, y elogiado por Supergarcia, decia que se juega mejor con 10 que con 11. Aparte del cachondeo del asunto, me parece que la eficacia no viene definida solo por la cantidad, sino tambien por coordinacion y calidad. Puede mas una flota de 10 barcos bien armados y entrenados en grupo que otra de 20 con falta de preparacion y equipo anticuado.Por tanto, algo de razon tenia Helenio, pienso que tal vez le sobraba uno para desarrollar sus tacticas; ademas, HH obtuvo resultados, ello corrobora su ingenio. No digamos acerca de los Movimientos Culturales, que siempre surgen del underground y las cuevas (en musica esta clarisimo, lo nuevo sale de la gente que se reune a tocar en un garage

desconocido de las afueras). Luego, cuando la Administracion se apodera de la Cultura, y ponen al inutil enchufado con carnet a dirigir el cotarro, todo se pudre y acaba. Es ya la espuma sin fuerza ni frescura de la gran ola espontanea. Cuando el Estado se mete en algun asunto, a mi edad con lo que he aprendido, es para echarse a temblar. Empiezan a poner papelotes, tramites, personal contratado, y al final gastan sin resolver. Ademas es que sucede en varios paises en los que he trabajado o vivido. Hubo en la crisis de 1993 un seminario en El Escorial para soluciones a la economia. Dos elementos conocidos dijeron que lo mejor era vender el Prado con todo su ingenio anarquista, y de paso el Ministerio de Cultura 'para lo que sirve', afirmaron, 'mejor subastarlo'.
Por eso los repartidores de Butano de Chamberi se ganaron la condecoracion y el apodo de los Mediopolvo, hallaron la clave. Ellos inventaron el disfrute con escapada y sin compromiso, la libertad unida al beneficio, con un toque de improvisado fling. Cuando dejaban la bombona en la puerta a la señorona de buenas pechugas en bata, media mañana soleada en los Madriles, soltaban educadamente su probervio con mirada de buen profesional y gesto impavido,

que su marido se la meta entera

No consta, en los chascarrillos de taberna de Chamberi Alto, que ningun Mediopolvo, llevase a cabo fisicamente su apodo. Probablemente porque si se beneficio a alguna clienta le interesa repetir el pastel con discrecion a ver si dura. La mayoria de las veces, suponemos, todo quedaba en un escote generoso con vistas al camison, y algun nipple que resaltaba sobre la las elegancias matutinas de la MILF. Tampoco alguna de ellas jamas habra contado ni palabra. Como dice El Turko con Sabiduria, las nenas guardan su historial romantico con mas secreto que la formula de la Coca Cola.
Me conformo con recordar el dos caballos, la playa, mi

escopeta de perdigones en verano, las chicas del pueblo que me enseñaron con paciencia ('paletas', segun mis amigos de Madrid y hermanos, que ahora muchas son mas ricas y guapas que las que van de veraneo desde las grandes ciudades) y los pulpos que pescabamos. No hay que ir a Lourdes hoy dia para rezar virgencita que me quede como estoy. La poca libertad que nos reparten que sea por largo tiempo.

UN SOBRESALIENTE (SIN VANIDAD) ALGO SOLITARIO

Termine el examen cuando en la carretera se encendian las luces a las cuatro de la tarde, con nieve sucia y bloques de hielo cubriendo los arcenes que dibujaban lineas semiblancas al borde del asfalto. Unos cuantos volvian a casa bajo la ventisca de invierno entre copos flotantes, y el resto cogia las bicis por los estrechos senderos de al lado. Un dia cualquiera de un invierno Fines cualquiera, con larga tarde oscura esperando a todos antes de la hora de cenar. Tiempo largo para esos inviernos productivos.

Era el año 98, y un esclavo del Departamento de Tracas vino a recoger mi examen con desinteres para poder seguir en sus cosas y cerrar el aula. Y en esos minutos, ordenando mi mochila, contemplaba esa imagen por el ventanal, con una mezcla de absoluta y el regusto por trabajo bien hecho. Como el sabor dulce del te fuerte que deja un paladar amargo, melancolia agradable y placentera.

Le habia dado varias vueltas al marcador en los problemas entregados, y en el examen casi todo estaba bien. No porque yo fuese extraordinario; tantos veranos haciendo problemas de libros Sovieticos baratos pero buenos, habian dado su fruto (o eso o nada, nunca hubo dinero. Eran el amigo Demidovich y compañia; tal vez los que cometian errores en las paginas de resultados se iban de vacaciones de lujo a Siberia). Esa fue mi ocupacion en las tardes y noches de un Chamberi vacio en Agosto durante muchos meses calurosos, cuando lo unico que hay es algo de buen Flamenco en la radio a medianoche, y una presentadora de noticias de guardia con escote generoso y labios para la imaginacion. El hormigon recalentado de la ciudad regala noches silenciosas y secas, tan solo con la lejana sirena de alguna ambulancia, o el camion de la basura que carga en el portal contiguo. Acababa de eliminar otra asignatura pendiente, un sobresaliente solitario para esas ecuaciones diferenciales bloqueadas en Madrid tantos años. Nunca pude imaginarme saltar la valla en otro pais tan lejano, con gente distinta y en un clima duro al que me habia acostumbrado en apenas dos meses. A seguir avanzando con gasolina suficiente.

Mientras contemplaba el edificio de Snellmania al otro lado de la autopista con casi todos los despachos apagados, en mis treinta bien cumplidos, empece a darme cuenta de lo dificil que resulta saber cuando y donde se vencen las dificultades que no dependen completamente de uno mismo. Algunos cogian las bicis para volver a casa, dejando una imagen fantasmal a traves del viento mezclado con nieve, y decidi ir a Prisma para comprar Makkara de dos Marcos, macarrones de medio Marko, pan negro, azucar, y te para la cena. Estaba contento, una noche de respiro.

En el super casi vacio aparcaba en la puerta mi bicicleta plateada, novia siempre fiel cubierta de blanca nieve. Prisma solitario irradiaba tranquilidad a esas horas, y avanzaba a grandes zancadas por los pasillos buscando letreros de 'Ale', ofertas para la supervivencia semanal. Carne picada algo entrada en fecha, o tomates ya maduros. Nadie miraba a nadie, ninguno hacia mucho caso al de al lado. A media semana todos queria volver a casa para hacer sus cosas o meterse en la sauna antes de la cena. Eran los dias del Intervalo Neutro para el que llega a un sitio nuevo, no se le conoce, y ni se sabe que se va a hacer con el o donde ponerlo. Como el soldado en tierra de nadie, que por segundos puede pensar volver a su trinchera en vez de asaltar la de enfrente. Libre entre dos opciones y sin ataduras. La oscuridad invernal quedaba resuelta porque me esperaba una semana sin obligaciones. Cuando mi jefe me llamo a su despacho para decidir la nota, le dio un telele sanvito al sumar los puntos. Yo me reia por dentro al verlo mover las piernas, era mas chistosa su reaccion que la suerte del paso adelante. Ese fue el mejor supervisor que he tenido, cada dos meses me daba un libro, le llevaba todo el trabajo acabado, y pumba, examen. Al final cambio, y me criticaba en las reuniones, pero la trayectoria en general fue buena. Al fin y al cabo, casi no le daba trabajo y si muchos ejercicios resueltos para su archivo.

Durante esos diez meses apenas me conocian en las clases y menos en la ciudad, era un extraño que hacia su vida gris en la mesa de su cueva bajo el flexo, con su café hasta las tantas,y la radio sonando coplas Finesas de principios de Siglo, o canciones de decadas anteriores. Si tengo que elegir, me quedo con el intervalo neutro por eliminacion. Cuando se empiezan a conocer grupos, te instalas, y las fronteras se cierran, la existencia se hace mas aburrida. Se acaban las opiniones espontaneas, empiezan los rollazos sociales y el peloteo. No habia mas tormentas aparte de las de nieve. Soledad feliz porque aunque no haya nadie, las obligaciones y los protocolos absurdos aun no han llegado. Un par de veces en semana me enteraba de los resultados del futbol, y la Bolsa que se disparaba hacia arriba en esa decada. Incluso recuerdo que durante dos o tres meses en verano hasta se me olvido que ministros habia en Madrid.

Que no daria, segun dice Don Julio, por volver al hielo y la nieve. Como decia el Filosofo Escribiente del torpe aliño indumentario, soledad y mustio collado gracias a los Dioses. Mejor que la lluvia de metralla y el mogollon de lucha desde que sales de casa temprano.

Asi transcurrio casi un año alegre, en el que conoci dos o

tres amiguetes de multiples tareas. Los veia de vez en cuando, en reuniones para hacer cena comun y compara paises. Un panadero Menorquin casado con una Finesa (que me instruyo para hacer pan y pasteles horneados), y un ex-Mosso de Squadra cazado (y probablemnte bien montado) por otra durante un verano de arrebatos en la playa. Imposible regresar en la maquina del tiempo, a ver si mis colegas de profesion la construyen de una vez.

CIRUJANO A LA FUERZA EN MEJORADA DEL CAMPO

No era la piscina olimpica que me habia imaginado, una simple alberca remozada en el jardin de esa urbanizacion, bajo la mirada de todos los edificios lindantes. Mi enfermeria estaba en los sotanos, con el material necesario para heridas, suturas, un desfibrilador que nunca supe si funcionaba, y farmacos para picaduras de insectos veraniegos. En la planta superior se acumulaban bidones vacios que alguna constructora dejo en invierno, y el socorrista lo bautizo como nuestro banco de produccion de semen para subirnos la autoestima y fardar durante las largas jornadas de trabajo al sol. Ese verano del 86, mientras los Hombres G se forraban con sufre mamon, y destrozabamos a Dinamarca (1) con goleadas (no, gritaba Don Miguel Muñoz, todos arriba no, intentando controlar la euforia de nuestro equipo que habia progresado algo), no me llamaban para trabajar y necesitaba dinero urgente para libros y la Universidad en Septiembre. A fuerza de interrogar a las chicas medicos de mi promocion, consegui encontrar un contrato de dos meses y medio en esa piscina de las afueras de Madrid. No muy bien pagado, pero suficiente para cubrir gastos. Eramos un equipo de tres pringaos mas los moscones que se creian jefazos de la Junta de Vecinos. El portero, el socorrista con su barba, y un menda que soñaba con la hora para irse a casa, ver un partidillo, o hacer problemas de Algebra para el examen de Septiembre. El socorrista tenia la buena costumbre de preparar bocatas Carpanta de barra de pan completa, y su orgullo de cocinero hacia que me regalase alguno de vez en cuando. Asi oia mis comentarios halagadores sobre su fabulosa mezcla de embutidos con lechuga y mayonesa. Bueno, si te regalan comida aceptable o un Fines te invita a una sauna, nuncas digas que no. Como dice El Turko con Sabiduria, no muerdas la mano que te alimenta. Lo mas estresante era la hora de juegos acuaticos y chapuzones salvajes de los chavales de la urbanizacion, que a veces coincidia con nuestros turnos de almuerzo. Yo me buscaba algun recoveco para un rato de tranquilidad, lejos del ruido, pero con los terribles gamberros a la vista por si el mas valiente decidia escalabrarse contra el fondo de cemento. Alguna piba que se tostaba para su novio nos ponia el cassette con musica semiagradable, y el mes mas bonito del año, Julio, transcurria con felicidad relativa dentro del agobio laboral. Estaba contemplando el bamboleo de una rubia en la otra orilla mientras arreglaba su toalla, cuando el socorrista me toco el hombro ironicamente con un fabuloso encargo,

Uno de 16 años de la Banda Salvaje venia con un pie abierto en canal desde el tobillo al dedo gordo, con la suerte que sangraba lo justo para ver bien la enorme herida. Se habia enganchado la piel en un salto a un pico del bordillo. Lastima de bocata de mortadela y salchichon con pimienta, tal vez el mes de Julio no era tan bueno como imaginaba. Y yo que pensaba que ese dia iba a poder bajar a mi sotano para diagonalizar matrices. A los medicos de guardia el azar los pone a prueba a ver si sobreviven o les da el infarto. Habia dos opciones, mandarlo al hospital privado de Asepeyo, o apañarmelas como pudiese para evitar el despido por la cuenta de urgencias que tendria que pagar la empresa que nos exprimia. Por supervivencia, en dos minutos hice mis calculos mentales. Teniamos anestesia local, puntos, dos o tres herramientas quirurgicas, y camilla con un foco tal vez util. Pues al tajo sin contemplaciones mientras recordaba los apuntes de clase de cirugia. El portero se cambio de sexo y profesion para ser enfermera, y el socorrista paso a ser tecnico de quirofano y controlar la multitud de chavales que aporreaban la puerta para saber si su amigo seguia vivo. Pusimos la pierna en alto y un torniquete mientras cosia. No voy a aburrir con pedantes detalles tecnicos, tan solo decir que ese quirofano de Mejorada del Campo y Hermanos Marx me provoca carcajadas cuando veo un reportaje serio de algun hospital prestigioso. Ni idea de como logramos salir adelante. La enfermera (el portero), tuvo que coser a la vez que yo para ahorrar perdidas de sangre, y creo que no fueron puntos muy ortodoxos, aunque eficaces. Nos pasamos con los pinchazos de anestesia, y el alto chaval tenia la pierna dormida casi hasta la rodilla (al menos no se enteraba de la chapuza). Mi unica preocupacion fue asegurarme de que no habia arterias o tendones rotos, por ahi hubo suerte. En la zona del accidente habia oxido y suciedad, pero no teniamos vacunas. Vale, al hospital por ese minimo y al menos hemos arreglado lo principal. La cuenta no seria de restaurante de lujo.

Segun me contaron, al prestigioso cirujano de Asepeyo con sueldo de futbolista le salieron mas tics en la cara que a la Encarna de Noche de Martes y 13 cuando vio el enorme remiendo. El socorrista y el portero (la enfermera) volvieron contentisimos porque solo cobraron cinco mil pesetas. Pero el bocata de salchichon ya estaba casi duro y mi estomago hambriento y vacio. Gracias a lo que sea, el resto del verano fue mas o menos normal. La herida curo con poca cicatriz porque este individuo era fuerte, alto, bastante callado, y listo. Supongo que habra llegado muy arriba, y me alegro. Ese pie fue mi pesadilla durante una semana en las noches calurosas de Cuatro Caminos.

La diagonalizacion de matrices y formas de Jordan se quedaron para ser resueltas en el frio y oscuro Noviembre Madrileño, cuando las calles del centro apenas tienen gente de noche y todos esperan el desparrame de las Navidades. En resumen, a los espiritus que administran nuestra agenda les gusta poner las pruebas a su antojo, a ver si algun dia cuentan con nosotros, please.

(1) Aclaracion importante, no vayan a ofenderse nuestros amigos fabricantes de extraordinarias galletas de mantequilla, entre otras muchas cosas. Admiro el futbol Danes por su compenetracion, coordinacion, y mentalidad deequipo.

EL TRONO DE BOSTON (I)

A todos nos atemorizaba la Fisica Cuantica durante los primeros cursos de la carrera en Madrid. Pero la cotizacion de la asignatura estaba sobredimensionada, no era real. Los palos que daban en Cuantica, con inmensas listas de suspensos, creaban panico y huida general ente nosotros. Nunca lo intente en Madrid, porque mi plan era aprobar el grueso de las asignaturas y luego enfrentarme con el fantasma. Aparte de que mi querida novia era La Electricidad y Magnetismo. Algo parecido sucedia con los cursos de Matematicas que dependian del mismo Departamento, Los Fisicos Teoricos, dueños de la Facultad. Descubrimos el truco charlando sobre Filosofia Educativa de alto rango en la terraza de Biologicas. Era Marzo temprano, yal desaparecer la neblina invernal en la Ciudad Universitaria las ideas se aclaraban. Las pibas comenzaban a arreglarse para el flirteo despues del frio, y nosotros devorabamos los aperitivos entre alguna que otra mirada. Todos querian especializarse en Electronica, Computadores, o Materiales; entonces, como mantener el poder de los Teoricos?. Pues soltando Titulos a cuentagotas. Es decir, bloqueando sus asignaturas clave para poder decidir cuando, 'esos', terminaban la carrera, si a nosotros, los Teoricos, nos daba la gana. Y por tanto equilibramos la proporcion de especialidades. De ese modo conservamos nuestra fuerza forever y vacilamos con chuleria al personal. En la Universidad se aprende a plotear con elegancia y cinico disimulo, viva la transparencia. Dadas las dificultades, (nunca lo intente en Madrid, imposible determinar si hubiese sido capaz), me prometi a mi individuo, en la imaginacion de treintañero, coronarme en un Trono algun dia si aprobaba la Diosa Cuantica. A veces, subiendo hacia casa por Reina Victoria, me veia entronado con laurel en la cabeza y la papeleta del aprobado en las manos. Vaya, no pienses demasiado, me decia, empieza por echar un Bono-Loto y una Quiniela al acabar la cuesta de los Colegios Mayores. Vanidad de vanidades, dicho por los sabios Griegos, todo es vanidad.

Estamos en Finlandia, en no mucho tiempo posterior, y me ponen un libro-tocho-ladrillo de Cuantica en las manos. 'Tienes dos meses para preparar el examen y estos son los problemas obligatorios, espabila, ulkomaalainen'. Me lo hice de un tiron en verano, nadando los dias de sol en las heladas y limpias aguas del Kalavesi. Y me fascino esa temida Cuantica, de sublime belleza rayando lo irreal. De hecho, las cosas que parecen dificiles o no se entienden son asi porque no se explican adecuadamente en muchos casos. Me di cuenta de que el problema reside en madurar los conceptos, y un dia te levantas y lo entiendes mientras desayunas. Porque el cerebro lleva en cada cual su ritmo natural perfecto. El miedo a la Cuantica habia desaparecido, pero quedaba la chula promesa del Trono. Pasaron los años, y el avion aterrizo en Boston despues de mi presentacion en una sesuda Conferencia en San Antonio. Ya usaba gafas para leer de cerca, y me salia un gruñido interior al agacharme a recoger algun bulto. Mas conceptos, pero sin duda mas años en el Pasaporte. Entre absolutamente hambriento en la terminal de los que llegaban de Chicago, pisando fuerte con mis Grafters Inglesas (eternas y duraderas, se patearon Nottingham durante 4 años, justo es reconocerlo), algo sucias para mi, e impresentables quiza para la buena sociedad. El limpiabotas Ecuatoriano me agarro bruscamente de la manga, diez dolares y las dejo como nuevas. Sueltame que voy por un cheesburguer hasta los topes de colesterol que me importa un bledo, y soy peligroso cuando tengo gazuza. Seis dolares, tiraba del brazo, y no bajo mas, regateo el menda para sacar adelante su negocio. Pues vale, pero dejame en paz comerme la hamburguesa y vuelvo dentro de un rato. Ahi esta el sillon del limpia, te espero Españolito. Era un enorme asiento-trono, metalico brillante, expuesto a los que llegaban por el pasillo de la terminal. Y mas alto aun porque estaba sobre una plataforma.

Ahi estaba el Trono de Cuantica, 13 años despues, a seis Dolares Americanos

Me quede frio con esa idea unos segundos, contemplando el enorme sillon de acero. El limpia me desperto impaciente, venga sube que ya has pagado, dijo con ganas de charlar un rato mientras echaba el betun. Pues al tiempo que me llamaba imbecil con educacion por no patentar mis trabajos antes de publicarlos, empece a ver ese Trono inicial metalizado casi como mas bien una sofisticada silla electrica implacable. Un escalofrio de miedo empezo a recorrerme la espalda. Ya me lo decia mi madre, no vayas a America, hijo mio, que alla tienen el corredor de la muerte. Mire a los brazos imaginando conexiones de alto voltaje y correas de sujeccion, el Ecuatoriano seguia con su charla, y la sensacion de thriller psicologico aumentaba por segundos. Algunas palpitaciones, y un poco de sudor frio, la gente nos miraba pasando por la terminal. El Ecuatoriano pasaba la gamuza por las botas y yo ya me sentia desinquieto al borde de la ejecucion, mientras me contaba su vida de inmigrante en el Pais de La Libertad. El orgullo del Trono de Cuantica habia desaparecido por completo. Como dice El Turko con Sabiduria, la vanidad se cura con los pies en la tierra. Se fue la idea de coronarme, no mas tronos por favor, haga lo que haga en la vida. La unica solucion que se me ocurrio para eliminar el miedo irreal era pensar en la Azafata del vuelo que me trajo a Boston. Ella era la novia para escapar del tormento.

LA AZAFATA DE BOSTON (II)

Me planto la cara a milimetros de distancia al entrar en la cabina. Mas alta que yo, me examinaron sus inmensos ojos azules desde arriba, con frente despejada y raices de pelo rubio impecablemente recogido. Piernas de pasarela envueltas en formales medias azules de tripulacion, y tacones a la altura justa para resaltar el pandero sin estridencias. Blusa blanca planchada a la perfeccion, con muffins firmes y bien proporcionadas. Un bellezon digna de la Edicion de Mujeres Maduras de Playboy que me hizo pensar vaya dia te ha caido colega, mientras buscaba mi asiento para recuperar la tranquilidad y el oxigeno. Menudo lerdo ingenuo, pensaba que la pelicula se habia terminado al sentarme.

La primera vez estaba sumergido en la pantalla del netbook junto a la ventanilla, cuando me puso los morros casi pegados preguntandome que bebida queria. En ese momento conteste con rapidez, sin prestar atencion, volviendo al teclado. Hasta ahi todo era normal. Disfrutaba del viaje despues del petardo burocratico de La Conferencia. Pero luego vinieron mas interrogatorios ambiguos, entre la formalidad y la sensualidad, con decisiones sobre pasta o ternera, mientras sus ojazos cada vez se acercaban mas, y los labios al natural ya conseguian ponerme en alerta y tieso sobre el asiento. Estaba ocurriendo algo, gire la cabeza para mirar por la ventanilla, mientras otros aviones se cruzaban por encima de las nubes lejanas. Eso no era del todo normal, tiene que haber una explicacion logica. Ella es una Diva, que se comporta como una novia, eso es real y objetivo. Vacilarme o flirtear es absurdo, ensemejante hembra no lo necesita, tendra cientos proponiendola. Ligar menos aun, con un apatrida-exiliado proveniente de England, demasiado bajito y obsesionado con las Matematicas. Por tanto, simplemente se acerca, tal vez, por una mezcla de perfeccion profesional y de paso comprobar mis pupilas y gesto. Examinarme de cerca y verificar mi grado de estres, o si me he demenciado despues de soltar el rollazo en la Conferencia. Luego informar a Seguridad y la Bofia sobre este elemento de forma rutinaria y burocratica (en realidad, no estaba estresado, mas bien en la Gloria escribiendo chorradas en el netbook). Eso si encaja racionalmente, ahi estaba la solucion que no podia demostrar. Como dice El Turko con Sabiduria, ellas siempre ocultan sus verdaderas intenciones mientras nosotros creemos lo que dicen. Ya estaba tranquilo porque esa explicacion aproximada resolvia el enigma. Bueno, si quieres acunarme en tus pupilas azules durante el vuelo, crearme nubes irreales al lado de las reales, no me voy a resistir. Incluso cuando la conteste agua en Ingles Britanico, rectifique en segundos a Ingles Americano para que siguiera visitandome. Estaba asombrado de conocer a una mujer tan guapa que lograba ponerme tan cerca de ella y eliminar distancias. He visto azafatas que merecen mas sueldo que estrellas de Hollywood, pero esa era la Reina de todas, por sumar atractivo y comportamiento natural. Viajamos ese principios de Marzo de San Antonio a Boston con escala en Chicago, donde los minutos se hicieron eternos para verla de nuevo por ultima vez. No creo que el asunto merezca mayor trascendencia, tendra una fila de

Pilotos y Ejecutivos con los bolsillos llenos de tarjetas VIP que se ocupan de ella. Me conformo con recordar a veces los milimetros que separaban nuestra mirada. Imposible olvidarla del todo, Musa de altos vuelos.

ALGUNAS PALPITACIONES EN LA ISLA DE WIGHT

Ella siempre hacia lo que la daba la gana con nuestras citas. Hoy eres Rick, pero mañana eres Richard, y no me lo reproches porque yo soy la nena. Pero a mi me gustaba ser cumplidor, y habia acordado visitarla despues mandar un pesado trabajo que me ocupo hasta entrado Diciembre; las Navidades se acercaban en Nottingham, y el frio humedo envolvia el aire con incordiantes chirimiris.
Volver a la calle despues de un encierro de mes y medio pegado a la pantalla del ordenador, era como pasar al metro en hora punta viniendo del mas tranquilo banco de un solitario parque. Ella no estaba en casa, y por cabezoneria me quede esperando a la interperie, andando para calentar las piernas. Al cabo de una hora me grito a su estilo mi nombre al aparcar el coche. Pasa rapido, que estaras helado, decia contenta al ver que la esperaban tanto rato.
Me sento en su cocina para preparar la cena. Hacia casi 4 años que eso no me sucedia ni siquiera en Madrid. Mientras arrimaba sus caderas a la pila y servia mas de lo que yo podia devorar, comenzo a contarme sus batallas de ligoteo. Primero las actuales, y luego paso a las antiguas. La gata nos contemplaba sobre la mesa del jardin con solemnidad, era un cuadro de Cat Stevens, y la perrilla de mal genio se tropezaba por entre nuestras piernas. Oscurecia el dia mientras de vez en cuando me echaba una mirada de satisfaccion, mostrandome el perfil de sus curvas, al ver que liquidaba los platos uno tras otro.

Luego se sienta enfrente y empieza a enseñarme fotos de aquellos que la hicieron un *brokenheart* (bh). Un buen grupo, pensaba al ver las imagenes, y ella insistia en la misma palabra, *brokenheart*, pues vaya sensibilidad. Oye, a ti cuantas veces te ha pasado un *bh*, pues cientos desde los 15 años. Y sigues queriendo emparejarte, por supuesto porque soy optimista, es fisiologia. Pero no me atrevia a decir mi opinion cruda sobre el asunto. Porque disfrutaba viendola en la Tribuna de su Cocina dandome lecciones de flirting, mientras deplegaba sus atributos sin darse cuenta. *Brokenheart*, para mi, es algo natural y evolutivo, porque las parejas y la atraccion no son eternas, aunque pase en las peliculas. Eso se aprende a base de disgustos, y la mente se acostumbra a la realidad de los humanos. Unos se separan en guerra total, y otros amistosamente con buenas relaciones, les queda un aprecio de mutua convivencia, buenas noches juntos, y lucha en equipo para sacar adelante la pareja. Ente ambos extremos hay toda una gama de variedades, por tanto no creo que sea logico tomarse los *bh* a la tremenda como a los 20 años.
Total, que aquello se convirtio en un hogar-dulce-hogar con la gata, la perrilla, ella, sus encantos, y un menda jamando. En ese ambiente me se cruzaron los circuitos cerebrales y azuzado por sus decepciones solte la gran parida del dia

Give me some kids, I 'll never make you pain

Como dice El Turko, en una variedad, con Sabiduria, pregunta lo que no debes y te contestaran lo que no quieres. Te he dicho muchas veces que no puedo ni quiero tener mas hijos. Ni me voy a casar contigo u otro. Deja de decir chorradas, sigue comiendo lo que te pongo, y tengamos la tarde en paz. Ademas, cuando entres al baño no manches la taza con gotas (esto lo dicen todas). Volvimos al tema de antiguas aventuras, y ella paso a su epoca mas juvenil, en la Isla de Wight, trabajando y despendolandose. Debio notarse mucho en mi cara, mientras hablaba, el momento en que se me aparecieron los fantasmas y espiritus de Janis Joplin, Jymmy Hendrix, algun Rolling, y otros muchos mas, conocidos y amigos lejanos durante los setenta. De mi cueva a la Isla de Wight habia mucha distancia, y no me entere de que tenia que disimular el gesto de asombro mezclado con miedo. De pronto el tono de su voz, al verme la cara, se hizo mas interior y personal, y me pregunto si despues de contarme aquello la seguia queriendo. Estas chicas Inglesas explotan sus sentimientos de repente como botellas de champan, y a los Celtiberos nos lleva algun tiempo comprenderlo.

Reaccione por simple instinto sin pensar nada. Atravese el medio metro hacia ella. Senti varios puñetazos, como de pelea de juego en el patio del colegio, bajo el esternon. Comence a morderla la mejilla, pillando luego su boca un instante. Entoces se agarro a mi cuello gimiendo y senti sus pechos firmes y mullidos a la vez.

Al salir para casa ya oscuro, me detuve para pensar que habia sucedido; estaba un poco abrumado por tantas cosas repentinas, eso no era mi cuarto. La gente de su barrio llegaba a casa despues del trabajo, cubriendose de la lluvia. Los miraba, pero en mi cabeza repasaba lo sucedido. Pienso, tengo latidos, apetito devorador, soy capaz de conversar, y hago estupidas reacciones sentimentaloides, por tanto existo. Tronco, pues no estas mal del todo para tu edad. Tal vez incluso mejoras el año que viene.

Para añadir mas festejo al asunto, aparecieron los buses descargando gente agobiada con los paquetes de Navidad. Me fascinaba esa imagen en cualquier pais. Todos iban a estar dos o tres semanas besuqueandose, estrujandose, encoloniados, diciendose gilipolleces, gastando ahorros en artefactos inutiles, y La Madre del Cordero. Luego llegarian los meses duros de invierno con los asesinatos, crimenes sexuales, plots politicos, desfalcos de Bancos, bombas, y un escandalo matrimonial de la alta sociedad. Como dice El Turko con Sabiduria, las Grandes Batallas se preparan durante las Largas Treguas. Desde luego, seamos tolerantes

con cada cultura; en la Peninsula pasa lo mismo aunque no a ese nivel. Era la mejor epoca para encerrarse y resolver los asuntos mas dificiles. Como decia Manolo Caracol, portate como es debido, como los hombres cabales (y luego se estampo conduciendo borracho). En verano y Navidades se progresa a zancadas con paz y silencio. Mientras ellos se restregaban unos a otros encoloniados, y en la tele se acumulaban las imbecilidades, podia trabajar sin tregua en mi refugio. Fabuloso, como el brandy.
En una mañana de idealismo compulsivo la dedique lo que mas trabajo me costo en Inglaterra, no se si bueno del todo, pero bien elaborado. Todo para ella, lo mejor de Nottingham. Puaf, no la habra interesado ni una formula. El ultimo recuerdo que tengo de ella es su gemido ahogado y el tacto de sus pechos al abrazarme. Tal vez nos tropezemos algun dia en el futuro, que lo decidan los duendes.

UN FFM CON PARTICIPACION DE LA SEGURIDAD DEL ESTADO

Me abrazo en el patio de Cotton Mills (1) nada mas toparnos de frente. Sorprendentemente, la tarjeta que la habia mandado diciendo que queria eso habia tenido efecto contundente. Al pegar su mejilla a mi jersey puso un mal gesto en la cara, y se aparto mirandome a los ojos para regañarme. A pesar de ese momentaneo enojo, el fin del invierno habia puesto en su piel blanca y ojos marinos un tono especial. Mientras encendia con fingido despego uno de sus cigarrillos, me miraba de lado, para mi estupendo, que bien tropezarnos de nuevo decian sus labios sin palabras. Disfrutaba en su postura preferida, ponerse de perfil fumando al tiempo que yo me regalaba con el color de su pelo y ojos, combinado con el dibujo de sus pechos. Sabia que la miraba, y estaba satisfecha asi, aunque sus frases eran como de lo mas serio y mandon. Entonces dijo

todos los hombres sudan, es natural, pero eso se arregla cambiandose la ropa

Al menos ella intentaba justificarme, aquello era algo positivo. Estaba claro que la colonia 'Suda's, Vuelve El Macho' no era su favorita. El calor habia venido a Nottingham sin avisar a mediados de Mayo, y llevaba dos semanas encerrado en el laboratorio para rematar una publicacion y poder visitarla. Ademas, antes de llegar a Cotton Mills pase por la barberia para cortarme el pelo. Habia arreglado la mayoria de los detalles pero fallado en uno.

donde has estado que has tardado tanto, ahi si que se puso seria y con tono de voz fuerte

La situacion iba mejorando paulatinamente. Cuando una mujer pregunta donde estabas es que ya te considera un elemento dentro de su entorno. Digamos que se ha alcanzado la categoria de su planta favorita del salon, el sosten preferido que la hace sentirse segura y excitantemente agresiva ante el jefe, o los zapatos y el bolso que muestra con orgullo a las amigas. Nivel 1, ya era de su propiedad. Entonces tomo una decision para arreglar el asunto.

vamos al recibidor, esto te pasa porque vas demasiado abrigado

Incluso mejor. Nivel 2 conseguido. Si alguna intenta cambiar un hombre a su gusto es signo de ascenso inmediato. Quiero una cocina a juego con el baño, ponte esa corbata con esa chaqueta, pon otra musica, no me gusta ese aftershave, y ordenes adicionales que pasamos por alto siempre que el maturraque y su compañia sean agradables.

Esto puede tener, sin embargo, serios inconvenientes a largo plazo. El panico cronico de nosotros a los continuos ajustes de ellas. Pero me fui contento a la oficina con ella, era un lujo pasearnos por el patio soleado. De los pocos dias sin nubes y tranquilos, me enseñaba al pasar sus arreglos en las plantas y cada dos pasos volvia el gesto para que nuestras miradas se cruzasen con complicidad. Todas las broncas que ella quisiera, pero estaba encantada con mis visitas. Como dice El Turko con Sabiduria, escapar de una mujer (y sus amigas), se puede imaginar pero no se consigue.
Se sento en el sofa de la entrada y yo de pie, quitate la ropa de cintura para arriba. Aqui mismo?, cualquiera puede pasar por delante. Da igual, sus palabras son ordenes. Vale, si quieres verme al natural, nena, pues ahi lo tienes todo para ti. Comence el strip-tease, mientras comentaba cada prenda como si fuese la dueña de una revista de diseño de ropa. Iba por la ultima camiseta y tenia los pantalones medio desabrochados. El Bing-Bang del Universo decidio crear una sorpresa. Las cosas suceden, y nosotros humanos decidimos solo una parte. Aparecio una chica Poli, voluminosa de domingas y poderosa de caderas, y con impecable uniforme de Bofia Britanica, en plena investigacion de un robo. Un estudiante suicida (por supuesto Ingles) , en un ataque de Sisu irracional, habia sustraido delante de las camaras la pantalla de plasma gigante del recibidor para venderla. Y luego se dio a la fuga dejando su atractiva imagen en el sistema CCTV. La Poli se unio al grupo con la naturalidad del rodaje de un film porno. Entoces me quede emparedado entre ambas, las dos hembras de pechugas bien alimentadas, buscando pistas del ladron, sumergido en ese asedio de cuatro biberones y dos caderas a presion. Ni caso que me hacian, mientras cerraban el sandwich erotico y mis pantalones medio desabrochados iban bajando milimetros. Ademas, las Polis van llenas de placas e insignias punzantes que daban al

FFM un contenido Sado. No, no era de mi gusto el dolor en el Kamasutra. Mire como se desmoronaban los pantalones segundo a segundo. No se encontraba la huella del delincuente, pero si iba a aparecer mi herramienta de un momento a otro, al sol de Mayo que iluminaba el recibidor. Habia que huir como fuese. No se como lo hice, pero salte el respaldo del sofa sin que se me cayeran los pantalones. Abroche la bragueta rapido y me puse la camisa en un instante. Toda la vida soñando son un Threesome, y cuando llega viene servido con crimen, sudor, y Poli todo incluido. Vaya Tutti-Frutti. Como dice El Turko con Sabiduria, La Fortuna nunca trae exactamente lo que se le pide. Cuando recuerdo el asunto no me produce, sinceramente, ni orgullo ni excitacion. Me siento el protagonista de una comedia de domingo por la tarde, nada mas. Utilizo este recuerdo los dias que me levanto con una lista inmensa de cosas por hacer para ponerme de buen humor. Lo que si me pone es pensar en sus ojos azules a la altura del sillon mientras nos mirabamos, desabrochando boton tras boton. Ella siempre supo mezclar lo necesario con lo bonito.

(1) No confunda el lector los relatos (veridicos) con la realidad comercial. Cotton Mills es una malisima residencia por varias razones, el manager Phil Luckett es un chorizo, entran en las habitaciones y copian y registran todo (asociados con la universidad), si pueden rompen algo, sobre todo a los extranjeros. Hay comunicacion directa con la Seguridad Corrupta de la Universidad, para hacer putadas. Internet esta controlado y con filtros.No es recomendable ese sitio ni esa universidad.

CON FAUSTO O SIN FAUSTO. DECIDA USTED SU FUTUROIBIENESTAR (1)

(**1.-Aviso a Navegantes:** Este relato no es para gente joven, optimistas con buen sentido frivolo de la vida, y amantes del juergueo y desparrame sano. No se recomienda para los que les gusta pensar en como se van a divertir a tope un domingo, o aquellos que les importa un bledo la nota de su examen (y bien que hacen). Mas bien para gente que ha pasado el ecuador de la vida, ya empieza a escuchar opera, musica clasica, leer tostones como Homero, Horacio, Descartes, Dante, y amiguetes similares de cualquier siglo. Los que han experimentado el duro latigo de la vida (y sus dulces frutos, viva lo bueno), y sentados en la cocina con el cafe del desayuno miran unos segundos por la ventana al echar un trago. Entonces les viene a la mente esa gamberrada de cuando tenian catorce años, y el perro del vecino ladrando les recuerda el cachorro que les regalo su padre (despues de insistir hasta el enfado). Por tanto los jovenzuelos/as, bebedores de sabado noche, o maduros que quieren descargar lastre de los escollos de la existencia humana, saltad este capitulo para vuestro confort y salud mental.)

Ningun prejuicio en compartir un cafe con charla en tu gabinete, compañero medico de profesion y veterano sabio. Me tienes asombrado por tu hazaña, rejuvenecer y beneficiarte la piba, para despues ejecutar una fuga perfecta de las llamas eternas. Pero a solas, sin Mefistofeles en principio, por favor, primero es importante analizar los hechos de lo sucedido.Te explico el porque de tanto interes, tu historia es muy interesante. Ambos tenemos la misma profesion, hemos pasado muchos años encerrados en una habitacion alejados del mundo y dedicados a lo nuestro, aunque yo si he tenido novias, la mayoria casualidades del tiempo. Hemos soportado una consulta llena de pacientes ansiosos por la receta milagrosa, y el paso del tiempo nos ha cargado de un escepticismo critico con aquello que con veinte años nostocaba la fibra emocional.

Sorprendente tu negociacion y contrato con el colega de Belcebu, Doctor Fausto, pero yo no pacto, ni con Mefistofeles, Satanas, El Big Bang, PartidosPoliticos, Sindicatos, Organizaciones Criminales,ElAltisimo, o Puñetas Cualesquiera. Me explico con paciencia, Doctor, Un sujeto, yo mismo, con diecisiete años creia que el mundo era para los honrados y trabajadores, temerosos de Dios y cumplidores con la Ley. Bueno, hasta entonces el famoso Capitan Trueno era para un menda un individuo desconfiado y mal pensado. Mi bautizo de fuego y realismo llego la noche de los partos gemelares, de guardia en El Hospital Clinico, situadoen la calle del inventor del submarino que arrinconaron y echaron al exilio como a Ochoa. Era Spidermanblue1, un estudiante de cuarto de Medicina, 22 años, admirador de la Quinta del Buitre (sin odiar a los Colchoneros, me crie en La Arganzuela al lado de su Estadio), y expediente normal. Un amigo me recomendo hacer guardia con un ginecologo que decian tenia gran sentido del humor y estaba un poco chaveta. Hablaba como una emisora de radio dando noticias, y bebia gin-tonics como una esponja en El Ebro. Cada dos horas nos llevaba al bar de enfrente e invitaba a gin-tonics, uno tras otro, me vi obligado a ir al aseo a vaciar el vaso para evitar la cogorza brutal. Muy guarro en el lenguaje, divertido en sus paridas. Pocos partos hasta las 6 de la madrugada. El primero que vi la mujer llegaba corriendo a la camilla (me viene, me viene, gemia con voz dulce mientras se levantaba el camison) y lo solto como un misil (un poquillo manchado de caca, la medicina real no es tan bonita como en las peliculas y reportajes de la tele). Velocidad de la luz en el nacimiento, despues volvimos a charlar a la habitacion del personal con otra escapada de gin-tonics. La guapa de clase aparecio con pijama quirurgico, todo montañoso a mi lado, y pude aprender lo bien que quedan y se ven las domingas con ropa de quirofano, dos suculentas peras con tonica y alcohol. Entoces aparecio un ginecolo serio, moreno, y con pinta de buen profesional. Le pregunto a nuestro jefe loco, quien habia sacado la plaza en el reciente tribunal de adjudicacion. Gin-tonic le contesto que una tal fulanita (1) conocida en el hospital. Su respuesta fue contundente,

buenos padrinos tiene la nena, o los portavoces de sus padrinos

Y se fue a casa a desayunar con su mujer. No hice caso de su frase, ahora me viene a la mente con cierta frecuencia. Como dice El Turko con Sabiduria, las lecciones se comprenden con el paso de los años y la experiencia. A las seis de la madrugada vino el Tsunami de partos, y todos gemelares, dos por uno. Las matronas los cogian por los pies a pares, al llevarlos a la mesa de limpieza. Nunca he visto tantos partos gemelares seguidos, dos por dos, veintidos. El ultimo fue el mas complicado, el segundo hermano venia de manos, y la mujer estaba cansada de empujar. Gin-tonic llamo al anestesista y se puso el guante largo con vaselina. La medio-durmieron y le hizo un fisting obstetrico impecable, agarro la mano y palpando llego a los pies, tiro y lo saco integro y en buen estado. Como se puede marcar goles despues de una noche de 15 gin-tonics y sin dormir?. Mefistofeles, o usted Fausto, tal vez lo sepan.
Ahi aprendi que el mundo es doble como los gemelos. La ley de oposiciones del Tribunal, y la aplicacion del enchufe o las influencias para adjudicar la plaza. Hecha la ley, hecha la trampa, lo que se dice a veces coincide con lo justo o lo que se hace. Prohibido beber en las guardias, y toma ginebra por un tubo. Dobles eran las ubres de la maciza de clase, bronceadas y perfectamente redondas, pero cada una con su personalidad y pezon algo distintos, la de la derecha y la

de la izquierda. Cambie de hospital en los ultimos cursos de Medicina. Las matriculas en mi clase se adjudicaban a los hijos de los altos mandos de sanidad. Las brillantes civiles, un par de chicas empollonas, se quedaban sin nada. Ambas administraciones, la civil y la militar, porque en el Clinico tambien habia reparto parecido, pecaban de lo mismo. Pues tampoco me importaba mucho, yo estaba con mis planes de futuro y lo veia como las noticias economicas del telediario, ni fu ni fa.

Se termina la carrera, comence mi Tesina en Fisica Medica, dos años de trabajo duro y constante, y muchas putadas/zancadillas por medio (casi 400 paginas). Un veintitantos de Junio de 1985 estaba en el despacho del jefe, con la Tesina entregada y charlando sobre el Tribunal. El saco la Tesina de otra candidata, supervisada por el Presidente del Tribunal, 40 paginas cutres y ni siquiera pastas o encuadernacion, algo horrible y chapucero para un sobresaliente. Mi jefe estaba amargado y con gesto de enfado y frustracion, detras de sus gafas de Trosko progre (es uno de los mejores supervisores que he tenido, la politica es personal, siempre me traia articulos). Tenia razon, lo vuelvo a comprender ahora. Habiamos estado un invierno completo yendo al hospital, que estaba aonde cristo perdio el mechero, para hacer medidas por la tarde. Frio, tedio, y nosotros encerrados en la habitacion del tubo de Rayos X, sin calefaccion y dedicados al trabajo experimental. Al curso siguiente mi jefe aprobo la plaza de Titular, se habia acabado el trabajo extra por las tardes, y las excursiones al hospital (mi supervisor era Trosko de buena vida, su mujer, su familia y trienios, y Trostki para las conversaciones culturales, nada de currar fuera de horas). Pero ese dia de Junio hizo balance en su mentalidad de funcionario. No era justo que esa nena sacase sobresaliente y nosotros igual despues de todo el trabajo. La verdad, tampoco me molesto mucho el asunto, el era el mas cabreado. Paso la Tesina, pasaron los años.

Trabajaba de interino en la ejemplar y publica Seguridad Social, con un Skoda coupe para atender las gripes. Llegaba a la 8 puntualmente, y mas o menos era cumplidor y honrado. No mas trampillas que irme acelerado en cuanto acababa a la universidad y sacar alguna receta de vitaminas para satisfacer a mis admiradoras y aguantar estudiando de noche. Nunca me salte guardias, o hice trampas con las altas y bajas, no trucos importantes o conspirativos. Me fui enterando poco a poco de los canchullos gordos, en esa sectorial y despues durante los noventa principalmente. Las interinidades a dedo, los intercambios y ventas de guardias, y lo mas indignante fue descubrir que existian los personajes inmunes, tanto medicos como administrativos. Es decir, hiciesen lo que hiciesen permanecian e incluso subian de estatus. Por dos motivos, uno que ya me estaba haciendo Fisico en mi especialidad y otro que cada vez descubri mas basura, mis nauseas aumentaban año tras año. Ese tiempo coincidia con el reparto de becas y privilegios en la universidad, y hubo una decada en la que mi indignacion era enorme, me cabreaba al ver tanto chanchullo, era demasiado joven para ver el mundo real. En general, las corruptelas y sobre todo el descaro con que se hacian en la Seguridad Social, en vez de desaparecer fueron aumentando, con ambos partidos politicos. Mi primer contacto con el sistema fue despues de un enfrentamiento con un alcalde cacique y poco listo de la sierra Madrileña, al que gane un pleito sin esfuerzo. El jefe de la oposicion del pueblo me ayudo en varias reuniones, eran los noventa. Una tarde en su coche me solto la frase

estamos buscando gente honrada para el partido

Me recorrio un escalofrio por la espalda ese dia de de verano en las montañas. En los noventa el pestazo a podrido ya era evidente, y la decadencia del sistema de gobierno asustaba (luego vinieron los otros, yo ya estaba fuera del pais, y por lo que he podido averiguar hicieron tres cuartos de lo mismo, aunque se notaba menos. Ambos partidos se han portado pesimamente en el gobierno, y lo que es peor, cuando mas bestialidades han hecho, es cuando tenian una buena mayoria para limpiar y reconstruir el pais. Tristeza que siento al ver mi cuna de este modo, pero el planeta y los humanos son asi. En realidad los clockwise roban casi lo mismo que los counterclockwise. Lo que pasa con los clockwise es que vienen de familias muy ricas y acomodadas que conocen los trucos desde los abuelos y tios para llevarse los cuartos fuera, u organizar todo tipo de cataplines financieros y quedar inmunes. Los otros son mas cutres robando y, por ejemplo, compran pisos como el famoso 'ingeniero' ex-director de la benemerita que pillaron facilmente. Ademas, los clockwise son muy ricos de siempre, y robar y enriquecerse les motiva menos). Asi las cosas, continue mis estudios, alejandome progresivamente de la Medicina, me estaba metiendo en un mundo abierto como el infinito, de innumerables aplicaciones. Cada vez menos dinero, pero el conocimiento aumentaba, y los profesores de la universidad, presionados por Mister X y los suyos, se pusieron alerta. Este es una amenaza, los oscuros poderes fijaron su atencion y pegaron la oreja. Habia que parar a Derek Parker, que va por libre. 'Vas de craneo', me dijo dolorosamente un dia mi primer supervisor cuando le fallo una maniobra para rescatarme en 1993, despues de un encuentro 'casual' en su coche al volver andando de la Facultad, como siempre (para que continuar con lo mismo, si nunca me pagarian una peseta, ni a mi ni a otro sin influencias). El bloqueo ya estaba establecido, y desde el 92 estudiaba Ingles para fugarme. Fausto, te ilustrare el asunto con un ejemplo, la Mecanica fue una de las fortalezas fuertemente defendidas por ellos, y en contraste, hoy publico y trabajo en ello, lo que es el mundo, colega. En un examen parcial de Mecanica en Febrero en 1991, puse la directa para asegurar el aprobado, los problemas eran faciles. Habia un esclavo del departamento en la 3208 vigilando. Zambo y piernas arqueadas, bajito, pelota, y no me quitaba ojo. Al ver que liquidaba el segundo problema, enfilo la puerta corriendo espantado a maitines

lo esta haciendo, lo esta haciendo, susurro en voz alta a los otros ayudantes que estaban en la puerta de la 3208, aterrorizado

Ahi me di cuenta de que tenia que escapar a terminar con seguridad el segundo Titulo Universitario fuera de mi pais, estas escenas de plotting eran ya demasiado frecuentes. No cabia otra solucion. Bueno, gracias a eso he aprendido bastante fuera de mi tierra, aunque mas bien soy un Jesse James investigador en huida permanente. Pasaron un par de años, y este bloqueo termino cuando emigre a Finlandia para concluir la carrera de Fisico, ya no tenia motivacion para trabajar en una consulta, ni me gustaba vivir en Madrid. Que feliz fui alla en los lagos los primeros cursos, amigo Fausto, hago esfuerzos sobrehumannos para no perder el tiempo y la logica realista con esos recuerdos. Si a ti se te va la olla por las pibas, a mi me sucede los mismo con los dias de matematicas que pasaba alli, acompañado por los patos a la orilla del estanque en las tardes de verano. En Escandinavia acabe los estudios, pero me entere de que en todas partes cuecen habas, asunto que fue mucho mas evidente en Inglaterra durante el doctorado.

Lamentablemente, de los Ingleses he aprendido mas trampas, juego sucio, e hipocresia que en ningun otro lugar, aunque tengo tambien buenos recuerdos de alla, no se puede generalizar. Por ejemplo, en la ultima conferencia cientifica en America, algunos profesores Americanos insultaban a Francia, mi pais, y Alemania para provocar. Pero dos Ingleses que yo conocia de previas conferencias vinieron a decirme que era bienvenido y les gustaba mi trabajo. El problema de las Islas es que los malos son muchos, poderosos, cada vez mas malos, y mandan sobre los que intentan hacer las cosas con logica y etica razonable

(Me explico, en las Conferencias de los investigadores hay un alto componenete Cañi, los psicopatas, los cumplidores honrados, el diplomatico Rosita la Pastelera, los pelotas, el enterao, la repartida que se quiere llevar un polvo añadido con los Proceedings, el chuleta que busca una repartida para su curriculum, el gay que lleva un tubo y condones en el bolsillo para que le den vida en algun sitio discreto, el espia cutre que copia mal y lo que no debe, y Derek Parker buscando comida y cafe para sobrevivir, todo mezclado, es incluso divertido). Y entonces un buen dia, jartado a tope de basura en Inglaterra, me escape para cruzar el Atlantico, Europa quedaba lejos, llegue a America como siempre, con optimismo y ganas. Aqui mi madre Alemana en America, a la que cada dia quiero mas, diserto la leccion magistral, para llegar arriba hay que pactar con la cupula. Doctor Fausto, tal vez tu cupula, la de tu amigo Mefistofeles. Pues ahi os quedais los del chollo, despues de Europa, y America, mis convicciones se hicieron mas solidas. ***Honesty is the best policy (con margen de tolerancia, los pedantes estrictos son antipaticos)***, para siempre esa conducta porque al menos permaneces vivo y algo libre. Toda la experiencia anterior en dos continentes derivo en este axioma fundamental. Aprendido y asimilado por muchos años de palos y exitos. Si usted aplica este axioma (que es una simple opinion personal), probablemente nunca llegara a ser millonario. Pero se podra sentar en verano para un buen cafe al aire libre, mientras contempla sin que le molesten el paso de las generaciones. Tendra una libertad relativa, y su jefe no le vera como un enemigo ambicioso, solo como el pesado que le gusta hacer todo con metodos mas o menos transparentes y limpios. Cuando llegue el sabado sabadete, disfrutara de un buen polvo de weekend, despues de que su mujer se cargue las baterias con la pelicula del galan de moda. No se ponga celoso, al fin y al cabo es usted quien corta el bacalao. Como dice El Turko con Sabiduria, preguntar a tu mujer con quien esta cuando le viene podria ser masoquismo inutil. Al dia siguiente, el domingo, puede ir al armario del pasillo, o el cuarto de los trastos, para buscar en su oxidado baul. Ahi tiene la coleccion de cromos de hace muchas decadas, y las cartas y fotos de sus antiguas novias para sentirse mas joven. Pero tenga cuidado que no le pille su mujer en esa maniobra de rebuscar en el pasado, como un Fausto, y mucho menos que vea o encuentre una foto de alguna novia antigua (esto puede suponer una venganza lenta, cinica, y sadica, ella tiene los medios para hacerlo). Disfrute de la vida sin comidas de tarro. Ya le subiran el sueldo. Cuando salga del trabajo y atardezca, mire arriba para contemplar los astros sin nubes. Alla, como dice sesudamente Punset, en un lejano asteroide, hay uno igual que su persona, no se sienta solo, marginado, diferente, ni aislado, somos muchos en el Club. Y siempre tenga en cuenta que al actuar correctamente es muy probable que nadie se lo agradezca en no pocos casos, todo lo contrario en el Siglo XXI. El merito, si es que lo hay, queda para compartirlo con su alter ego como con una amante discreta, sin que se entere nadie. Amigo y colega Fausto, sin pretender derribar tus teorias, esto es lo poco util que he aprendido. Pero me tienes asombrado, pactar el fuego eterno por un puñado de casquetes con una guapa pelirroja. Mefistofeles te ayudo en la maniobra para conseguir un look joven y conquistarla en poco tiempo; tuviste ayuda, aunque tambien merito. Como dice El Turko con Sabiduria, conseguir una mujer puede resultar muy dificil, pero lograr que se enamore es para especialistas. Gran polemica la de Dios y El Diablo. Esta publicado que fue un Angel ambicioso de poder. Mas bien pienso que nos engañan bastante. Habria que averiguar, como en la dimision del Papa, que paso exactamente y por que. Mi opinion es que hubo un Watergate y ese Angel atrevido tal vez jugo el papel de Garganta Profunda. No es mi problema, si ambos rigen el Universo compitiendo como Coca-Cola y Pepsi, pues que sigan asi, tal vez del libre mercado surja un Big Bang mejor, respeto su vida. Como dice El Turko con . Sabiduria, si quieres conservarlos amiguetes nunca les pidas favores. En resumen, mejor no meterse en esa pelea. Porque pueden llover hostias de ambos lados, como a Mercucho en Romeo y Julieta.Es una cuestion mu fisolofica y mu coplicadapara mi itelecto, soy un simple investigador. Pero tronco, eso de dedicarte a la Brujeria es un agravante para tu causa, son males mayores. Los ritos y conjuros no se basan en realidades cientificas, tu eres medico. No, no esta bien, pero teniendo en cuenta que a traves de brujeria querias tener una novia y embobarte, un par de muerdos para sentirte necesario y acompañado, entonces lo pasamos por alto. El fin justifica los medios, que decia El Italiano que gozo de poco tiempo en el poder y mucho entre bastidores. Fausto, vaya juerga te corriste, amigo. Hablando castizo, como estabas tan salidorro y berraco para dar ese paso. Lo comprendo, tanto tiempo dedicado a tu trabajo sin hembras de por medio, cien años de soledad. Yo te hubiese concedido directamente el Tercer Grado con regalo de sobres de Fondos Reservados de Corcuera (soy medico, tu compañero de profesion, y liberal tolerante). Unicamente te hubiese obligado a pasar consulta en el Purgatorio por un tiempo, a rellenar recetas y tomar la tension sin enfermeras de trasero bien alimentado. Mas aun, creo que unos cuantos kikis mas o menos, en la sociedad en que vivimos, no van a ninguna parte. No ostentabas cargo publico alguno, ni eras director de empresa, ni manejabas informacion confidencial. El maturraque estimula el apetito, es ejercicio fisico, mejora la comunicacion entre las personas, y despeja la mente eliminando el estres. Como dice El Turko con Sabiduria, siempre mejor un polvo que un porro (o derivados peores). Por mi parte, entonces, estas absuelto, eres libre, Super-Fausto. Lo mejor fue la escapada despues del Botin. A ver, que pase Mefistofeles para discutir a fondo el asunto. Vamos, ni que el Infierno fuese Alcatraz, menudo escandalo.

(1) No hay sexismo en los hechos contados, son mayoria de chicas pero no puedo cambiar personajes para ser equitativo.

Ven Capitan Trueno, haz que gane El Bueno, Ven Capitan Trueno, haz que gane El Bueno, Ven Capitan Trueno, que el mundo esta...... al reves

LOS MURCIELAGOS DE FOSFORO (I)

Este niño es un egoista y no habla con nadie, no se como le has dado eso. Dijo cabreado mi padre a mi madre, cuando me regalo la desechada mesa de la cocina, transformada en pupitre de estudio. Tenia una pata algo desvencijada, y plastico color madera recien pegado en la superficie (mi madre siempre fue una artista de la decoracion a niveles economicos de recurso). Fue mi primera mesa de trabajo y la que mas he querido y añoro, iria a la esquina del cuarto que compartia con mi bravucon hermano de poco interes en ciencia y mucho en otras actividades (vale, nada que objetar). En pleno extasis independentista de principios de curso me patee el Paseo Extremadura hasta la Ferreteria a buscar un flexo, con la suerte de encontrar uno parcialmente roto a buen precio de rebaja. Metalizado y sin pintar, tenia un chapucero pegoton de cemento pegado para afianzar la base, y bombilla de 25 Watios. A trabajar se ha dicho para subir al podio, pensaba al volver con la lampara, cruzando el puente sobre el Manzanares. Nos mudamos a Fosforo despues de los años de infancia en la manzana anterior. Menuda casa para la vida simple de un barrio-burbuja, al lado del flamante Estadio del Atleti. Nada

menos que una habitacion para cada dos hermanos u hermanas, lujo de Hilton. Esa calle tenia mas baches que las carreteras de montaña, y el maximo transito era de chavales yendo o volviendo del cole en horas fijas. Nada bonito, anodino, era un pasaje de tramite hacia los buenos (digamos habitables), sitios del barrio. Alla donde nos criamos con galletas Fontaneda en las meriendas, y gracias si habia algo de mermelada o margarina complementarias. Los sabados pasaba una multitud de hinchas generalmente cabreados (no siempre) despues del partido de Los Colchoneros, y nada mas memorable en la calle Fosforo durante los setenta.
Era sexto de Bachillerato, el curso mas duro y con mas asignaturas. En aquel rincon puse mis libros, un reloj-despertador con una bailarina y musica para animar el cotarro, y un poster de un barco para cubrir el aburrido papel de la pared. Mi padre aparecia por las tardes con el progresista Diario Pueblo algunas veces, pero solo podia leerlo despues de el y previa inspeccion general (los periodistas intentaban esquivar al Regimen con trucos y filigranas, mientras el Consejo Nacional del Movimiento seguia funcionando). El mas contestatario era Super Garcia poniendo a parir a Porta, Pablo-Pablito-Pablete, hacia las ocho de la noche, y lo escuchaba a veces en un pequeño y ruidoso transistor Japones de mis hermanas. Ese invierno transcurrio inmerso en Matematicas, Fisica, Literatura y Filosofia. Todas las tardes eran iguales, trabajo rudo y metodico para conseguir resultados. Antes de empezar la tarea pude sacar tiempo para leer una version breve de El Quijote, varios libros de Mark Twain, Colecciones Austral de Clasicos o Selecciones del Reader's Digest previa revision y censura de mi padre (el era el propietario, estaba en su derecho, hoy dia tenemos los filtros de Seguridad en Internet, el mundo evoluciona). Solitario esfuerzo en los dias de Enero y Febrero, con las protestas de mi hermano para que doblase el flexo hacia otro lado y lo dejase sobar a gusto. Pero a partir de Marzo, con la luz y el buen tiempo, la

clase monotona de Sexto comenzo a revolverse. Habiamos crecido todos y las hormonas empezaban a alcanzar picos. Al mismo tiempo, durante las horas de estudio en mi cuarto miraba a la ventana de vez en cuando, mientras memorizaba algo de las lecciones. En ese bonito atardecer una tribu de Murcielagos salia a volar chillando y en grupo. Los contemplaba levantando la mirada con curiosidad al principio, y despues de dos semanas ya eramos amiguetes. Fueron ellas las que empezaron (lo juro), nosotros simplemente las seguimos el rollo, como los toros bravos a las vacas cuando los sacan del ruedo. Al principio eran simples meriendas en la casa de alguna del grupo, pero luego empezaron a poner musica, las nenas querian bailar, y ademas agarradas. No, no era Algebra y Geometria, tampoco la demostracion de Descartes de la existencia de Dios, era la llamada de la naturaleza impulsada por la fuerza de los quince años. Un fenomeno fisiologico nuevo, distinto de mi mesa de estudio, aparecio ante mis ojos (mas bien mis gafotas). El complemento de todo eran nuestros inolvidables partidillos con pelota pequeña de plastico (dos pesetas en Frutos Secos) en el patio del cole. Desde siempre me llamaban el paralitico por mi mal juego, unido al complejo de un schlatter en la rodilla que me dolia al correr. Pero en Sexto la lesion se estaba curando, desarrolle mas fuerza y autoconfianza, y ese tullido u paralitico comenzo a regatear y disparar a puerta con nota media de aprobado. Bueno, progresaba algo.

Sin embargo, yo ya habia pactado con los Murcielagos de mi patio el trabajo en equipo. Como tenia un inmenso historial de calabazas por nerdo durante todos los cursos anteriores, veia esos guateques estilo Duo Dinamico con cierto escepticismo y algo de perdida de tiempo. Echaba de menos mi trabajo solitario, mientras miraba (y sentia a lo bestia) las nacientes peras de nuestras compis, bailando canciones lentas de Los Beatles y el tal Gilbert O'Sullivan (que pesao). Bien, todo eso era divertido (y excitante), pero echaba de menos mi patio y las tardes de estudio.

Durante las sesiones de trabajo con los Murcielagos algo distinto a las pertenencias de esas pibas surgia en mi cerebelo. Comenzaba a poder aprender y desarrollar conceptos por mi cuenta, sin necesidad de direccion, la fuente directa era el libro con sus simples esquemas. El vuelo de estos feos mamiferos estaba unido a las conicas, la aplicacion de derivadas e integrales con mi mente, una fascinante Filosofia censurada en los libros del Regimen (habia que callarse si no estabas de acuerdo), Dostoievski y los bohemios Parnasianistas, o la Electricidad y el Magnetismo. Simplemente era feliz bajo el flexo, pero las chicas tambien tenian lo suyo, vaya suyo. Habia que llegar a una solucion racional de compromiso, gran dilema. Ademas, los amigos presionaban continuamente, Derek, vente a esta fiesta.
Nos dividimos en dos corrientes. Los que decidian siempre primero las nenas, y algunos otros, casi yo mas tres o cuatro, que intentabamos cumplir con el deber y luego el teenager's placer. Me di cuenta de que el segundo grupo era el mio despues de comprobar que un bailoteo no siempre conducia necesariamente a un morreo. Habia como un ambiente ya generalizado de desparrame y ligue hacia el mes de Mayo, y en realidad estaba confuso ante ese nuevo comportamiento polarizado de mi clase. Las cañas del bar Ancla y los Ducados eran ya parte de la rutina de muchos. Luego, al curso siguiente, me entere de lo que era un condon al verlos en el suelo paseando por el rio. Mas tarde, casi en la Transicion, comenzaron a aparecer jeringas usadas en la ribera, eran cosas extrañas a mi mundo que producian asombro mezclado con miedo. Pero los Murcielagos seguian siendo mis mejores amigos, eso era lo util y provechoso. Ese final de curso fue un punto de inflexion para saber algo sobre el mundo real. Todos nos imaginabamos a ellas como princesitas idealizadas en Octubre, y en Mayo se transformaron en muñecas Playboy de carne y hueso. Como dice El Turko con Sabiduria, las distancias cortas estan mas

cerca de la certeza y la verdad. Si, esa fue mi decision, ok pibas, pero racionalmente. Es decir, el viajero sueña con estar mejor en casa, el marido varias veces piensa que la mujer del otro es mas birguera entre sabanas, el conductor mira con curiosidad el coche de al lado al parar en el semaforo, y la maroma contempla la chica nueva del pub para comparar atributos. Aprendi desde ese curso Sexto, que en el ochenta por ciento de los casos, todo es mas imaginacion que hechos autenticos. Es la continua escapada a un mundo mejor y feliz de los humanos sobre la tierra. Desde la mesa de estudio las fiestas de mis compis parecian algo fantastico (y lo eran muchas veces), pero en otros casos no eran mejor que la tarea de preparar los deberes y aprender para el dia siguiente. Mis colegas los Murcielagos de Fosforo probablemente siguen alla enseñando Integrales a las nuevas generaciones, y les dejan echar un baile con achuchones y muerdos de vez en cuando. Ellos son los sabios naturales mejores que cualquier profesor de escuela.

FINLAND MON AMOUR (II)

Con bastante suerte podras empezar a ver algo de luz a finales de Enero, suponiendo que hayas sobrevivido al Kaamos sin caer en la melancolia ni llevar tu mente al absurdo. Durante los meses oscuros habras tenido tiempo absolutamente para todo, porque no hay nada, al salir de casa cada dia todo sera blanco siempre, y tu bicicleta hara un ruido aspero al deslizarse sobre la nieve en polvo, mientras el viento helado te endurece los pomulos hasta casi no sentirlos. Las semanas de mas de 18 bajo cero habras tenido que hacer el pan en casa, intentar variar algo el menu, y bajar a la sauna a recalentarte y sentir su efecto que te pone inmediatamente de buen humor, con una breve charla con el vecino. La musica de la radio te hizo ameno el trabajo de noche, y por la ventana veras las ardillas jugando a perseguirse sobre el manto de nieve. Kaamos de cuatro meses, de Noviembre a Febrero, dia tras dia todo igual, el te caliente para seguir trabajando y las cartas de los amigos para reirse recordando las tertulias y enterarse de los cambios que suceden a lo lejos, que parecen del todo fuera de tu alcance. En Navidades un receso mas bien corto, muchas velitas por todos lados, vodka a litros con caida libre en la nieve para los que beben (menda no), y galletas caseras a mogollon. Silencio absoluto de noche, y de vez en cuando una reunion en casa de algun amiguete con los chavales corriendo alrededor, su mujer ofreciendote makkara con pan negro, mantequilla y cafe oscuro, y las noticias que llegan de Europa como si se tratara de otro mundo. Pero al llegar Marzo empezaras a darte cuenta de lo que has hecho y avanzado, recuperando el sentido de la medida del reloj. Te parecera que has pasado un largo trayecto, miraras al Octubre lejano como un barco en el horizonte, y las nubes rojizas de por la tarde, cubiertas de rayos de sol, te recordaran que quedan muchos meses, y sobre todo cantidad de cosas por hacer hacia delante. Probablemente si no eres Fines notaras como a ellos les cambia el temperamento al llegar la luz, con algun descarrile que otro por el cambio. Dias largos de iluminacion constante, mucho alboroto en primavera alla, casi todos se ponen (nos ponemos) acelerados.

A mediados de Mayo toda la nieve se habra derretido, y el bosque olera a polen fuerte mezclado con humedad densa. Paso a paso la gente se ira socializando hasta llegar Vappu, y en Junio se acabo el horario circadiano, las pupilas abiertas 24 horas. Que bien, vamos el sabado a Vanha Satama, a ver como las pibas mueven el cuerpo y muestran sus apetitosas carnes blancas durante la noche que nunca llega.

Todos van a desaparecer en Julio. Los peces ya se pueden coger con las manos en el lago, y paseando se te ocurren las mejores ideas al cruzarte con nadie y sus amigos los

fantasmas. Arboles, vegetacion, y una gran coleccion de aves y patos que vienen tres meses de camping. Esos veranos en la residencia de estudiantes me sentia todopoderoso, resuelvo los problemas de matematicas uno tras otro, invento y desecho soluciones en menos de una hora. Luego a cenar a la terraza, cuando alguna bicicleta lejana pasa por la carretera. Y despues, pasado el verano, a final de Octubre un dia te levantaras y veras todo de blanco. El nuevo ciclo comienza, saca todos los abrigos y bufandas del armario, engrasa la bici para el invierno, volvemos a la trinchera, Finland Mon Amour.
Nota: Con el tiempo y la experiencia, conoiciendo y tratando finesse fuera d esu pais, mi opinion ha cambiado bastante.

EPILOGO (I y II)

Pues estas fueron (han sido, seamos optimistas), las mejores etapas de mi tiempo hasta hoy. Lo mejor del pastel, sin bizcocho seco ni sabor rancio alguno. Todo crema, guindas, y la mujer que mas he querido y me hacia feliz porque en nuestros ojos nos veiamos siempre juntos, nunca a distancia. No lo se, si vendra algun dia algo mejor, estupendo si llega. Nunca tuve mucha gente a mi alrededor, pero lo escaso fue inmejorable, y la cosecha superaba lo imaginado.
Ahora comprendo al orgulloso Exiliado de Florencia, cuando a mitad del camino de la vida decidio reconstruir su pasado, rectificar la ruta extraviada, y escapar de la selva oscura. Volver con su primera novia, y aderezarlo todo con lo que aprendio. Los tramos iniciales de la carretera se hacen a demasiada velocidad, y te das cuenta de lo recorrido, lo perdido y lo ganado, cuando la maquina del tiempo aun no se vende en las tiendas. No cambio por nada los

Murcielagos, Natasha, la Nieve, el Hielo, y lo que buenamente pude hacer en su entorno. Pero vaya, quien sabe, al doblar cada esquina las sorpresas son gratis.

EL PROFUNDO CONOCIMIENTO PSIQUIATRICO DEL ILUSTRE CLAUDIO DIAZ AROCA Y SANCHEZ ROS

Don Claudio acudió al examen porque había puesto un problema de electricidad, una esfera con potencial a determinar, para explicar algunas palabras de como había que enfocarlo. No dijo nada, tres chorradas incomprensibles, y hablaba en la mesa del aula magna dando la espalda a la audiencia. Buena familia de ilustres enchufados tenia el pavo.

Don Claudio también acudió a la clase de problemas de electricidad a explicar los ejercicios, y pidió un voluntario para hacerlos en la pizarra, pero una vez mas, no explico nada por si mismo. Las pocas formulas que escribió eran ilegibles. Este ilustre pelota de Velayos, que escribia alabanzas a su jefe en artículos B para una revista de Fisica pagada y patrocinada por los pancetas prevostes de siempre, solia correr los pasillos andando detrás del grupo de Quesada y Eloisa como persiguiéndolos con su obeso trote cochinero. Llamalo X.

En esa clase de problemas, en noviembre de 1990, salió la formula de Coulomb, y Claudio reconoció que Cavendish la había encontrado antes, y determinado mejor las constantes. Pero se acerco a la audiencia del primer banco para afirmar con ojos de psicopata tras sus gafas de culo de botella,

Lo que pasa es que Cavendish estaba un poco loco

Desde luego, como medico pienso que era un excéntrico esquizoide, de inteligencia superior, pero tu, Claudio y tus motos de cilindrada, no andas muy lejos. Mirate la viga en tu ojo, porque eras el símbolo de la universidad que se degradaba y endeudaba durante ese tiempo a ritmo hip-hop. Claudio, por favor, pon tus artículos en la maleta de Cavendish para que la abran dentro de un siglo y reconozcan que mas

alla de tu apellido solo tenias mucho lipido y cantidades industriales de peloteo.
Yo aprobé ese parcial de la esfera de potencial, y la asignatura ese curso con tranquilidad feliz.

AUTHOR'S BIOGRAPHY

Francisco Casesnoves is PhD Engineering (Tallinn Tech University, 2018), Independent Researcher,computational-engineering/physics Researcher,MSc-BSc, Physics/Applied-Mathematics (Public Eastern-Finland-University, Kuopio, 2001),Graduate-with-MPhil, in Medicine and Surgery (Public Madrid University Medicine School, 1983), Tallinn University of Technology Center for Continuing Education. Francisco Casesnoves studied always in public-educational institutions. His education/scientific vocation was motivated young, by Profs Candida Navamuel (Literature and Language) and Isabel Vela (Philosophy, Latin Language, Greek language, Literature and Spanish Language), in Renaissance-Humanism ideas—later on with the motivation manuscripts of Nobel and Von Helmholtz prizes Santiago Ramon y Cajal. His early life was at Arganzuela District of Madrid City, later on at Chamberi District of Madrid City. When young, after his Medicine and Surgery Graduation and Physics Bachelor, emigrated abroad to continue his scientific career. His service to International Scientific Community commenced in 1985 with publications in Medical Physics, with further specialization in optimization methods in 1997 at Finland—at the moment approximately 85 recognized publications. His branch is Computational-mathematical Nonlinear/Inverse Optimization. Casesnoves best-achievement is the Numerical Reuleaux Method in dynamics and nonlinear- optimization. This Numerical Reuleaux Method constitutes, among others, an advance in Space Aerodynamics Computational Methods and Bioengineering. He speaks, writes, and reads Estonian Language (Eesti Keel) at B1 level actually, and has studied/lived Estonian Culture, Literature, Cuisine, and History (for instance, Anton Hansen Tammsaare books (Korboja Peremees and Truth and Justice), and has visited/studied important monuments and places along Estonia). Casesnoves played as defender and middle-fielder at Junior Madrid Football League, and as physician is supporting agnostic healthy life, all sporting and health-beneficial activities, and public education, and cultural services. Casesnoves publications are always according to International Scientific Standards. He sets his medical technology papers, specially in cancer radiotherapy methods and beam modification devices, always in open access for benefit and use of any public health system according to the Fundamental Right for health care. He supports Civil and Human Rights at European Union, Freedom and Civil Norms.

F Casesnoves PhD Engineering Tallinn, Estonia, 2019

Printed by Books on Demand GmbH, Norderstedt / Germany